河南桐柏老湾金矿床成矿地球化学及岩浆热液成矿动力学

潘成荣　著

中国环境出版社·北京

图书在版编目（CIP）数据

河南桐柏老湾金矿床成矿地球化学及岩浆热液成矿动力学/潘成荣著. —北京：中国环境出版社，2017.4

ISBN 978-7-5111-2977-2

Ⅰ. ①河…　Ⅱ. ①潘…　Ⅲ. ①金矿床—地球化学分析—桐柏县②岩浆矿床—热液矿床—成矿动力学—影响—金矿床—成矿作用—桐柏县　Ⅳ. ①P618.51

中国版本图书馆 CIP 数据核字（2016）第 304516 号

出 版 人　王新程
责任编辑　董蓓蓓　沈　建
责任校对　尹　芳
封面设计　岳　帅

出版发行　中国环境出版社
（100062　北京市东城区广渠门内大街 16 号）
网　　址：http：//www.cesp.com.cn
电子邮箱：bjgl@cesp.com.cn
联系电话：010-67112765（编辑管理部）
发行热线：010-67125803，010-67113405（传真）
印　　刷　北京中科印刷有限公司
经　　销　各地新华书店
版　　次　2017 年 4 月第 1 版
印　　次　2017 年 4 月第 1 次印刷
开　　本　787×960　1/16
印　　张　15.25
字　　数　288 千字
定　　价　49.00 元

前 言

老湾金矿床位于河南省桐柏县城西北约 20 km 处。该矿床为桐柏—大别山北坡河南省南部产金区的一个组成部分。现在桐柏—大别山北坡分布的金、银、铜等矿床有银洞坡金矿床、破山银矿、老湾金矿、大河铜矿等，其中老湾金矿金属储量约 50 t。

对老湾矿区较全面的地质研究工作自 1977 年确立了老湾金矿化带后开始，先后有原地矿部地质科学研究院、中科院地质研究所、中国地质大学、成都地质学院、西北工业大学、河南地调三队、四队以及河南省地质科学研究所等生产、科研、教学部门对区内的岩浆岩、变质岩、构造、矿床等方面进行了大量的研究和工程勘探工作，初步提出了地球化学找矿标志。国内外许多著名的地质学家也曾先后在该区进行考察和研究工作。

但总的来说，前人在该地区的工作重点多偏向于研究华北板块、扬子板块碰撞构造演化、成岩年龄、变质作用等方面，而在岩浆岩成岩机制、矿床成因等方面的研究相对较为薄弱，一些问题有待进一步深化和系统研究，其中包括：①岩浆岩的成岩时代以及岩浆岩的形成与造山带构造演化的关系；②岩浆岩的成因类型、成岩机制以及成岩物质来源；③岩浆的物理学和动力学特征；④岩浆—热液的转换机制、岩浆岩与成矿的内在联系；⑤矿床的形成时代以及矿床的形成与造山带构造演化的关系；⑥成矿流体的来源以及演化机理；⑦成矿物质的来源、矿质的迁移、富集、沉淀机制。

秦岭—桐柏—大别造山带的形成与演化的动力学机制已得到了众多研究者在岩石学、矿物学、地球化学、变质作用和构造变形等诸方面的系统研究，而在造山过程中的岩浆作用与成矿作用也受到了极大的关注。围绕上述问题，本书结合原地质矿产部重点科技项目“大别造山带形成与演化及有关成矿作用”（9501102）对其中的老湾金矿成矿作用进行研究。自 1997 年 7 月始，笔者随同课题组成员数次前往老湾地区及邻区，进行了历时 3 个多月的野外地质现场研究、资料收集和样品采集工作，在室内对已有的资料、数据全面分析和整理，并进行有关的测试实验、微观研究和样品分析等。在综合分析处理所有资料的基础上从造山带的构造演化历史入手，探讨研究区构造作用、岩浆作用和成矿作用间的相互关系，取得了一些认识和成果。此次研究工作在以下方面取得新进展：

第一，深入研究了龟山岩组变质岩的原岩性质、变质作用以及变质作用与构造演化的关系，并对比区域变质作用研究成果，指出龟山岩组峰期变质作用发生于印支期，为同期的韧性剪切活动的结果。

第二，系统地分析了老湾矿床产出的地质特征和显微构造，结合成矿作用过程，认为老湾金矿床与典型的韧性剪切带矿床不同。

第三，综合矿区岩石组合、古构造环境和构造演化、地球化学等方面的研究，说明在元古代时期老湾地区存在海底喷溢-沉积成矿作用，韧性剪切造成原始富集的金向应变带迁移、富集，建立了龟山岩组中金与造山带构造演化的关系。

第四，通过岩石学、岩石化学和微量元素、稀土元素地球化学、成岩年龄、成岩机制、成岩地质构造背景等的综合分析，指出老湾花岗岩为燕山晚期拉张伸展的构造体制中下地壳高程度部分熔融形成的Ⅰ型或同熔型花岗岩。

第五，对岩浆岩的氧、铅、锶、钕同位素体系进行了深入研究，首次系统地建立了岩浆岩的成岩物质来源及岩浆演化机理，认为老湾花岗岩的源岩为壳源与幔源物质混合的晚太古代岩系，部分熔融的发生是由于地幔的热作用。

第六，对岩浆岩的物理学与动力学特征进行了研究，估算和模拟了岩浆的成核密度、晶体生长速度、岩墙上升速度和岩浆的冷却速率，并计算了物质成分在熔体中的扩散速率，讨论了岩浆的对流机制与矿质迁移的关系，讨论了岩浆的动力学机制与含矿岩浆热液形成的内在联系。

第七，计算了岩浆熔体中水的含量，并讨论了水的演化过程：不饱和→饱和→过饱和，在水的过饱和状态下形成熔体-气泡体系，首次系统建立了含矿岩浆热液逸出熔体的动力学模型。

第八，通过对矿床微量元素、稀土元素及氢、氧、氦、硫、铅同位素体系等矿床地球化学特征的深入研究，明确了成矿流体、成矿物质的具体来源，并提出该区以岩浆热液成矿作用为主，认为区内金矿床属岩浆热液矿床。

第九，建立了区内的成岩-成矿物质转换模式，阐明了在造山带演化过程中的成岩、成矿的关系，为在秦岭—大别地区进一步找矿提供了一定的科学依据。

目　录

第一章　区域地质背景

一、大地构造演化及深部地壳结构

研究区位于华北板块和扬子板块的结合部位，松扒断裂以南、南秦岭北缘的北淮阳地体中（图 1-1）。其地质历史发展演化大致经历了五个大的阶段：①太古代——造山带核部结晶基底形成阶段；②晋宁期——陆缘增生造山阶段；③加里东末期——陆壳对接阶段；④印支期——陆内挤压收缩和造山作用阶段；⑤燕山-喜马拉雅期——强烈的构造岩浆活动和断陷盆地发育阶段（吴利仁等，1998）。

秦岭地壳构造单元大致分为四个部分：华北陆块、扬子陆块、北秦岭构造带和南秦岭构造带。张理刚（1994）对铅同位素组成特征的研究和钱熊虎（1987）据地球物理特征均将桐柏-大别地区归属华北陆块南缘隆起带。由区域重力场特征可知，在东秦岭-桐柏-大别山地区深部重力异常分布形态比较明显，分布趋势为东高西低。区内存在两条明显的重力异常梯度带，其中的北西西向横贯全区的重力异常高梯度带，与东秦岭-桐柏山-大别山系相对应，并且通过各种方向导数的显示特征对比认为，重力异常梯度带对应的桐柏山-大别山部分深部构造规模相对较小，存在较浅的“山根”（幔坳）。根据地球物理资料得到的桐柏-大别地区深部莫氏面等深图（图 1-2），显示出桐柏山、大别山为似等轴状壳厚中心，呈北西向构成桐柏-大别幔陷带。研究区所处的北淮阳地体就位于莫霍面的潢川-合肥幔隆区和桐柏-大别幔陷带的过渡区间内。

地表地质地球物理研究所揭示的桐柏-大别地区现代地壳结构的基本特征，主要反映印支期华北与扬子两陆块间陆-陆斜向碰撞、陆内俯冲、叠复变形造成的构造格局，同时也是造山带长期构造演化及造山期后揭顶作用、伸展塌陷的综合图像（索书田等，1994）。桐柏-大别区现代地壳一维深度-强度剖面模拟如图 1-3 所示。

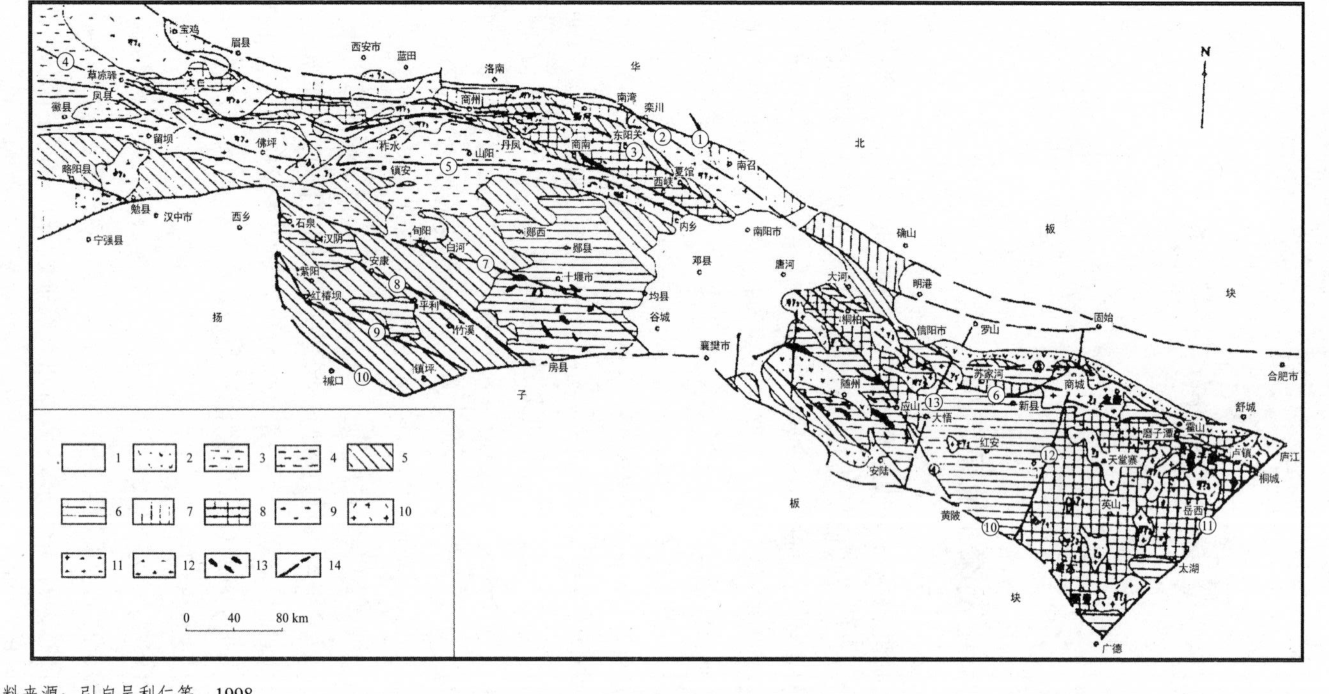

资料来源：引自吴利仁等，1998。

图 1-1　东秦岭-大别山造山带地质构造略图

1.新生界；2.侏罗-白垩系；3.三叠系；4.上古生界；5.下古生界；6.上元古界（震旦系）：南陶湾群、陨西群、耀岭河群、信阳群（龟山岩组）、佛子岭群、随县群、红安群、宿松群；7.中元古界：宽坪群、苏家河群、卢镇关群、陡岭群、碧口群；8.下元古界：秦岭群、桐柏山群、大别群；9.花岗岩；10.二长花岗岩；11.花岗闪长岩；12 闪长岩；13.镁铁质和超镁铁质岩块；14.断裂：①华北板块南缘深断裂；②汤河-明港深断裂；③商州-龟山-梅山深断裂；④丹凤-商南-应山深断裂；⑤凤县-山阳深断裂；⑥桐柏-磨子潭深断裂；⑦旬阳-白河断裂；⑧石皋-安康深断裂；⑨红椿坝深断裂；⑩扬子板块北缘深断裂；⑪郯-庐断裂带；⑫商（城）-麻（城）-断裂；⑬罗山-大悟断裂。

地球物理测深资料揭示出的地壳组成模型表现为：上地壳主要由沉积岩和侵入其中的花岗岩组成；中地壳由相当于混合岩的物质组成，变质程度为绿片岩相-角闪岩相；下地壳主要由麻粒岩相组成。下地壳的 V_P 波速数据表明下地壳的总体成分应是闪长质的。

二、区域构造与变形特征

（一）区域构造

桐柏-大别造山带作为秦岭复合造山带的东延部分和根带（刘志刚等，1992；李云安等，1997），经历了长期的热-构造及流变学历史。由于地壳经历了多次的韧性、韧性-脆性再造和脆性改造作用，使得桐柏-大别造山带基本构造格架为透镜状或层状弱应变域（构造地层地体）和线状强应变带（聚合边界断裂）相间排列，线状强应变带控制了区域构造格架的展布，近水平的、平行造山带延长方向和垂直造山带方向的三个韧性剪切系统，共同构成了桐柏-大别山造山带地壳内部的网格状排列（钟增球等，1994）。

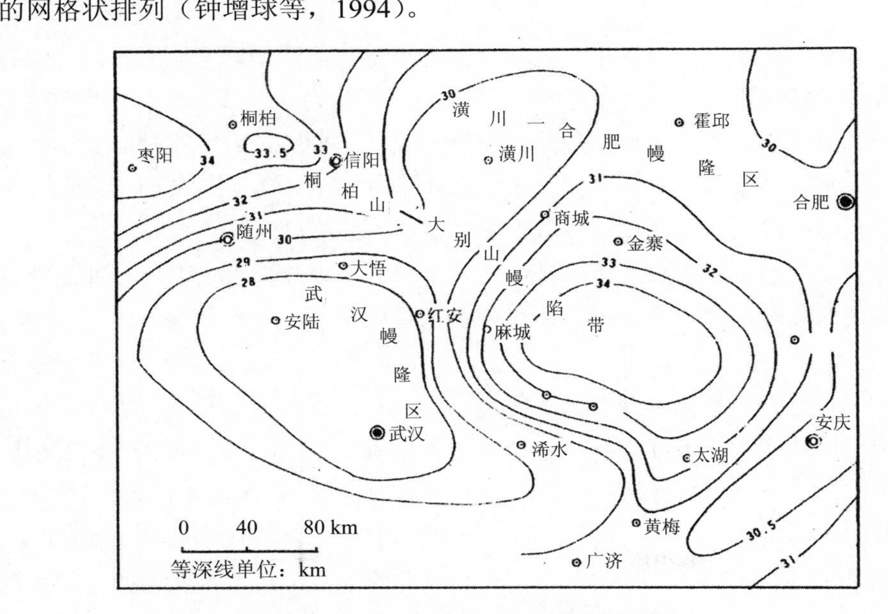

图 1-2　桐柏-大别山深部莫氏面等深图

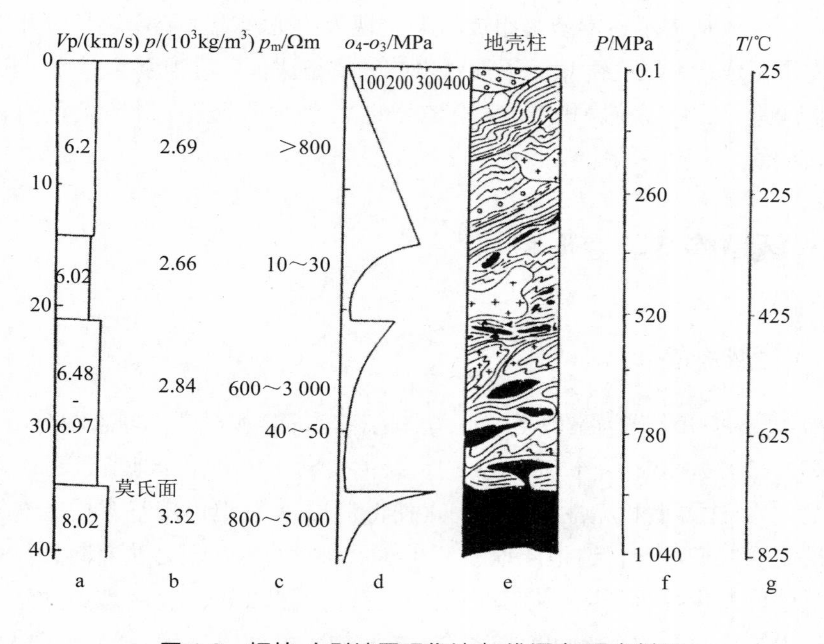

图 1-3 桐柏-大别地区现代地壳-维深度-强度剖面

（1）水平或近水平韧性剪切系统：该系统主要包括沿不同变质岩石地层组合或地体堆垛间接触面发育的近水平剪切带以及各变质地体内部产状平缓的逆冲推覆或伸展剥离型剪切带。最典型的是红安群与大别、桐柏杂岩间接触面剪切带及上震旦系大理岩与下伏变质岩系间接触面剪切带。前者经历了复杂的挤压逆冲、伸展滑脱及走向滑动剪切变形，后者则主要表现为伸展滑脱行为。

除地表识别出来的近水平古老韧性剪切带外，据地球物理资料所解释的中深地壳内的低速高导层或流体地壳层，原则上也是近水平的韧性剪切带或塑性流动带。

（2）平行造山带延长方向的韧性剪切系统：平行造山带延长方向的韧性剪切带多是变质地体或地体内部次级构造边界，表现为线状强应变带和糜棱岩带，这是桐柏-大别造山带内发育最强烈的一组剪切带。如桐柏的北坡存在着桐柏-商城的一级剪切带和松扒二级剪切带。一级、二级剪切带及规模更小的同方向剪切带，共同构成了平行造山带延长方向的剪切带系统。研究表明造山带北侧的一级韧性剪切带桐柏-商城剪切带是造山带内部规模最大、发展历史最长的剪切带之一，对整个造山带的演化起着重大的控制和调整作用。同时据区域航磁异常和布格重力异常推断，松扒剪切带与桐柏-商城剪切带在近幔壳底汇拢，表现为上陡下缓、向北倾的梨式组合构造（高廷臣，1993）。

（3）垂直或近垂直造山带延长方向的韧性剪切系统：主要发育于桐柏-大别造山带东段，与北北东向的西太平洋构造带平行。它们与桐柏-大别山造山带延长方向垂直或近垂直，大都表现为以走滑剪切为主，并兼伸展剥离或挤压逆冲。各带内挤压流动及伸展流动现象明显，普遍发育糜棱岩或片麻状变晶糜棱岩。

矿区处于秦岭褶皱带的东段，因长期受北北东向水平应力的强烈挤压作用，区域上形成一些比较紧密而又互相排列的线性褶皱，它们多呈北西290°方向倾伏的背斜或向斜，且大部分发生倒转。区域内的褶皱主要有河前庄背斜、刘山岩单斜、鳌子岭倒转向斜、彭家寨倒转倾伏背斜和庙对门向斜。其中庙对门向斜由中元古界龟山岩组和泥盆系南湾组组成。

（二）构造变形特征

赋存老湾金矿的松扒韧性剪切带位于郭庄岩组与龟山岩组之间，是区域上龟-梅断裂的一部分，为南秦岭与北秦岭地体的分界，研究松扒韧性剪切带的构造变形特征，可以体现区域的运动特征以及与变形间的关系。

1. 运动学标志

松扒韧性剪切带的运动学标志，主要包括S-C组构、云母鱼、角闪石鱼、不对称压力影、不对称碎斑系、不对称褶皱等，这些标志均指示该剪切带为右行平移剪切性质（图1-4）。

（1）S-C组构：在宏观上，龟山岩组由于受剪切变形影响，由西向东呈书斜式排列，构成了区域性大型“S-C”组构，早期面理S与剪切面理C锐夹角指示了本剪切带为右行剪切（图5-2）。

（2）云母鱼和角闪石鱼：为变形前的云母或角闪石矿物被剪切破碎或旋转而成。

（3）不对称压力影和不对称碎斑系：主要为矿物被旋转或同构造长英质脉被剪切拉断，旋转而成，同样指示剪切带为右行变形。

（4）不对称褶皱：在剪切带中由长英质脉体组成的不对称褶皱到处可见，其褶皱隆向指示剪切带运动方向。

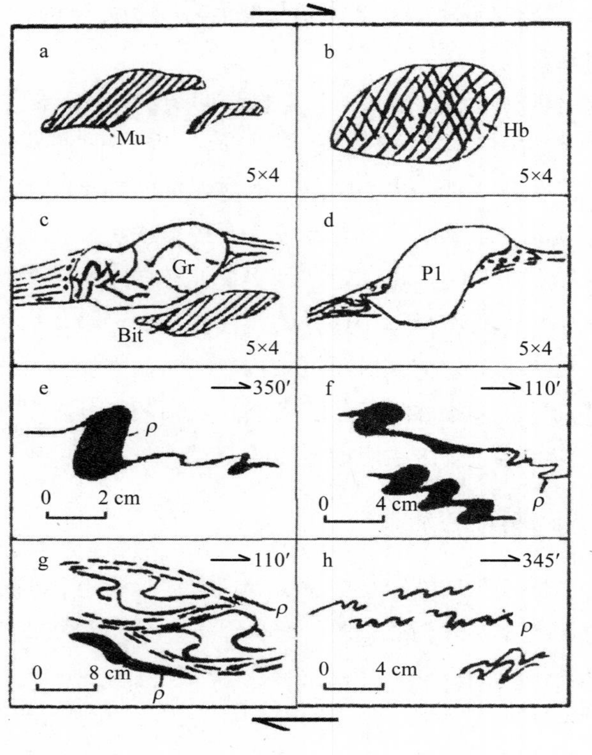

资料来源：河南地质三队，1994。

图 1-4 松扒韧性剪切带运动学指向标志

a. 白云母鱼构造；b. 角闪石鱼构造；c. 石榴石压力影及黑云母鱼构造；d. 斜长石δ型碎斑；e. 陡坡岩长英质脉体（ρ）的δ型旋转；f. 沈家老庄长英质脉体（ρ）的δ型旋转；g. 沈家老庄角闪质糜棱岩变形分解透镜体的剪切变形；h. 老河堰长英质脉体（ρ）的不对称褶皱

2. 变形应力分析

古应力的估算是根据岩石在稳态流动过程中形成的自由位错密度、亚晶及动态重结晶等显微构造与差异应力的函数关系来进行的。所谓稳态流动是指应变速率为常数，变形过程中应力保持不变，或指应力为常数，应变速率保持不变的状态。在稳定流动状态时的应力，是温度、围压及应变速率的函数。

岩石在韧性变形过程中，位错密度与变形程度呈明显的相关性。Takeuchi 和 Argon（1976）描述了位错密度与应力差的定量关系：

$$\sigma_1 - \sigma_3 = a\mu\overline{b}\rho^{1/2} \tag{1-1}$$

式中，a—— 常数系数；

$\bar{b}$ —— 布格向量；

ρ—— 位错密度；

μ—— 剪切模量。

Weathers 等（1979）给出了变形石英位错密度与古应力差的计算关系式：

$$\sigma_1 - \sigma_3 = 6.6\times10^{-3}\rho^{1/2} \quad (1\text{-}2)$$

利用上式和变形岩石中石英的位错密度，计算出了松扒韧性剪切带古应力差$\sigma_1-\sigma_3$，列于表 1-1 中，从表中可见，最大古应力差值为 131.4 MPa，最小古应力差值为 82.2 MPa，平均为 102.3 MPa。

石英的高温流变律常被用来计算糜棱岩的应变速率。石英流变律公式为

$$\varepsilon = A\sigma^n \exp\left(-H/RT\right) \quad (1\text{-}3)$$

式中，A、H、n 等实验参数由 Koch（1983）提供：A=1.1×10^{-7}，H=134 000 J/mol，n=27；R=8.314 5 J/（mol·K）。

计算松扒韧性剪切带的应变速率，由变质作用条件的研究结果取 T=570℃，计算结果如表 1-1 所示，松扒韧性剪切带应变速率ε平均为 1.46×10^{-10}/s。

表 1-1 松扒韧性剪切带差异应力统计表和应变速率值

样号	统计值/MPa										平均值/MPa
BL-1	95.9	82.2	105.1	100.5	86.2	131.4	105.1	101.5	106.9	107.8	102.3
应变速率ε/（10^{-10}/s）	1.23	0.81	1.57	1.39	0.92	2.87	1.57	1.43	1.64	1.68	1.46

资料来源：河南地调三队，1994。

3. 构造变形序列

对于陆间碰撞成因的秦岭造山带的最终变形，部分研究者认为秦岭为加里东期陆内俯冲作用的产物（Mattauer et al，1985；殷鸿福等，1995）。但姜常义等（1998）通过对北秦岭的两条中酸性侵入岩带岩石组合、侵入年龄和空间展布等研究认为，北秦岭不存在加里东期的造山运动；王清晨等（1989）依据参加碰撞的大陆边缘沉积物的地层年代，认为大陆碰撞前的洋壳俯冲作用可能从泥盆纪开始。而在桐

柏山北坡由快速堆积低成熟度陆源碎屑岩形成的中-晚泥盆系南湾岩组，也表现出华北板块与扬子板块在加里东末期-海西期的对接。现有的地质及同位素年代学资料表明，以高压、超高压变质作用为标志的陆-陆碰撞事件主要发生于印支期（230～210 Ma）（Chavagnac et al，1996；Ames A et al，1996；Li S. et al，1993）。所以秦岭-大别造山带的最终变形主幕应在印支期。由此可得松扒韧性剪切带的构造变形序列应为（河南地调三队，1994；中国地质大学，1995；金维浚等，1997）：①固态流变变形（聚合前变形）；②印支期-燕山期同聚合或聚合后的韧性剪切（走滑）变形；③燕山期聚合后伸展体制下的脆-韧性剪切（走滑）和脆裂剪切变形。

三、地层

（一）地层系统

区域出露地层以松扒韧性剪切带为界，北部属北秦岭地层区，南部归属桐柏-大别地层区。区域地层划分如表 1-2 所示。

龟山岩组：北侧以松扒韧性剪切带与下元古界郭庄岩组构造接触，南部被老湾花岗岩侵入。龟山岩组主要由强度变形的中深变质岩组成，根据岩石成分分为长（云）英质片岩（浅色岩系）和角闪质片岩（深色岩系）。特征变质矿物共生组合为：十字石+蓝晶石（照片 1 至照片 3），变质作用条件研究表明变质温度 T=530～610℃，压力 P=0.6～1.0 GPa，属于低角闪岩相的十字石-蓝晶石变质带。

南湾岩组：北侧以老湾断裂与龟山岩组断层接触，南侧以李家庄韧性剪切带与肖家庙岩组构造接触。南湾岩组总体为一套低成熟度的陆源碎屑岩，岩性主要为云英片岩、变粒岩。根据变质矿物组合共生特点和黑云母的特征，确定该变质岩系变质程度为低绿片岩相黑云母带。

肖家庙岩组：南侧以大东庄断裂与桐柏山片麻杂岩断层接触，为一套经历了多期次变形变质作用改造的强变形中深变质岩系，变质程度为高绿片岩相铁铝榴石带。

郭庄岩组：南、北两侧分别受松扒、好汉坡韧性剪切带控制，是一套较古老的深变质片麻岩-碳酸盐岩石。根据组成岩性特征可分为云斜片麻岩、斜长角闪片麻岩和花岗片麻岩。矿物组合表明其主期进变质作用程度达麻粒岩相。

表 1-2　区域地层

地方性地层单位名称					注记	接触关系	备注
岩石地层单位		第四系	全新统	冲积			吴越盆地
				洪冲积			
			更新统	洪冲积			
				冲积		～角度不整合～	
		上第三系			N	～角度不整合～	
		下第三系		大张庄组	Ed		
				五里墩组	Ew		
				李士沟组	El		
				毛家坡组	Em	---角度不整合---	
构造岩石地层单位	北秦岭地区	寒武系		刘山岩岩组	ϵl		朱庄构造域
				张家大庄岩组	ϵz		
				大栗树岩组	ϵd	---韧性剪切带---	
		上元古界		歪头山岩组	Pt_3w		
		上古生界		蔡家凹大理岩	Pz_2w	脆韧性拆离断层	瓦屋庄构造域
		下元古界	郭庄岩组	花岗岩片麻岩	Pt_1g^{Qz}		
				斜长角闪片麻岩	Pt_1g^{ph}		
				云斜片麻岩	Pt_1g^{Qg}		
	桐柏大别地层区	泥盆系		南湾岩组	Dn	------断　层------	蒋庄构造域
		中元古界	龟山岩组	深色岩系	Pt_2g^{ph}		
				浅色岩系	Pt_2g^{pg}		
		古生界	肖家庙岩组	三岩段	P_2X^3		桐柏山构造域
				二岩段	P_2X^2		
				一岩段	P_2X^1	---韧性剪切带---	
		太古界		变质表壳岩			

区域地层分布均受韧性剪切带的影响，呈条带状北西向展布，各地层单元均形成于不同时代、不同构造环境。有着各自独立的建造特征、变形变质特征和构造演化序列的构造地层单元，经多次聚合、拼贴，焊结为一体。

（二）地层中元素的分配

区内主要地层单元的常量元素含量如表 1-3 所示。变质岩的原岩恢复表明斜长角闪片岩、云母片岩或变粒岩类的主要原岩类型分别为基性岩、砂岩和泥质岩。将各地层单元中元素含量（C）与维氏（1962）及涂和费氏（1961）的基性岩、沉积岩中的元素丰度值进行对比，所得各地层的化学元素富集系数（K）同列于表 1-3 中。

表 1-3 老湾地区地层常量元素丰度及富集系数

地层			主要岩性		Si	Ti	Al	Fe	Mg	Ca	Na	K
北秦岭地层区	寒武系	刘山岩组	斜长角闪岩（3）	C	22	0.44	8.45	8.24	4.09	7.05	2.16	0.61
				K	0.92	0.49	0.96	0.96	0.91	1.12	1.11	0.73
		张家大庄岩	变粒岩（1）	C	34	0.21	6.97	1.93	0.48	0.58	4.93	0.17
				K	0.92	1.4	2.79	1.97	0.69	0.15	14.9	0.16
	上元古界	歪头山岩组	变粒岩（3）	C	33.4	0.24	7.42	2.39	0.42	0.79	3.27	1.76
				K	0.91	1.6	2.97	2.44	0.6	0.20	9.91	1.64
			斜长角闪片岩（1）	C	22.1	0.078	9.17	8.74	5.14	6.59	1.82	0.51
				K	0.92	0.087	1.005	1.02	1.14	0.98	0.94	0.61
	下元古界	郭庄岩组	花岗质片麻岩（2）	C	34	0.11	7.46	1.27	0.33	1.13	2.57	2.76
				K	0.92	0.73	2.98	1.30	0.47	0.29	7.79	2.58
			斜长角闪片麻岩（2）	C	23.9	0.39	8.78	7.01	3.48	7.24	2.29	0.76
				K	1	0.43	1.00	0.82	0.77	1.08	1.18	0.92
			黑云斜长片麻岩（1）	C	33.2	0.21	7.38	2.62	0.51	1.14	2.41	0.83
				K	0.90	1.4	2.95	2.67	0.73	0.29	7.30	0.78
桐柏大别底层区	泥盆系	南湾组	白云斜长片岩（1）	C	37.8	0.18	4.5	1.66	0.59	0.38	0.89	1.61
				K	1.03	1.2	1.8	1.69	0.84	0.10	2.7	1.50
	中元古界	龟山岩组	斜长角闪片岩（11）	C	20.8	0.29	7.62	5.93	3.81	9.77	1.83	1.29
				K	0.87	0.32	0.87	0.69	0.85	1.45	0.94	1.56
			二云石英片岩（34）	C	35.6	0.32	6.73	3.65	0.76	0.29	0.47	2.59
				K	0.97	2.13	2.69	3.72	1.09	0.07	1.42	2.42
	古生界	肖家庙岩组	二云石英片岩（7）	C	30.4	0.31	8.48	3.77	0.90	0.61	1.66	3.07
				K	0.83	2.07	3.39	3.85	1.29	0.16	5.03	2.87
基性岩浆岩中元素的平均含量（维氏）					24	0.9	8.76	8.56	4.5	6.72	1.94	0.83
沉积岩中元素的平均含量（涂和费氏）					36.8	0.15	2.5	0.98	0.7	3.91	0.33	1.07

注：C：元素质量分数（%）；K：元素富集系数；括号内数字为样品数。

从表中可以看出，由基性岩浆岩经变质作用而成的斜长角闪岩类，各元素含量均低于正常基性岩浆岩的丰度（个别元素除外），富集系数小于 1，而云母片岩或变粒岩类则常表现为富集系数大于 1，反映了元素的丰度与岩石类型、物质来源以及后期所遭受的变质作用有关。龟山岩组斜长角闪片岩中元素的含量与寒武系、上元古界地层的斜长角闪片岩相比，不活泼元素或惰性元素 Ti、Al、Fe、Mg、Ca 等的含量以及富集系数均相一致。对寒武系、上元古界变质岩原岩性质研究认为其为海相基性火山岩或细碧岩，且变质作用程度达低角闪岩相十字石-蓝晶石带和高绿片岩相铁铝榴石带。因此，龟山岩组与寒武系、上元古界地层相同的元素含量特征和相近似的变质作用程度，表明了龟山岩组斜长角闪片岩与其相似的原岩性质。

区内矿床的产出均与斜长角闪片岩或斜长角闪片岩与云母片岩、变粒岩等岩性构成的地层单元有关，如银洞坡金矿、破山银矿和老湾金矿等贵金属矿床就赋存于歪头山岩组和龟山岩组之中，地层是该区矿床形成的条件之一。因此，地层的形成、变形变质过程、地球化学特征对成矿具有重要意义。

四、区域地球物理场与地球化学场

（一）地球物理场

1∶20 万航磁资料显示老湾金矿带处在连续性较好的北西向ΔT 负磁异常带上，西北和东南两端分别为南阳盆地和吴城盆地负磁场区所截。其北侧的郭庄岩组处在正磁异常带上。整个地区表现为正、负磁异常的相间平行展布。与老湾金矿带相似，围山城金银矿带也处于北西向的负磁异常带上。

桐柏-大别地区矿床的主要赋矿岩性是以片岩、角闪岩、片麻岩为主的变质岩，其原岩多为基性火山岩及沉积岩，岩石密度较大。因此在 1∶20 万布格重力异常平面图上，重力场表现为区域重力高区，新生代盆地反映为区域重力低值区。与金矿化关系密切的北部桃圆、粱湾花岗岩和南部的老湾花岗岩体的重力场表现为重力低，形成重力低值区。

（二）地球化学场

化探资料表明，区域内金、银异常均呈条带状分布。老湾金矿带的金、银异常发育在松扒韧性剪切带和老湾断裂之间，受地层和断裂的共同控制。Au 异常强度高、规模大，异常浓集中心清晰。As、Sb、Ag、Cu 异常形态与金异常相似，在垂向上 As、Sb 含量自上而下递减；Cu、Mo、Ni 异常规模小，出现在矿体的下部（韩存强等，1993）。根据元素的垂向分带序列和元素的累加或累乘比值的指示意义，预测并验证了深部矿体的存在。因此，区域地球化学资料表明了老湾地区存在较好的成矿远景。

第二章　变质岩

由华北板块、扬子板块多次聚合、碰撞形成的秦岭-桐柏-大别造山带，在复杂的地质历史演化过程中形成并出露了多个时代、不同变质程度的地质体。翟淳（1989）对桐柏北部的变质岩研究后，依据块体的分布和变质程度，将其分成三个大的块体：高级变质块体、中级变质块体和低级变质块体，龟山岩组属于其中的高级变质块体。张泽明等（1999，1994）对桐柏-大别山变质岩研究后划分出六个变质带：绿片岩带、绿片岩-角闪岩带、角闪岩-麻粒岩带、绿帘-蓝片岩带、高压榴辉岩带和超高压榴辉岩带，龟山岩组属于其中的绿片岩-角闪岩带。不同的变质岩带所具有的岩石组合、变质作用过程、形成时代和地球动力学环境等存在着差异。如超高压变质岩石以含柯石英和（或）金刚石为标志，榴辉岩或榴闪岩的原岩类型有碱性玄武岩、亚碱性玄武岩和安山玄武岩等。原岩随板块俯冲至大于100 km的地幔深处（郑永飞等，1997），并且超高压变质岩的锆石U-Pb年龄指示峰期超高压变质时代为 228 Ma±2 Ma（李曙光，1997）。上述特征表现了超高压岩石的特征矿物、原岩类型、原岩形成的古构造环境及变质作用发生的时间和动力学环境等。因此，对龟山岩组变质岩的研究，有助于了解龟山岩组的原岩性质、大地构造背景和变质作用过程。

一、岩石组合特征

龟山岩组主要由强烈变形的中深变质岩组成。由于多期次的强烈构造置换，原始构造序列已不复存在。根据组成岩石的成分和颜色分为二云石英片岩和斜长角闪片岩，两种类型的岩石常呈互层产出，其中二云石英片岩是主要的赋矿岩石。龟山岩组主期变质作用的矿物组合主要有：

石榴石+黑云母+白云母+斜长石+石英

石榴石+蓝晶石+黑云母+白云母+斜长石+石英

石榴石+蓝晶石+十字石+黑云母+白云母+斜长石+石英
石榴石+十字石+黑云母+白云母+斜长石+石英
角闪石+斜长石+绿帘石+石英+黑云母+铁铝榴石
角闪石+斜长石+石英+绿帘石±铁铝榴石

二、主要变质岩类型

（一）泥质、砂质及长英质变质岩类

该类变质岩以二云石英片岩为代表，以层状、似层状、板片状、透镜状的构造堆置体产出。主要矿物成分为：黑云母+绿泥石（10%～25%）、白云母+绢云母（10%～25%）、石英（50%）、斜长石（5%～10%）、石榴石（3%～10%）、十字石-蓝晶石（0～5%）；副矿物为锆石、磷灰石、金红石、电气石等。其特征为含有大量而不均匀的斜长石，球形、透镜状残斑和云母鱼。根据变形特征，划分为弱、中、强三级，即二云石英初糜棱岩、二云石英糜棱岩、二云石英千糜岩三种。

（二）镁铁质变质岩

主要为斜长角闪片岩。主要矿物成分为：角闪石（30%～70%）、斜长石（20%～40%）、石英（0～15%）。角闪石主要为镁普通角闪石。该类岩石主要以似层状、透镜状、板片状块体形式存在。

三、原岩恢复

在龟山岩组的两种主要变质岩岩石类型中，斜长角闪片岩遭受了多次混合岩化作用和构造强烈改造，原岩性质较难恢复。从地质产状看，斜长角闪片岩多呈层状、似层状产出，具有一定的层位和延伸，与大理岩透镜体、云母片岩等成整合层状；矿物成分复杂，角闪石含量多于斜长石，且含有石英、石榴石、榍石、绿帘石、磷灰石等矿物，似乎具有了副变质岩的一些特征（贺同兴等，1979）。但是在斜长角闪片岩中，发现有少量的辉石，并且地球化学成分也与区域上的变海相基性火山岩或细碧岩相一致，斜长角闪岩也具备了由基性岩变质而成的可能性，同时云母石英片岩中也很少见到原生岩石结构。因此原岩性质的恢复主要依据地

球化学特征而进行。

（一）斜长角闪片岩

1. 常量元素

为了使斜长角闪片岩源岩性质的地球化学恢复具有普遍意义，在邻区及该区共收集了岩石化学分析结果 16 件，列于表 2 -1 中。

从表中数据可以看出：

（1）龟山岩组斜长角闪片岩的 SiO_2 含量为 39.9%～57.94%，平均 47.56%；Al_2O_3 含量为 13.18%～16.21%，平均 14.40%；K_2O 的含量小于 Na_2O；K_2O/（K_2O+Na_2O）均小于 0.5；CaO 的含量大于 MgO。研究认为，变质岩的岩石化学及地球化学特征，基本反映了原岩的岩石化学及地球化学特征，并主要受原岩形成作用特点所制约。原岩为岩浆岩的变质岩，则应有：SiO_2 含量一般为 35%～78%，K_2O 含量≤Na_2O 含量、K_2O/（K_2O+Na_2O）＜0.5 的特点；而原岩性质为沉积岩的变质岩具有的岩石化学特点为：SiO_2 含量变化大，Al_2O_3 的含量可高达 17%～40%，K_2O 含量高，K_2O/（K_2O+Na_2O）＞0.5 且 K_2O 含量＞Na_2O 含量，CaO 的含量低于 MgO。对比该区龟山岩组斜长角闪片岩岩石化学成分可知，该变质岩具有原岩为岩浆岩的岩石化学成分特点。

（2）与我国基性岩平均成分相比，龟山岩组斜长角闪片岩的 TFeO 含量、Mg、Al、Si 等含量比较接近，仅 Ti、Ca、Na、K 含量显示出一定的差别；与华北地台的太古代太华群斜长角闪片岩相比，仅总铁含量 TFeO 存在差异；与雁翎关组斜长角闪片岩的 Mg 含量之间有一定的差别；但是斜长角闪片岩的含量与加拿大苏必利尔省 162 个变质玄武岩平均岩石化学成分表现出相当的一致性。由此反映出龟山岩组斜长角闪片岩所具有的基性岩或玄武岩的原岩特征。

（3）主要造岩元素可以用来恢复变质岩的原岩性质。普列多夫斯基（1970）在研究变质岩的原岩类型时提出了 KAF 图解，识别变质硅酸盐沉积和变质火山岩沉积的原始特征。龟山岩组斜长角闪片岩的 *K*、*A*、*F* 参数值计算结果列于表 2-1 中。*K*、*A*、*F* 参数值在 KAF 图解（图 2-1）中投点，除个别样品在 *K-F* 图解中落入 C 区域内外，其余样品投点均落在 *K-F*、*A-F* 图解的 B 区即基性岩区，说明斜长角闪片岩的原岩为基性岩。

表 2-1　龟山岩组斜长角闪片岩岩石化学成分及参数值

编号	SiO_2/%	TiO_2/%	Al_2O_3/%	Fe_2O_3/%	FeO/%	MnO/%	MgO/%	CaO/%	Na_2O/%	K_2O/%	P_2O_5/%	Σ/%	*K*	*A*	*F*	$K_2O/(K_2O+Na_2O)$
1	39.90	0.40	13.28	3.47	3.05	0.05	5.49	18.02	2.60	1.32	0.09	87.67	−28	−247	0.30	0.34
2	43.93	0.47	13.95	4.55	3.95	0.19	5.39	14.14	2.31	2.51	0.25	91.64	−10	−178	0.30	0.52
3	46.20	0.67	15.58	4.32	3.63	0.16	5.78	13.11	2.52	1.3	0.19	93.46	−26	−135	0.29	0.34
4	44.82	0.41	14.12	2.65	5.00	0.19	5.85	12.57	2.95	1.07	0.07	89.7	−35	−145	0.30	0.27
5	48.17	0.49	15.13	3.16	6.14	0.20	9.21	10.56	1.96	0.97	0.08	96.07	−21	−83	0.42	0.33
6	46.30	3.15	13.58	5.24	11.93	0.28	4.37	8.47	2.62	0.46	0.34	96.74	−37	−65	0.40	0.15
7	46.85	2.23	14.11	4.42	11.32	0.28	5.39	9.27	2.66	0.90	0.30	97.73	−33	−81	0.41	0.25
8	49.56	1.67	13.53	9.81	5.08	0.27	4.58	6.68	3.12	0.46	0.37	95.13	−43	−41	0.30	0.13
9	50.04	0.82	13.97	5.56	7.24	0.26	6.69	9.62	2.37	0.34	0.06	96.97	−35	−75	0.36	0.13
10	46.88	1.98	14.27	1.44	11.71	0.24	7.65	9.85	2.72	0.38	0.26	97.38	−40	−84	0.46	0.12
11	46.68	1.65	15.16	4.73	8.06	0.16	7.28	9.82	2.92	0.42	0.16	97.04	−43	−77	0.42	0.13
12	47.38	0.86	16.21	3.26	5.84	0.11	8.46	11.88	1.86	0.22	0.1	96.18	−28	−85	0.40	0.11
13	48.66	2.30	13.84	5.09	8.61	0.14	5.64	9.26	2.40	0.50	0.28	96.72	−33	−73	0.36	0.17
14	47.12	1.12	16.38	4.28	7.95	0.13	7.71	9.56	2.34	0.20	0.09	96.88	−35	−48	0.42	0.08
15	50.48	1.76	13.18	6.91	8.55	0.06	5.39	8.54	2.60	0.14	0.14	97.75	−41	−66	0.35	0.05
16	57.94	0.82	14.12	1.09	6.70	0.13	4.90	8.04	2.02	1.80	0.14	97.7	−13	−57	0.23	0.47
17	47.56	1.30	14.40	4.37	7.17	0.18	6.24	10.59	2.50	0.81	0.18	95.3				
18	47.93	1.60	13.04	6.38	8.54	0.23	6.02	8.33	2.47	1.83	0.26	96.63				
19	48.91	0.68	14.41	2.86	10.15	0.21	7.58	10.45	2.72	0.77	0.08	98.82				
20	48.90	1.06	14.50	2.14	9.03	0.18	6.27	8.74	2.51	0.45		93.78				
21	48.25	2.06	14.90	4.17	7.61	0.21	6.93	8.27	3.30	1.72	0.56	97.98				

注：1—16.斜长角闪片岩含量；17.斜长角闪片岩平均含量；18.太华群斜长角闪片岩；19.雁翎关组斜长角闪岩；20.加拿大变质玄武岩；21.我国基性岩平均成分。

$K=K_2O-Na_2O$；$A=Al_2O_3-(CaO'+K_2O+Na_2O)$，$CaO'=CaO-CO_2$；$F=(FeO+F_2O_3+MgO)/SiO_2$；各种氧化物均以分子数计算。

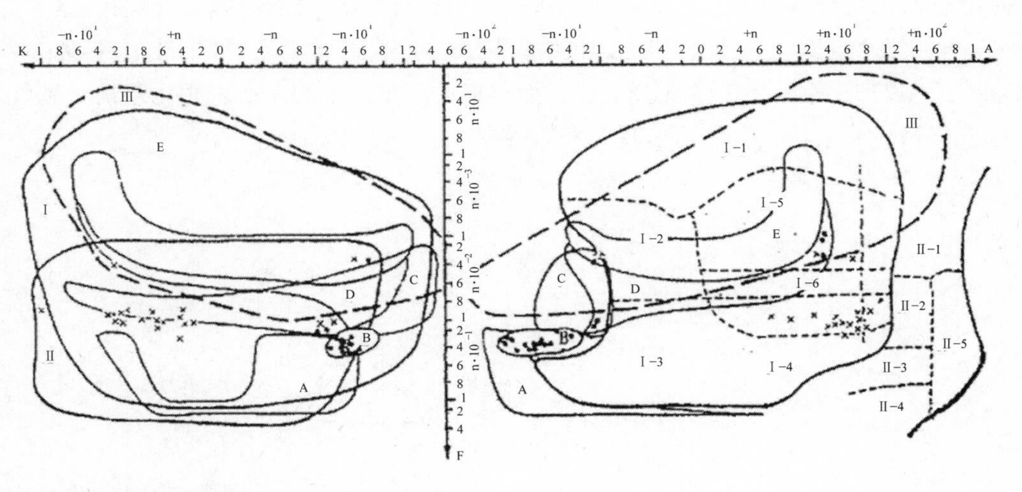

资料来源：普列多夫斯基。

图 2-1　KAF 图解

Ⅰ-粒状的和混合的沉积岩（Ⅰ-石英岩；Ⅰ-2 含酸性和中性物质的沉凝灰岩；Ⅰ-3 含基性和超基性物质的沉凝灰岩；Ⅰ-4 强烈风化的基性和超基性岩的混合物；Ⅰ-5 长石绢云石英岩和长石砂岩；Ⅰ-6 复矿物砂岩；Ⅰ-7 杂砂岩）；Ⅱ-泥质岩（Ⅱ-1 高岭石黏土；Ⅱ-2 水云母黏土；Ⅱ-3 蒙脱石黏土；Ⅱ-4 蛭石黏土；Ⅱ-5 铝土矿黏土）；Ⅲ-化学成因的硅质岩；A-超基性岩；B-基性岩；C-正长岩及其喷出岩；D-闪长岩、斜长花岗岩及其喷出岩（英安岩）；E-花岗岩及其喷出岩

× 二云石英片岩；● 斜长角闪片岩

（4）Кременецкий（1979）在研究前寒武纪斜长角闪岩的成因及其识别标志时，认为不同成分的岩石遭受区域变质作用后，在原有矿物组合被新矿物组合代替的同时，活动组分 K_2O、Na_2O 等的含量会发生变化，而惰性组分的含量基本不变，提出了惰性组分 Al+∑Fe+Ti 和 Ca+Mg 图解（图 2-2）。根据该区的斜长角闪片岩岩石化学成分计算出 Al+∑Fe+Ti 和 Ca+Mg 的原子数值，并投点于图 2-2 中，绝大多数点落入Ⅰ区和Ⅱ区的正斜长角闪岩分布区，极个别点落在副变质岩区。由此可见，惰性组分也表明了该区域斜长角闪片岩主要由基性岩变质而成。

2. 微量元素

微量元素在变质作用中的行为取决于这些元素的离子在晶体结构中的相对稳定性。铁族元素 Ti、V、Cr、Co、Ni 等具有较高的八面体配位的晶体场稳定能，不易被交代、置换而残留在原岩中；Li、Rb、K、Na 等大离子亲石元素或不相容元素活动性大，而趋向富集于变质溶液（或流体相）中。因此铁族元素是变质岩原岩恢复的良好标型元素（蒋敬业，1986）。龟山岩组斜长角闪片岩的微量元素含量如表 2-2 所示。与基性岩相比，该区斜长角闪片岩的微量元素 V、Ti 含量偏高和 Cr、Ni 含量偏低，但总体较为一致，而与形成副角闪岩的泥质岩相比差别明显。因此，微量元素特征上显示出基性岩的特征。

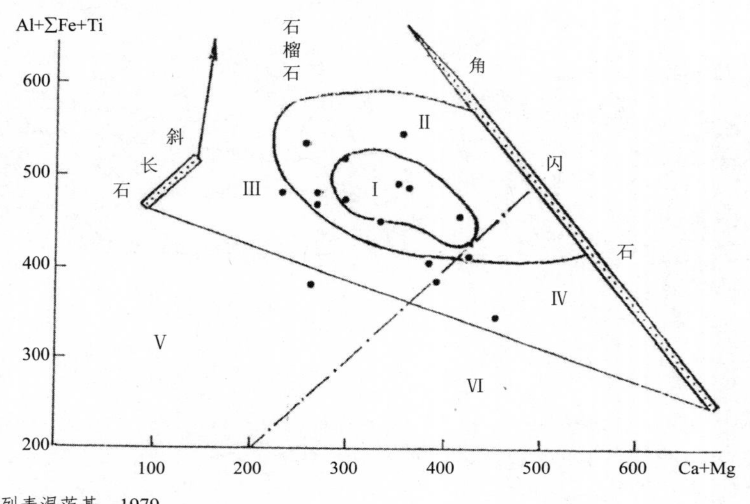

资料来源：克列麦涅茨基，1979。

图 2-2 （Al+∑Fe+Ti）—（Ca+Mg）图解

I-基性火成岩区；II-基性火成岩及其变种区；III-中性火成岩、基性火山杂砂岩和含有黏土质的沉凝灰岩和凝灰岩区；IV-含有碳酸盐物质的沉凝灰岩和凝灰岩区；V-黏土、泥岩、粉砂岩、长石砂岩和泥灰质砂岩区；VI-黏土质、白云质和钙质泥灰岩区

● 斜长角闪片岩

表 2-2 龟山岩组斜长角闪片岩部分微量元素含量和元素比值

编号	Ti	V	Cr	Co	Ni	Sr	Ba	Cr/Ni	Sr/Ba	Fe/V
1	18 900		65			183	145		1.26	
2	13 400		126			382	199		1.92	
3	10 000		75			326	285		1.14	
4	4 900		152			185	83		2.23	
5	11 900		179		90	297	175	1.99	1.70	
6	9 900	296	144	3	90	240	70	1.61	3.43	323
7	5 200	265	463	40	134	215	96	3.46	2.24	258
8	13 800	350	102	38	66	442	185	1.55	2.39	293
9	6 700	240	175	47	121	300	130	1.45	2.31	382

编号	Ti	V	Cr	Co	Ni	Sr	Ba	Cr/Ni	Sr/Ba	Fe/V
10	10 600	610	56	37	55	122	76	1.02	1.61	188
11	9 000	200	200	45	160	400	300			
12	4 500	130	100	20	95	450	800			

注：1—10 斜长片岩质量分数（%）；11.基性岩平均质量分数（%）；12.沉积岩平均质量分数（%）（维氏）。

由于研究区域内变质作用较深，即使很稳定的元素也有一定的活动性，简单地对比变质岩中微量元素的含量有一定的局限性，而相似元素对的比值更能指示原岩性质。如基性岩中的Sr/Ba大于1，而与角闪岩成分类似的泥质岩Sr/Ba为0.5～0.7；Cr/Ni 大于 1、Fe/V 大于 250 也可作为正角闪岩的特征（南大地质系，1979）。从表 2-2 中所列的元素对 Cr/Ni、Sr/Ba、Fe/V 比值来看，它们均表现为正角闪岩的特征，反映了变质岩的原岩为岩浆岩。

3. 稀土元素

稀土元素特殊的地球化学性质，使得其在地质作用中“整体运动”，即使经受了变质程度达角闪岩相的区域变质作用，仍可保留变质前的岩石稀土元素特征（Muecke 等，1985）。因此稀土元素是研究变质岩原岩类型的良好指示元素。表 2-3 中列出了龟山岩组斜长角闪片岩的稀土元素含量和特征参数。从表 2-3 中可以看出，研究区内斜长角闪片岩稀土元素具有稀土总量低、轻重稀土比值较低、没有出现负铕异常的特点。稀土总量 TR=（42.07～100.73）$\times10^{-6}$，平均为 79.44$\times10^{-6}$，$\sum$Ce/$\sum$Y=1.03～3.24，平均 1.86，Eu/Sm 平均为 0.31。稀土元素的这种特点显然表明了其为正斜长角闪岩（王仁民等，1987）。巴拉绍夫（1972）等根据科拉半岛各种斜长角闪岩和变质沉积岩的稀土元素资料和研究成果，提供了正、负斜长角闪岩稀土元素的 La/Yb—TR 判别图解。将龟山岩组斜长角闪片岩的稀土元素含量投点于该图解（图 2-3）中，仅 1 个点落在斜长角闪岩区外，其他点均落在区内，进一步说明了该区域的斜长角闪岩为正斜长角闪岩。

为了从稀土元素总量和各特征参数值等方面研究斜长角闪岩形成的构造环境，根据 F.A.费雷、M.A.哈斯金等人的资料，计算了大陆玄武岩和大洋中脊玄武岩稀土元素特征值，列于表 2-4 中。龟山岩组斜长角闪片岩在稀土总量、稀土元素的分馏，特别是重稀土的分馏上，与大洋中脊玄武岩类似。

表 2-3　龟山岩组斜长角闪片岩稀土元素含量（$\times10^{-6}$）及参数值

项目	Yla-8	Yla-10	Yla-12	Yla-14
La	15.72	6.79	13.76	3.74
Ce	34.78	16.18	30.11	8.68
Pr	4.47	2.37	3.97	1.35
Nd	17.23	10.38	15.37	5.47
Sm	3.72	2.80	3.47	1.60
Eu	1.07	1.00	0.85	0.56
Gd	3.18	3.27	3.36	1.83
Tb	0.53	0.64	0.59	0.38
Dy	2.62	3.75	3.47	2.16
Ho	0.52	0.79	0.71	0.47
Er	1.40	2.27	2.05	1.38
Tm	0.27	0.39	0.35	0.26
Yb	1.37	2.31	2.11	1.45
Lu	0.22	0.38	0.34	0.24
Y	13.63	21.37	19.76	12.53
$\sum$	100.73	74.69	100.27	42.07
LREE	76.99	39.52	67.53	1.37
HREE	23.74	35.17	32.74	20.70
LREE/HREE	3.24	1.12	2.06	1.03
δCe	0.97	0.94	0.95	0.90
δEu	0.96	1.02	1.22	1.01
$(La/Yb)_N$	6.66	1.71	3.79	1.50
$(La/Sm)_N$	2.58	1.48	2.42	1.43
$(Ce/Yb)_N$	5.71	1.58	3.21	1.34
$(Gd/Nb)_N$	1.64	1.00	1.13	0.89
$(La/Lu)_N$	7.33	1.83	4.15	1.60
Eu/Sm	0.29	0.36	0.25	0.35

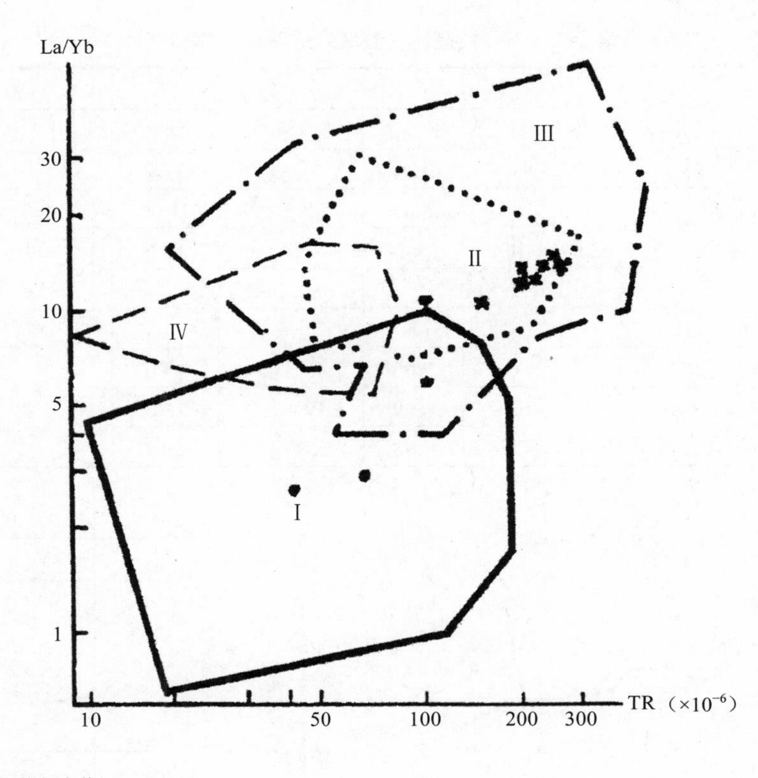

资料来源：巴拉绍夫等，1972。

图 2-3　La/Yb-TR 图解

Ⅰ-斜长角闪岩区；Ⅱ-砂质岩和杂砂岩区；Ⅲ-页岩和钻土岩区；Ⅳ-碳酸盐岩区
× 二云石英片岩；● 斜长角闪片岩

稀土元素的组成模式比稀土元素含量更能反映原岩特征。亀山岩组斜长角闪片岩的稀土元素配分曲线如图 2-4 所示，为一条略右倾的较平缓曲线。与图 2-4 大陆拉斑玄武岩、岛弧与弧后盆地拉斑玄武岩的岩石稀土元素配分曲线相比较，很显然与后一种玄武岩稀土模型相似，这不仅表现了亀山岩组斜长角闪片岩为变玄武岩，而且其原岩玄武岩的形成与岛弧和弧后盆地的形成有关。

表 2-4　不同构造环境玄武岩的稀土元素特征

	$REE/10^{-6}$		$\sum Ce/\sum Y$		$(La/Yb)_N$	
	变化范围	平均值	变化范围	平均值	变化范围	平均值
大陆玄武岩（282）	25～530	189	1.56～7.29	3.37	2.58～18.40	7.41
大洋脊玄武岩（15）	40～126	88.3	0.57～2.02	0.84	0.51～3.74	0.96
本区斜长角闪片岩（4）	42.07～100.73	79.44	1.03～3.24	1.86	1.50～6.66	3.41
	$(La/Sm)_N$		$(Gd/Yb)_N$			
	变化范围	平均值	变化范围	平均值		
大陆玄武岩（282）	1.19～3.00	2.66	1.48～4.48	1.90		
大洋脊玄武岩（15）	0.34～2.07	0.69	1.19～1.69	1.36		
本区斜长角闪片岩（4）	1.43～2.58	1.98	0.89～1.64	1.17		

注：据 F.A.费雷、M.A.哈斯金等（1968）；括号内数字为样品数。

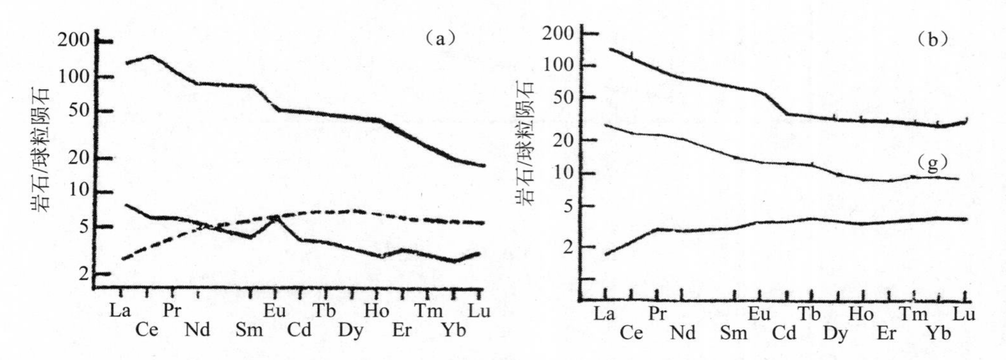

注：（a）大陆拉斑玄武岩（L.R. Cullers 及 J.L.Graf，1984）；（b）岛弧与弧后盆地拉斑玄武岩（L.R Cullers 等，1984）；（g）龟山岩组斜长角闪片岩。

图 2-4　稀土元素配分模式

4. 矿物学特征

薛君治（1982）对不同成因的角闪石研究后认为，不同成因角闪石的 Al/Si 比值有很大的差异，正变质成因的角闪石具有高的 Al/Si 值，而大部分区域副变质成因的角闪石，Al/Si 一般很低。同时不同成因角闪石的 Mg/（Fe^{2+}+Fe^{3+}+Al^{VI}）也显著不同。根据龟山岩组斜长角闪片岩中角闪石矿物的电子探针分析结果（表 2-5），投在 Al/Si-Mg/（Fe^{2+}+Fe^{3+}+Al^{VI}）图解中，其中 3 个点落在基性岩浆区。

表 2-5 龟山岩组角闪石成分（%）与基础阳离子系数

	1	2	3	4		1	2	3	4
SiO_2	47.18	43.72	43.92	48.43	C^{VI}				
TiO_2	0.36	0.52	0.62	0.04	Cr		0.007	0.014	0.034
Al_2O_3	10.10	12.25	12.74	8.98	Fe^{3+}	0.142	0.432	0.179	0.361
（FeO）	10.27	13.33	14.13	9.63	Ti	0.044	0.057	0.071	
MgO	14.34	12.25	10.19	16.09	Mg	3.097	2.698	2.287	3.142
MnO	0.32		0.20	0.16	Fe^{2+}	1.106	1.215	1.574	0.782
Cr_2O_3		0.06	0.23	0.24	Mn	0.034			0.017
Fe^{2+}			0.027		B				
CaO	11.87	11.69	11.72	12.42	Mn	0.001		0.025	
Na_2O	1.92	2.18	1.58	0.9	Ca	1.850	1.851	1.891	1.899
K_2O	0.54	0.37	0.49	0.47	Na	0.149	0.149	0.057	0.101
Σ	96.9	96.37	95.82	97.36	A				
T^{IV}					Na	0.392	0.476	0.405	0.157
Si	6.849	6.459	6.614	6.927	K	0.105	0.069	0.094	0.086
Al	1.151	1.541	1.386	1.073	Al	0.577	0.591	0.875	0.44

注：矿物名称：镁质角闪石。

锆石和金红石的矿物特征也说明了斜长角闪岩的原岩为火成岩。河南地调三队对斜长角闪片岩中副矿物金红石、锆石在晶体特征和数量方面的研究认为，副矿物似有岩浆岩的特征。

综上所述，龟山岩组常量元素、微量元素、稀土元素及矿物学等表现出的特征，以及对斜长角闪片岩原岩的恢复，各地球化学证据均显示了原岩主要为基性岩浆岩，且类似于岛弧和弧后盆地构造环境中的玄武岩。

（二）二云石英片岩

1. 常量元素

龟山岩组二云石英片岩岩石化学成分及参数值如表 2-6 所示。从表中可以看出，除少数几个样品外，大多数样品的 Na_2O 含量低于 K_2O，CaO 的含量低于 MgO，显示出二云石英片岩主要为沉积岩变质而成。

表 2-6　龟山岩组二云石英片岩岩石化学成分及参数值

编号	SiO_2/%	TiO_2/%	Al_2O_3/%	Fe_2O_3/%	FeO/%	MnO/%	MgO/%	CaO/%	Na_2O/%	K_2O/%	P_2O_5/%	Σ/%	*K*	*A*	*F*	DF	K_2O/(K_2O+Na_2O)
1	63.20	0.70	16.26	2.94	3.91	0.08	2.51	1.46	1.78	3.23	0.13	99.79	7	71	0.13	<0	0.64
2	63.64	0.88	16.04	2.57	4.37	0.03	2.51	0.95	1.52	3.44	0.13	99.36	12	80	0.13	<0	0.69
3	69.46	0.70	13.16	2.86	3.47	0.05	2.46	0.95	1.78	3.00	0.13	100.06	4	52	0.11	<0	0.63
4	61.04	0.70	14.64	5.97	3.25	0.13	2.38	1.97	1.20	4.00	0.15	99.97	23	47	0.14	<0	0.77
5	65.62	0.63	13.75	3.60	2.68	0.13	2.24	1.60	1.24	3.52	0.14	99.68	17	49	0.11	<0	0.74
6	62.40	0.75	16.07	3.90	4.48	0.08	2.30	1.01	1.64	3.72	0.15	99.28	13	74	0.14	<0	0.69
7	62.77	0.59	13.73	6.47	2.61	0.08	2.18	1.10	1.11	3.83	0.11	100.69	22	56	0.13	<0	0.78
8	68.73	0.50	12.62	2.43	2.77	0.1	2.19	1.92	1.57	3.33	0.10	100.11	11	31	0.10	<0	0.68
9	61.83	0.55	16.51	3.41	3.82	0.11	2.71	1.55	1.83	3.43	0.13	100.29	7	69	0.14	<0	0.65
10	61.94	0.70	17.40	2.83	4.75	0.08	2.68	0.72	1.39	3.82	0.11	100.24	7	95	0.15	<0	0.75
11	65.16	0.60	14.71	3.03	3.02	0.08	2.29	1.04	1.29	3.77	0.12	99.45	19	64	0.11	<0	0.75
12	61.88	0.53	16.54	2.97	3.77	0.11	2.54	1.62	1.92	3.84	0.11	100.41	9	61	0.13	<0	0.67
13	77.25	0.44	10.60	3.10	0.85	0.08	0.80	0.16	0.29	2.75	0.06	99.31	24	67	0.04	<0	0.90
14	67.20	0.34	16.50	1.96	0.62	0.04	0.88	3.43	5.53	2.57	0.11	99.17	−62	−15	0.038	<0	0.32
15	70.17	0.23	15.68	1.11	1.36	0.08	0.54	2.07	4.20	2.31	0.05	97.8	−43	24	0.034	<0	0.35
16	57.68	0.63	17.93	6.05	1.37	0.15	3.23	2.43	3.84	3.23	0.19	96.73	−28	37	0.14	<0	0.46
17	62.74	0.35	15.72	6.40	0.90	0.15	3.18	3.10	1.68	0.71	0.09	95.02	−19	64	0.13	<0	0.30
18	55.90	0.63	18.10	4.07	3.69	0.19	2.28	2.78	4.18	1.44	0.17	93.43	−52	−18	0.14	>0	0.26

D.M. 肖（1972）在研究加拿大安大略东南前寒武纪阿普斯莱片麻岩成因时提出 DF 函数判别式：当 DF＞0 时变质岩为正变质岩，原岩为火成岩；当 DF＜0 时原岩为沉积岩。DF 函数判别式由岩石中 6 种主要元素的氧化物计算，表达式如下：

$$DF=-0.21SiO_2-0.32Fe_2O_3-0.98MgO+0.55CaO+1.46Na_2O+0.54K_2O+10.44$$

式中的氧化物含量均为质量分数（%），计算结果列于表 2-6 中，可见大部分样品的 DF 函数值小于 0，显示出副变质岩的特征。而样品 14、15、16、18 不仅函数判别 DF＞0，并且 CaO 含量大于 MgO、Na_2O 含量大于 K_2O，表现出正变质岩的特征。因此龟山岩组的二云石英片岩主要由沉积岩变质而成，其中也应包括部分火成岩。根据二云石英片岩岩石化学成分计算得到的 *K*、*A*、*F* 参数投入普列多夫斯基图解（图 2-1）中，多数点落入杂砂岩区（Ⅰ—Ⅳ），部分点落入花岗岩及其喷出岩或英安岩区（D 区、E 区），也反映了二云石英片岩的原岩为沉积岩（杂砂岩）和部分火成岩。

2. 稀土元素

老湾矿区二云石英片岩稀土总量较高，为（169.27～247.99）$\times10^{-6}$，轻稀土富集，轻、重稀土之比为 3.4～3.8，La/Yb 为 11.46～15.02；具有较明显的负铕异常，δEu 为 0.61～0.67；稀土分布曲线轻稀土部分较陡，重稀土部分较缓。有关龟山岩组二云石英片岩稀土元素含量的平均值（7 个平均）和参数列于表 2-7 中。

表 2-7 老湾矿区二云石英片岩稀土元素含量及特征

La×10^{-6}	Ce×10^{-6}	Pr×10^{-6}	Nd×10^{-6}	Sm×10^{-6}	Eu×10^{-6}	Gd×10^{-6}	Tb×10^{-6}	Dy×10^{-6}	Ho×10^{-6}
40.61	81.37	9.75	33.35	6.70	1.26	5.39	0.93	5.18	1.02
Er×10^{-6}	Tm×10^{-6}	Yb×10^{-6}	Lu×10^{-6}	Y×10^{-6}	∑REE×10^{-6}	LREE/HREE	δEu	La/Yb	La/Sm
2.91	0.49	2.91	0.45	27.64	219.96	3.69	0.65	13.96	6.06

根据二云石英片岩的稀土元素含量投点于巴拉绍夫等（1972）的 La/Yb-TR 图解中（图 2-3），所有的点均落入Ⅱ区即砂质岩和杂砂岩区。将二云石英片岩的稀土模型与不同构造的杂砂岩稀土模型对比（图 2-5），老湾二云石英片岩与霍奇金松盆地杂砂岩稀土分布曲线极为相似，并且数值特征也较为接近。该杂砂岩与洋底拉斑玄武岩共生，为大陆边缘基底隆起形成的盆地沉积。二者稀土模型相似说明了老湾二云石英片岩原岩具有正常沉积的特征。

四、原岩形成的构造环境

近年来国内外的研究表明，显生宙以来的板块构造基本格局和板块运动的特点可以逆推到元古宙（Windly，1992）。秦岭-大别造山带是经板块的多次碰撞、聚合而形成的。龟山岩组处于华北板块、扬子板块的聚合地带、南秦岭的北缘、板块构造界线松扒韧性剪切带以南，因此确定龟山岩组变火山岩和变沉积岩产生的古构造环境对于探讨秦岭造山带的构造演化具有重要意义。有研究者认为龟山岩组产生的古构造环境为大陆裂谷，但笔者通过对区域变质火成岩和变质沉积岩的岩石组合、岩浆岩系列、地球化学特征的研究，认为其古构造环境为弧后盆地。

（1）龟山岩组变火山岩岩石化学研究表明其属于钙碱性岩浆岩系列，在 Bas（1986）火山岩 TAS 分类图解中投点显示出以玄武岩为主的玄武岩-玄武安山岩-安山岩-英安岩组合，不显示双峰式火山岩特点。大陆裂谷火山岩一般为碱性岩系列或者是典型的双峰式火山岩。龟山岩组变火山岩明显与此特征不同。

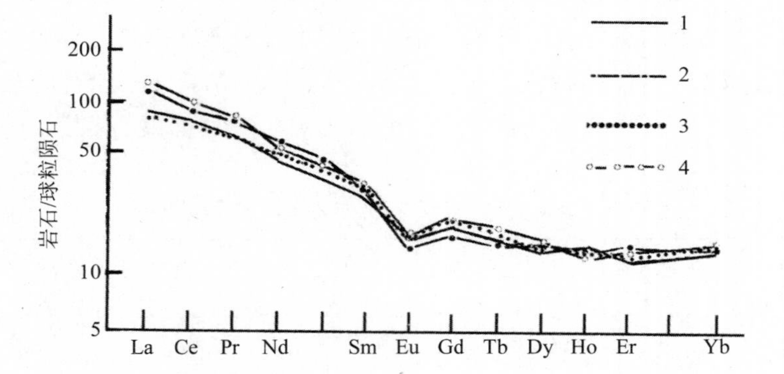

资料来源：M. R. Bhatia，1985。

注：1. 澳大利亚东部希尔恩德海槽志留-泥盆系杂砂岩，源区为长英质火山岩（或英安岩），属大陆岛弧构造环境沉积；

2. 澳大利亚东部霍奇金松盆地泥盆系杂砂岩与洋底拉斑玄武岩-主要基性火山岩共生。某些 REE 参数与现代安第斯型安山岩相似。为大陆边缘附近基底隆起形成的盆地沉积；

3. 澳大利亚东部塔姆沃思海槽泥盆-石炭系杂砂岩，源区为未被切割的岩浆弧-钙碱性安山岩，属大洋岛弧环境沉积；

4. 河南省桐柏县老湾地区二云石英糜棱岩。

图 2-5　二云石英片岩稀土元素配分模型对比

（2）常量元素、微量元素的构造环境判别图解表现出变火山岩形成时处于岛弧（弧后）环境。在 Na_2O/K_2O-Na_2O+K_2O 判别图解（图 2-6）中，绝大多数的点落入 C 区即岛弧火山岩区，在微量元素 Cr-Y 判别图解（图 2-7）中也落入岛弧区域内。稀土元素特征也表现出变火山岩形成于岛弧（弧后盆地）环境。图 2-4 所示的斜长角闪片岩的稀土元素配分模型与岛弧或弧后盆地拉斑玄武岩稀土模型极为相似，稀土元素在∑Ce/∑Y-Sm/Nd 判别图解（图 2-8）中也落入岛弧及活动大陆边缘的区域内。

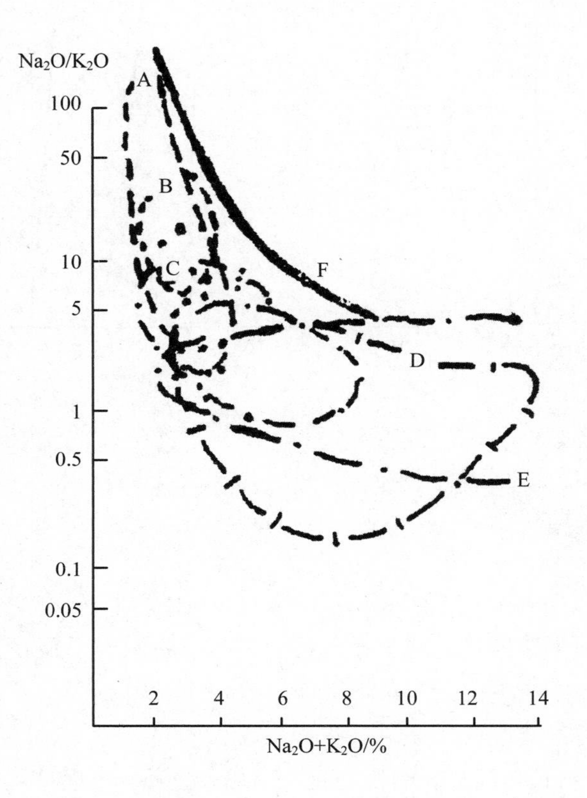

图 2-6 Na_2O/K_2O-全碱图

A-冰岛拉斑玄武岩；B-大洋拉斑玄武岩；C-岛弧火山岩；D-亚洲大陆东碱性岩；E-大西洋岛碱性岩；F-新鲜火山岩上限

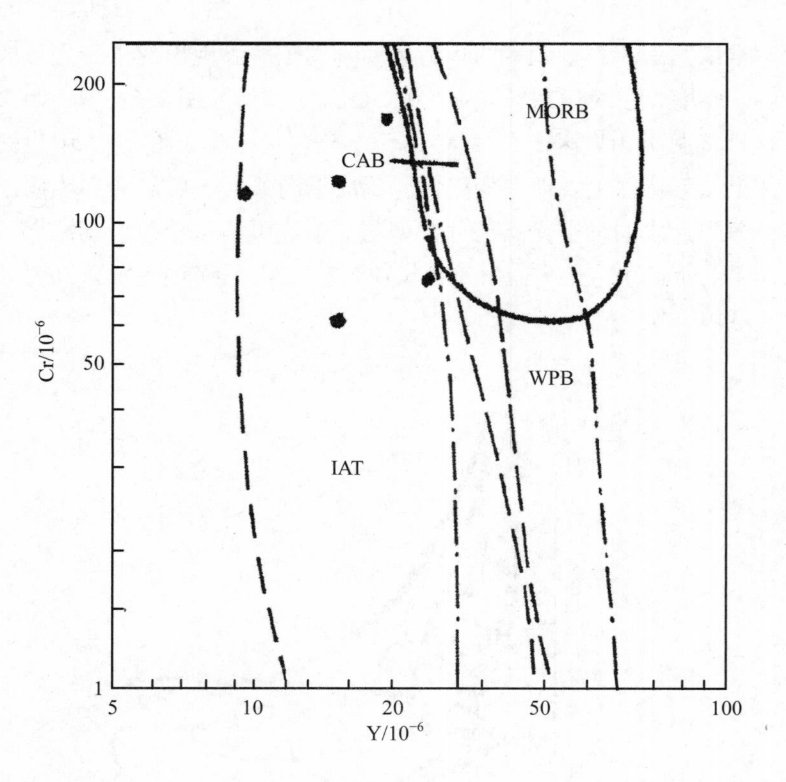

资料来源：Pearce，1982。

图 2-7　Cr-Y 判别图解

MORB：大洋中脊玄武岩；IAT：岛弧拉斑玄武岩；CAB：钙碱性玄武岩；WPB：板内玄武岩

（3）Bhatia（1985）对各种构造背景中的杂砂岩稀土元素组成进行研究后，提出各构造背景下杂砂岩的稀土元素特征参数，将原岩为杂砂岩的二云石英片岩平均稀土元素组成与各构造背景下特征参数相比（表 2-8），可以看出杂砂岩的沉积环境为安第斯大陆边缘。

（4）该区域斜长角闪片岩的稀土元素特征参数和稀土模型类似于洋脊玄武岩和岛弧玄武岩，具备了二者的共同特征，而研究表明弧后盆地玄武岩同时具有洋脊和岛弧的特征（李曙光，1993）。李曙光利用分配系数相近的 Ba、Th、Nb、La 四个不相容元素来区分洋脊、岛弧、洋岛玄武岩。利用区域龟山岩组斜长角闪片岩微量元素含量在 Ba/Nb-Th/Nb 图解上投影，投影点落在 BABB（弧后盆地）区域内或紧邻 BABB 分布。因此该区域变火山岩形成时应处于弧后盆地的古构造环境。

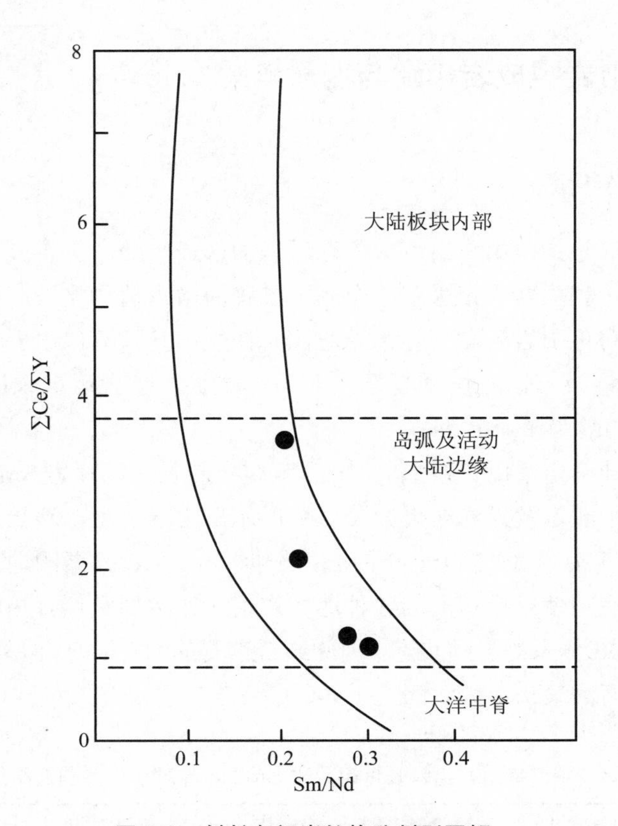

图 2-8　斜长角闪岩的构造判别图解

综上所述，龟山岩组的二云石英片岩、斜长角闪片岩的岩浆岩系列、常量元素、微量元素和稀土元素的特征等地球化学标志，指示其最初是在活动大陆边缘的弧后盆地环境中形成的。这也证实了在中、晚元古宙时华北板块南缘存在活动大陆边缘。

表 2-8　鉴别盆地构造背景杂砂岩的 REE 特征

构造背景	$La\times10^{-6}$	$Ce\times10^{-6}$	$\sum REE\times10^{-6}$	La/Yb	La_N/Yb_N	∑LREE/HREE	δEu
大洋岛弧	8	19	58	4.2	2.8	3.8	1.04
大陆岛弧	27	59	146	11.0	7.5	7.7	0.79
安第斯型大陆边缘	37	78	186	12.5	8.5	9.1	0.6
活动大陆	39	85	210	15.9	10.8	8.5	0.6
老湾地区	40.6	81.4	192	14.3	8.1	9.0	0.65

五、龟山岩组成岩年龄与变质年龄

（一）成岩年龄

此成岩年龄是指龟山岩组变火山岩原岩的形成年龄。有研究者曾在光山马畈地区葛家老屋、狗头寨一带采获六个属十二种的微古植物化石，从其组合特征和数量上看，可将龟山岩组与蓟县系相对比。在光山县张湾龟山岩组含榴二云石英片岩中选出的锆石，锆石色泽复杂，多为浑圆状，有搬运沉积的特点，锆石的U-Th-Pb 表面年龄为 1 410 Ma。

为了准确地确定龟山岩组形成时代，测定了斜长角闪片岩 Sm-Nd 同位素体系的等时线年龄，测定及计算结果如表 2-9 所示。由表可见，斜长角闪片岩的全岩Sm-Nd 等时线年龄为（1 389±39）Ma。根据 Sm、Nd 元素的地球化学特征，即在岩石形成以后即使经历后期的各种地质作用（如达到麻粒岩相的变质作用）也难以改变 Sm-Nd 体系的封闭状态。因此结合锆石的 U-Th-Pb 年龄测定结果，可确定龟山岩组岩石的最初形成时间为 1 400 Ma 左右。

表 2-9　龟山岩组斜长角闲片岩 Sm-Nd 等时线年龄测定结果

样号	$Sm/10^{-6}$	$Nd/10^{-6}$	Sm^{147}/Nd^{144}	Nd^{143}/Nd^{144}	等时线年龄
I-94-DL_1	5.37	17.09	0.189 9	0.512 684	t=（1 389±39）Ma Nd^{143}/Nd^{144} i=0.510 96±2 ε_{Nd}=+2.3
I-94-DL_2	1.66	4.52	0.222 5	0.512 986	
I-94-DL_3	4.27	12.78	0.201 9	0.512 817	
I-94-DL_4	1.92	5.47	0.211 7	0.512 894	
I-94-DL_5	1.60	4.40	0.219 6	0.512 963	
I-94-DL_6	2.36	7.13	0.199 8	0.512 782	
I-94-DL_7	2.96	9.23	0.193 9	0.512 731	

（二）峰期变质年龄

由于龟山岩组经历了多次变形、变质作用，影响其峰期变质年龄的确定。其变质年龄的确定主要依据下列因素，推测龟山岩组的峰期变质作用发生在印支期。

（1）桐柏-大别造山带中分布的高压岩系同位素定年大都在印支期，如对大别山北缘高坝岩及大别山南缘石马的C型榴辉岩生成年龄研究，利用Sm-Nd矿物等时线分别测定的结果为221±20 Ma和224±5Ma（李曙光等，1990）；Eide et al（1994）和Ames et al（1993）也利用U-Pb、$^{40}Ar/^{39}Ar$定年方法确定大别造山带中各种超高压岩系形成于 244～195 Ma。因此，区域上的峰期变质作用发生在印支期。

（2）在松扒韧性剪切带中发育辉绿-辉长岩和辉石-辉长岩，其中辉石-辉长岩主要呈带状块体分布在Ⅰ岩片，辉绿-辉长岩在Ⅰ、Ⅱ岩片内均大量分布。辉绿-辉长岩内有大量的斜长角闪片岩、二云石英片岩及硅质岩的残块或捕虏体，与捕虏体或条带状斜长角闪片岩相比，辉绿-辉长岩明显缺少一期重要变形，如附录照片4所示。由在捕虏体中长英质脉的分布形态已表明在辉绿-辉长岩侵入之前，龟山岩组已发生过韧性变形。因此对辉绿-辉长岩的形成时代及构造环境的研究，也可为判断龟山岩组的峰期变质年龄提供依据。

辉绿-辉长岩的平均岩石化学成分如表 2-10 所示。据其岩石化学成分和西蒙南图解（图 2-9）进行原岩恢复，投点的分布区间除表明了辉绿-辉长岩的原岩为火成岩外，还有壳源物质的加入。由表 2-10 可知，辉石-辉长岩为一略偏酸性的铁镁质岩浆岩，其中平均SiO_2含量为49.62%、TFeO为9.95%、MgO为10.40%、CaO为9.84%，属正常类型的拉斑玄武岩；辉绿-辉长岩的岩石化学成分显示其为铝过饱和型的拉斑玄武岩类。根据基性岩稀土元素组成，投点于La/Yb-ΣREE双对数图解中（图2-10），全部落在玄武岩区的大陆拉斑玄武岩及碱性玄武岩区，稀土模型与大陆裂谷玄武岩的稀土模型相对应（图2-11）。可见该基性岩应为大陆裂谷玄武岩。

表2-10　基性岩浆岩岩石化学成分

单位：%

岩性		SiO_2	TiO_2	Al_2O_3	Fe_2O_3	FeO	MnO	MgO	CaO	Na_2O	K_2O	P_2O_5	样数
辉石-辉长岩	平均	49.62	0.50	11.42	4.29	5.66	0.15	10.40	9.84	2.08	0.73	0.20	5
	区间	42.40～52.64	0.38～0.63	5.51～14.94	2.19～8.57	5.03～6.13	0.13～0.16	5.58～17.72	5.39～15.30	1.18～3.65	0.24～1.75	0.04～0.47	
辉绿-辉长岩	平均	56.60	0.57	16.76	3.63	4.14	0.15	3.53	4.59	3.13	1.94	0.16	12
	区间	51.36～60.98	0.28～0.47	14.74～17.99	2.16～8.40	1.06～5.63	0.10～0.25	2.43～5.29	1.53～8.20	2.44～4.36	1.20～2.52	0.11～0.29	

根据辉石-辉长岩角闪石矿物的两个钾-氩法测定的年龄值分别为 372 Ma 及 419 Ma 和辉石-辉长岩表现出一定程度的自变质作用，推测辉石-辉长岩的形成时代在加里东期。而华北板块与扬子板块拼合成中国古大陆后，自晚震旦世又分离成两大板块，至三叠世完成最终的对接、拼合（杨家騄等，1995）；北淮阳地区可能在晚泥盆世之前开始闭合（杜远生，1995）。在该区出现加里东期的大陆裂谷玄武岩是与之相吻合的。由于印支期的陆内碰撞产生的同聚合或聚合后的韧性剪切，作用于各岩片中的辉绿-辉长岩。从总体上看，辉绿-辉长岩受到右型走滑的剪切作用后，变形程度较弱，仅在强应变带内呈糜棱岩或千糜岩，在 RF_4应变带北侧较明显，并且含有较多的十字石和蓝晶石。

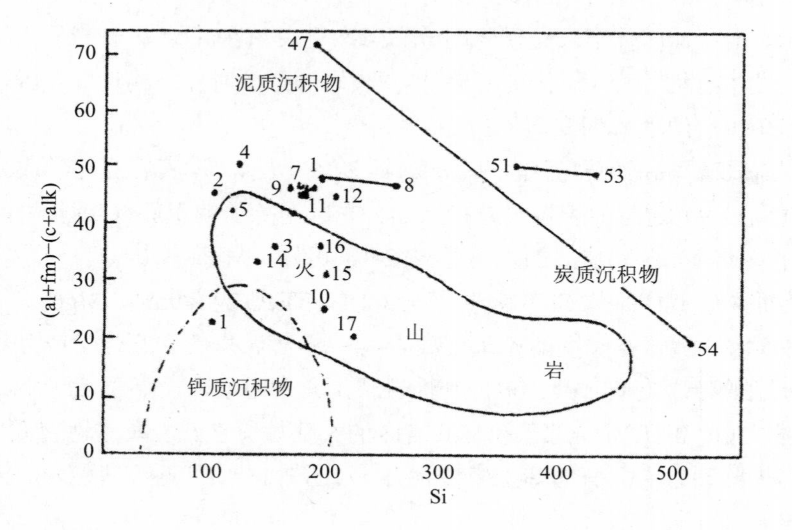

资料来源：Simonen，1983。

图 2-9 （al+fm）-（c+alk）对 Si 图解

1—5 辉石-辉长岩；6—17 辉绿-辉长岩

对龟山岩组的变质作用程度研究表明，十字石、蓝晶石作为特征变质矿物的出现，标志着龟山岩组的变质程度达角闪岩相的十字石-蓝晶石带。在辉绿-辉长岩的糜棱岩中出现十字石、蓝晶石等特征变质矿物和该类岩石缺失加里东期前的韧性变形，并且形成应力矿物蓝晶石需要在较强的剪应力作用条件下，结合区域超高压变质岩系的峰期变质时代，可以推断龟山岩组的峰期变质作用发生于印支期。

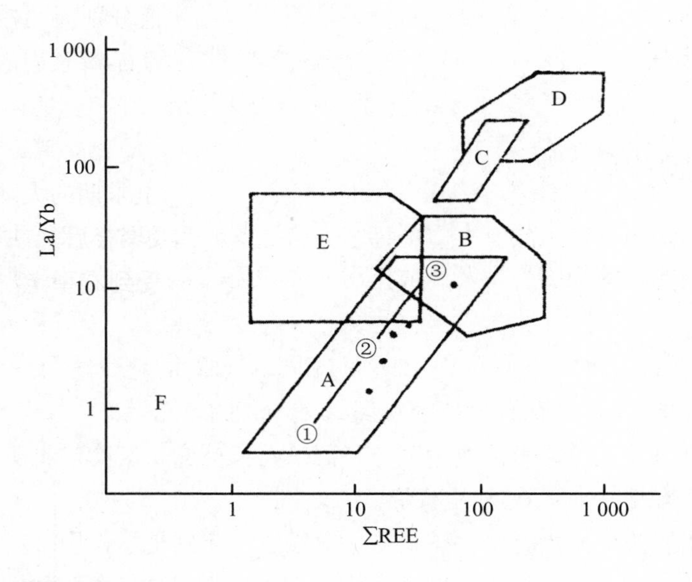

资料来源：Allegre 等，1978。

图 2-10 双对数图解

A.玄武岩：①大洋拉斑玄武岩；②大陆拉斑玄武岩；③碱性玄武岩；B.花岗岩；C.金伯利岩；D.碳酸盐岩；E.钙质泥岩；F.球粒陨石

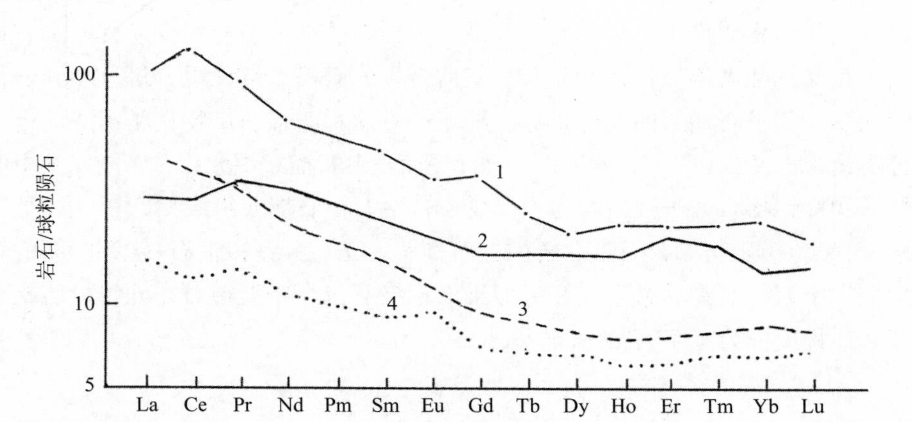

图 2-11 稀土分配模型

1. 大陆裂谷拉板玄武岩；2. 大陆裂谷碱性玄武岩；3. xT-6；4.yR-33

六、变质作用

（一）变质相及相系

变质岩在变质作用过程中趋近于内部化学平衡，其矿物组合只决定于岩石的总化学成分，而与原岩的成因类型及变质作用的方式无关。龟山岩组的矿物组合为：

泥、砂质变质岩：石榴石+黑云母+白云母+斜长石+蓝晶石+十字石+石英

基性变质岩：角闪石+斜长石+绿帘石+黑云母+石榴石+石英

这种矿物组合以及变质岩中出现十字石、蓝晶石特征变质矿物，表明龟山岩组变质岩应属角闪岩相、十字石-蓝晶石带。

确定区域变质岩的变质相时，单矿物的化学组成常起到指示作用。对龟山岩组中部分矿物如角闪石、斜长石、石榴石的化学组成进行了电子探针分析，分析结果列于表 2-5、表 2-11、表 2-12 中。角闪石的离子组成在四配位铝（Al^{IV}）和六配位铝（Al^{VI}）的关系图解上（图 2-12）投点，落入角闪岩相区，在角闪石的 TiO_2 与 Na_2O+K_2O 相关图中落入低角闪岩相区（王奎仁，1989）。由于石榴石的组成变化与变质作用之间的密切关系，石榴石的端元组分对变质程度具有很好的指示意义。叶大年（1977）对各个变质带里的石榴石端元组分进行统计，得到了不同变质带里石榴石的端元组分。根据该方法和石榴石矿物化学组成的电子探针分析结果（表 2-12），计算出了二云石英片岩中石榴石端元组分，并以其中的钙铝榴石和锰铝榴石分子数之和与不同变质带中石榴石端元组成相比较，如表 2-13 所示，可见龟山岩组二云石英片岩中的石榴石端元组分钙铝榴石+锰铝榴石的总量分别在十字石、蓝晶石带之间和近似于铁铝榴石带，则石榴石端元组分所指示的最高变质程度应为十字石带-蓝晶石带。

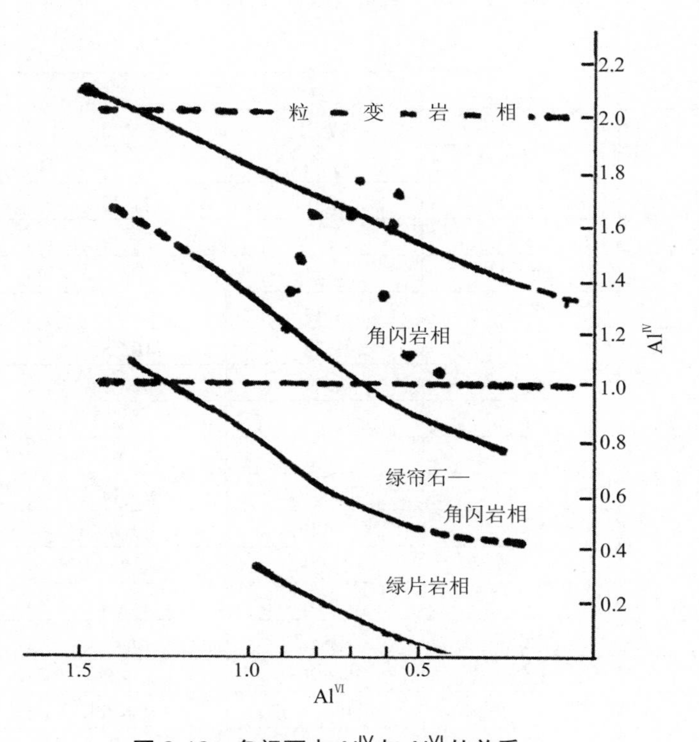

图 2-12　角闪石中 Al^{IV} 与 Al^{VI} 的关系

表 2-11　龟山岩组斜长石成分（%）及阳离子数

SiO_2/%	60.94	Si^N	2.748
TiO_2/%	0.00	Al^N	1.24
Al_2O_3/%	23.31	Fe^{3+}	0.005
FeO/%	0.22	Ca^{2+}	0.236
MgO/%	0.00	Na^+	0.796
Cr_2O_3/%	0.06	K^+	0.005
CaO/%	4.89	An/%	22.8
Na_2O/%	9.13	Ab/%	76.8
K_2O/%	0.11	Or/%	4
P_2O_5/%			
∑/%	98.68		

表 2-12　龟山岩组石榴石化学成分

单位：%

	1	2	3	4
SiO_2	37.17	37.51	36.52	36.58
TiO_2		0.04		
Al_2O_3	20.08	20.90	21.20	20.54
FeO	28.31	30.49	24.29	24.77
MgO	4.70	4.44	3.42	3.40
MnO	7.58	4.47	3.08	2.40
CaO	1.65	1.52	10.25	11.01
Na_2O	0.40	1.09	0.01	
K_2O				
Cr_2O_3			0.07	0.08
Σ	99.47	100.46	98.84	98.78
Si	2.960	2.947	2.894	2.917
Al	1.884	1.936	1.98	1.926
Ti		0.002		
Fe^{3+}	0.258	0.332	0.2	0.120
Fe^{2+}	1.627	1.672	1.442	1.413
Mg	0.558	0.520	0.405	0.402
Mn	0.511	0.297	0.209	0.163
Ca	0.141	0.128	0.871	0.939
Na	0.061	0.166		
And	4.93	4.96	10.25	6.17
Py	19.72	19.85	13.84	13.78
Sp	17.96	11.45	7.10	5.59
Gr			17.08	26.02
Alm	57.39	63.74	49.27	48.44
寄主岩石	二云石英片岩		斜长角闪片岩	

表 2-13　不同变质带中石榴石的端元组分特征（分子数百分数）

变质带	铁铝榴石带	十字石带	蓝晶石带	硅线石带
钙铝榴石 + 锰铝榴石	23.5±7	17±4	14±6	7±3
龟山岩组钙铝榴石 + 锰铝榴石	22.89、16.41			

总之，龟山岩组的岩石组合类型、矿物地球化学特征指示出龟山岩组变质相属于低角闪岩相中的十字石蓝晶石变质带。在都城秋穗（1972）划分的区域变质作用三个基本类型中属于中压区域变质相系。

（二）变质作用的温度、压力

龟山岩组峰期变质作用温度、压力条件的获得，是利用白云母单矿物温度计（薛君治，1991）、石榴石-斜长石地质压力计（перцхк，1983）和白云母-多硅白云母 Si 原子数与温压关系（Veide，1967）等，求得变质温度、压力分别为 t=540～610℃、p=0.5～0.53 GPa；利用其他计算方法得到龟山岩组的变质温度、压力为 t=530～650℃、p=0.5～0.8 GPa；邻区周党幅资料中龟山岩组的变质温度、压力分别为 510～575℃、0.6～0.65 GPa。在上述的变质条件中，变质温度较为统一，在蓝晶石出现所需的温度范围内，但压力变化较大，在 0.5～0. 53 GPa 的压力下，低压变质相系中不可能出现蓝晶石。在区域变质的泥质岩中，石榴石-斜长石-石英-蓝晶石组合很普遍，Ghent 提出用下列平衡反应来模拟这个组合（刘雅琴等，1996）：

$$3CaAl_2Si_2O_8(An) = Ca_3Al_2Si_3O_{12}(Ga)+2Al_2SiO_5(Ky)+SiO_2(Q)$$

用热力学方法计算得出有蓝晶石参与并达到平衡时的该反应方程的热力学公式：

$$0=-3272/T+8.396\,9-0.344\,8(P-1)/T$$

取变质温度 T=530～610℃，由上式可计算得到相对应的压力 P=1.0～1.2 GPa。此压力范围可能偏高。

龟山岩组在经过峰期变质作用后，随着韧性剪切带的韧-脆性和脆性变形阶段的发生而出现了退变质作用，如石榴石破碎并退变为黑云母、白云母等含水矿物（照片 5）。通过矿物的共生组合和矿物的化学组成可以研究退变质作用发生时的温度、压力条件。从表 2-12 中可以看出，石榴石的化学成分由核部至边部，出现 Fe、Ca 含量升高，Mg、Mn 含量降低的现象，不同于石榴石的正环带分布：中心 MnO、CaO 含量高，向边部降低，而 FeO、MgO 呈相反趋势；也不同于石榴石成分的反环带分布：中心 MnO、CaO 含量比边部低，边部的 FeO、MgO 含量比中心低，而是一种混合环带。很多学者运用电子探针分析对石榴石单矿物成分进行研究，发现石榴石的环带构造是普遍存在的。张旗（1995）综合了有关石榴石环带成分研究资料认为，在高级变质作用中，均质的石榴石占主导地位，正环带成分石榴石是在温度升高的进化变质作用阶段形成的，反环带则主要是在温度下降的退化变质过程中出现的。混合环带似乎不是一种独立的环带类型，一个正环带叠加了一个反环带，即可形成混合环带。因此该石榴石的混合环带应为在进化变质作用的基础上叠加了退化变质作用所致。根据别尔丘克（1966，1967）提供的角闪石-石榴石之间 Mg 的分配等温线圈和角闪石-斜长石之间的 Ca 的分配等温线图，结合各单矿物的化学组成，分别得到退变质温度为 410℃、440℃，由斜长石和角闪石的 An%-∑Al 地质温压计（Laird，1980）得到退变质作用的压力为 0.41 GPa。

龟山岩组的斜长角闪片岩中的矿物如角闪石、黑云母以及二云石英片岩中的十字石等矿物均发生绿泥化现象，这种“绿泥石+白云母”的矿物组合代表了变质地体在变质作用晚期的抬升（剥蚀）阶段或抬升之后所发生的低绿片岩相退化变质作用，因而其变质温度、压力均较低。Mclcllan（1985）发现这种退化变质在全球许多造山带都普遍存在，其温度一般在 350℃左右，压力在 0.2 GPa 左右。

（三）变质作用与变形

韧性变形域在正常梯度下位于深构造层次，深度大致为 10～25 km。由龟山岩组峰期变质作用的温压条件可知，发生变质作用时的深度为 16～20 km，与韧性变形深度是一致的。脆性-韧性变形域是韧性与脆性变形的过渡域，如以正常地热梯度计，脆-塑性机制的转换深度大致位于 10～15 km 处。Strehlau（1986）、Schoz（1988）和 Shimamoto（1989）等都指出，存在一个很宽的脆性-塑性过渡域。该域内既发育脆性变形机制，又有塑性流变行为，认为 T_1（石英塑性变形开始）与 T_2（长石塑性变形开始）之间的区段，代表了脆-塑性过渡域，相当于 300～450℃的温度范围。从该研究区域内石榴石矿物破碎并发生退变质作用形成含水矿物黑云母、白云母时的温度、压力条件来看，T=410～440℃、P=0.41 GPa，完全在韧-脆性变形限定的温度和深度区间内。

以不同构造层次和变形域所决定的变形环境和条件起主导作用而形成的韧性剪切带，按变形域的分类可划分为高温韧性剪切带、深层韧性剪切带和浅层韧性剪切带三类。根据各剪切带的特点，松扒韧性剪切带与此相比较，表明其剪切带为深层韧性剪切带：龟山岩组的各类动力变质岩，如二云石英初糜棱岩、糜棱岩、千糜岩等属于糜棱岩系列，并且在断裂带中出现构造熔岩（假玄武玻璃）（翟淳，1988）；松扒韧性剪切带还发育深层韧性剪切带的各种宏观与微观的韧性变形构造，如 S-C 面理、旋转碎斑系、不对称压力影、膝折（照片 6）等，反映粒内应变的波状消光、云母鱼、亚晶与动态、重结晶等。考虑到构造活动带的热流值普遍较高，可能在 8～10 km 以下深度即可形成深层韧性剪切带，如果按照何绍勋等（1996）转换脆-塑性形变的比例：正常热梯度下和高热流值下脆-塑性形变深度分别为 10 km 和 4～5 km，则深层韧性剪切带的形成深度相当于正常热梯度下的 16～25 km，很明显，深层韧性剪切带的形成深度是与龟山岩组的峰期变质作用的温压条件一致的。这表明韧性变形与峰期变质作用是同时进行的。镜下研究结果也证明了这一点，如片岩中的云母、角闪石等片状、粒状矿物具有明显的线型定向，特征变质矿物蓝晶石的线型排列，十字石矿物的压力影，且呈“σ型”（照片 3），均显示出同构造期的峰期变质作用。

综上所述，龟山岩组的变质作用在印支期华北板块与扬子板块陆内俯冲碰撞时，松扒深层韧性剪切带的右型韧性剪切走滑过程中，达到最高变质程度和变质相。退变质作用发生时处于松扒剪切带的脆-韧性变形阶段。

七、变形、变质作用与成矿的关系

由于老湾地区变质作用是与动力变形同期发生，随韧性剪切达到峰期变质程度，随剪切带的脆-韧陆变形而发生退变质作用，因此，变形、变质作用与成矿的关系即表现为韧性剪切带与成矿的关系。

有关韧性剪切与成矿关系的研究表明，成矿物质在韧性剪切过程中，可以迁移富集。岳石（1990）、吴学益等（1990）和孙胜龙（1992）利用实验研究了在高温、高压和剪切变形条件下金的行为，结果证明了在温度和时间范围内，一定的剪切应力可使金从含金岩石中分离出来，迁移并富集到剪切裂隙中。许多金矿床如广东河台金矿（周崇智等，1988；何绍勋等，1992）、吉林夹皮沟金矿（孙晓明等，1992）等被认为金矿化是与韧性剪切作用同时发生的，后文对松扒韧性剪切带的质量平衡分析也表明了韧性变形促使成矿物质金的迁移富集，说明了韧性剪切能够促使金迁移和富集。同时韧性剪切带内金矿床的成矿物质来源的研究结果显示成矿物质不仅来自围岩，还可能来自花岗岩、脉岩或地幔（陈衍景等，1992，刘连登等，1991）。

矿区内在韧性剪切变形作用的后期，发育着一组北西向的脆-韧性变形构造（图 5-2），脆-韧性构造走向、倾向上均呈波状弯曲，形成“S”形的弯褶形态，属于典型的脆-韧性剪切带。充填于其中的矿脉表现为雁行排列，说明老湾金矿床形成于松扒剪切带的脆-韧性变形阶段。而较多的研究者也认为尽管如浙江璜山金矿、夹皮沟金矿、江西金山金矿和内蒙古乌拉山地区金矿的金矿化是与韧性剪切作用同时发生的，但工业矿化应发生在脆-韧性变形阶段。

在脆-韧性变形阶段发生的退变质作用使石榴石变为黑云母和白云母等含水矿物，这种吸水反应过程的存在说明在脆-韧性剪切带中有大量的流体，并且流-岩反应的继续进行，将形成绢云母化、碳酸盐化、硫化物矿化和金矿化（徐学纯，1991）。Colvine 等（1984）曾经计算了一个剪切带中形成 40 Mt 含 Au 10 g/t 的矿体需要的水量为 8 Mt，按照这种比例可以计算有 50 t 金储量的老湾金矿形成过程中的水量达 1 Mt。但在脆-韧性变形阶段，不可能因为韧性剪切而形成大量流体，同时在该阶段还存在退变质的吸水反应。因此，在金的工业矿化过程中，参与成矿作用的成矿流体必须有其他来源的流体参与，如岩浆水、深源水和加热的地下水等。

第三章　岩浆岩

一、岩浆岩成岩物理化学条件

（一）岩浆起源温度、压力

Tuttle 等（1958，1972）在高温高压实验基础上提出了“花岗岩-H_2O”体系等压平衡相图，不同的水压和温度条件下熔融形成的岩浆具有不同的成分。由老湾花岗岩的标准矿物组成（表 3-9）在 Q-Ab-Or 图解上（图 3-1）投点，得到老湾花岗岩在源区的熔融条件为：压力 P=4 kb[①]，温度 T=600～700℃（图 3-2）。但是根据花岗岩中特征矿物的出现，认为该温度、压力应小于岩浆形成时的温度、压力。通过镜下观察，发现在斜长石晶体中包裹有无色矿物。该矿物的光学性质为一轴晶正光性，正突起低。晶形呈六方双锥（照片 7），矿物颗粒表面有裂纹，柱面呈港湾状（照片 8）。依据光学性质和晶形特征，可以确定该矿物为β-石英。β-石英的出现说明花岗岩岩浆在地下深处的温度较高，常为 800～900℃，甚至更高。已有的研究表明花岗岩类岩石中的副矿物，如磷灰石、锆石等在深熔过程中的行为对熔体的微量元素 P、Zr 将产生巨大影响，当源岩部分熔融时，在源岩熔融的最初阶段 P_2O_5 就全部进入液相（林景仟，1987）。如果熔融过程中的熔体 P、Zr 含量高于磷灰石、锆石的饱和量，则可形成磷灰石、锆石。Harrison 和 Watson（1984）在 850～1 500℃条件下对磷灰石在长英质熔浆中的溶解度和溶解动力学进行了研究，得到了磷灰石的溶解度方程为：

$$\ln D^{Ap/melt}=\{[8\,400+(SiO_2-0.5)\times 2.64\times 10^4]/T\}-[3.1+1\,264(SiO_2-0.5)] \qquad (3\text{-}1)$$

T 是绝对温度，$D^{Ap/melt}$ 是磷灰石的化学计量磷浓度对熔体磷浓度的比值，老

① 1 kb=0.1 GPa。

湾花岗岩磷灰石中磷的浓度由电子探针分析测定，如表 3-1 所示，熔体中磷的浓度由花岗岩岩石化学资料得到（表 3-8）。依式（3-1）磷灰石饱和度计算的源区温度分别为 913℃和 938℃，平均 925℃。与β-石英所反映的源区岩浆温度一致。

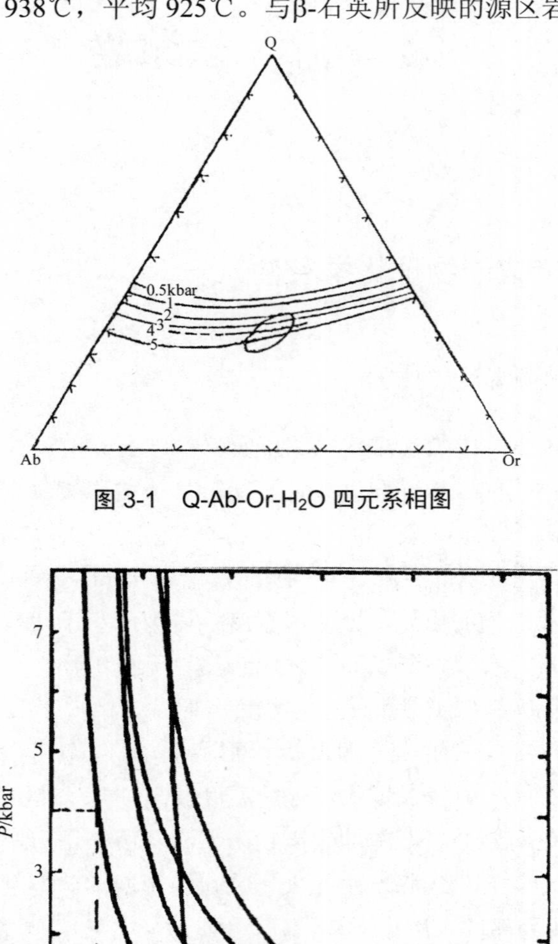

图 3-1　Q-Ab-Or-H_2O 四元系相图

资料来源：Luth，1964。

图 3-2　花岗岩体系初熔温度的压力-温度关系

注：I—Ab-Ksp-Q-H_2O 体系；其他略。

表 3-1 磷灰石电子探针分析结果 单位：%

样号	SiO_2	TiO_2	Al_2O_3	(FeO)	MgO	MnO	CaO	Na_2O	K_2O	P_2O_5	Σ
r_5^3-6	0.29	0.06	0.00	0.21	0.00	0.00	54.12	0.05	0.06	41.78	96.57
r_5^3西-1	0.28	0.00	0.00	0.25	0.04	0.00	54.34	0.04	0.00	42.02	96.97
r_5^3西-1	0.21	0.03	0.00	0.00	0.06	0.00	54.68	0.00	0.00	42.29	97.27

由于岩浆熔融的发生是在造山带伸展作用下由岩石圈减压所引起的，岩浆的起源温度显示其源于下地壳。如果按照地温梯度 30℃/km 和地压梯度 3.3 km/kbar 换算，则岩浆起源时的压力约为 9.5 kbar。

（二）岩浆的结晶温度

根据老湾花岗岩钾长石矿物电子探针分析结果（表 3-6），以下式计算其单斜有序度：

$$Al(t_1)=0.549\,7+0.434\,8\ Sm \tag{3-2}$$

式中 $Al(t_1)$为 t_1 位的 Al 离子数，计算得到的有序度 Sm 值均为 0.9～1.03，说明碱性长石为低温结构态。因此，在应用二长石地质温度计计算花岗岩浆结晶温度时，采用经过校正的 Whitney 和 Stormer（1977）二长石地质温度计（黄茂新，1988）：

$$T=\frac{7\,973.1-16\,910.6X_{AF}+9\,901.9X_{AF}^2-964.4X_{AF}^3+\left(0.11-0.22X_{AF}+0.11X_{AF}^2\right)P}{-1.987\,2\ln(X_{AF}/X_{PF})+6.48-21.58X_{AF}+23.72X_{AF}^2-8.62X_{AF}^3} \tag{3-3}$$

式中 X_{AF}、X_{PF} 分别为碱性长石和斜长石中钠长石的摩尔分数，设定 P_{H_2O}=2.2 kbar，长石成分据电子探针测定结果（表 3-5、表 3-6），计算结果如表 3-2 所列。老湾花岗岩的结晶温度为 590～764℃，平均约 650℃。

表 3-2 老湾花岗岩二长石地质温度计计算结果

编号	岩性	P/Kb	X_{AF}	X_{PF}	T/℃
1	黑云母二长花岗岩	2.2	0.033	0.933	616
2			0.038	0.945	627
3			0.109	0.828	764
4			0.026	0.971	592
5			0.052	0.809	679

黑云母的成分参数也可用来反映成岩温度。利用表 3-7 所列的黑云母电子探针分析结果在 Wones 等（1965）的 Fe/(Fe+Mg)–T 关系图解投点，得到相应的成岩温度约为 620℃。据种瑞元（1986）通过与辽西地区中生代花岗岩实测温度对比后指出，Wones 等（1965）应用黑云母的 Fe/（Fe+Mg）比值求得的温度要比石英中熔融包体均一化温度低 150～300℃；李石等（1991）也通过将桐柏-大别地区花岗岩类有代表性的 14 个岩体的熔融包体均一化温度与黑云母成分参数得到的温度相对比，提出以黑云母成分参数求取成岩温度须加 200℃进行校正。则老湾花岗岩的成岩温度经校正后约为 820℃。

黑云母和二长石地质温度计求得不同的成岩温度，由二长石地质温度计计算得到的成岩温度要低得多。镜下观察的结果显示，碱性长石结晶明显晚于斜长石，碱性长石颗粒内常包含有早期结晶的斜长石，即碱性长石与斜长石不为平衡结晶产物。由钾长石的平衡温度（T）与单斜有序度 Sm 的回归方程（马鸿文，1988）：

$$T=856.259\,4-395.125\,6\ \mathrm{Sm} \tag{3-4}$$

计算得到钾长石的平衡温度 T 多小于 500℃，在单斜的钾长石向三斜的钾长石转变温度界限 700℃以下。所以用 Stromer（1975）等提出的二长石温度计计算的成岩温度不能代表老湾花岗岩浆的结晶温度，而由黑云母温度计得到的成岩温度与标准矿物体系得到的温度相一致。根据老湾花岗岩的标准矿物成分（表 3-9）投影子 Ab-Or-Q 三元平衡相图（图 3-3）上，得到花岗岩的结晶温度为 780～820℃，平均为 800℃。

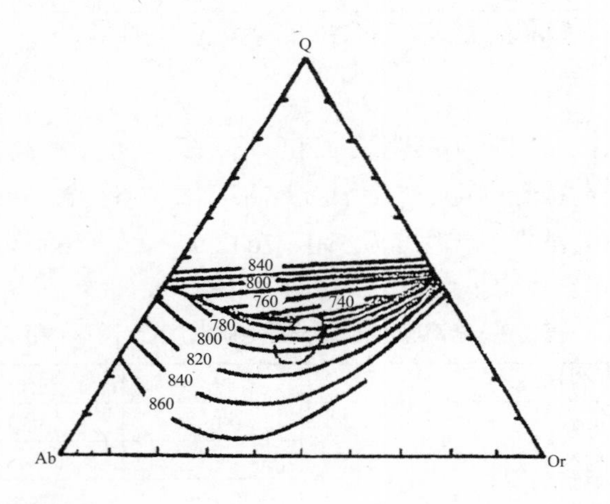

数据来源：Carmichael，1971。

图 3-3　老湾花岗岩结晶温度的 Q-Ab-Or 三元图解

（三）水逸度

岩浆体系中的水逸度 f_{H_2O} 常通过温度-水逸度及岩石最低熔融曲线的关系求得。Wones 和 Eugster（1965）获得黑云母、透长石、磁铁矿共存时水逸度、氧逸度关系，经修正后的关系式为（1981）：

$$\lg f_{H_2O}=4\,819/T+6.69+\frac{1}{2}\lg f_{O_2}+3\lg X_1-\lg a_{KAlSi_3O_8}-\lg a_{Fe_3O_4}-0.011P/T \quad (3\text{-}5)$$

式中，T 为温度；a 为活度；X_1 为羟铁云母的摩尔分数；假定 $a_{Fe_3O_4}=1$，$a_{KAlSi_3O_8}$ 为碱性长石中钾长石的摩尔分数，此处取平均值 0.94，由黑云母的化学成分（表 3-7）按下式求出羟铁云母的摩尔分数：

$$X_1=Fe^{2+}/(Fe^{2+}+Fe^{3+}+Al^{VI}+Ti^{VI}+Mg+Mn) \quad (3\text{-}6)$$

并取其平均值 0.37，将各数值代入式（3-5），得

$$\lg f_{H_2O}=4\,819/T+\frac{1}{2}\lg f_{O_2}+5.42-0.011P/T \quad (3\text{-}7)$$

由于黑云母结晶时 f_{O_2} 是 T 的函数，f_{O_2} 可用温度的形式表示。由老湾花岗岩的矿物组合属 TMQA 型，拟合出 $\lg f_{O_2}-T$ 方程：

$$\lg f_{O_2}=-26\,200/T+12.17 \quad (3\text{-}8)$$

联立式（3-7）、式（3-8）得

$$\lg f_{H_2O}=-\frac{8\,281}{T}+11.505-0.011P/T \quad (3\text{-}9)$$

忽略$-0.011\,P/T$ 项对 f_{H_2O} 的影响，则上式可改写为

$$\lg f_{H_2O}=-8\,281/T+11.505 \quad (3\text{-}10)$$

根据此式可给出水逸度 f_{H_2O} 随温度变化的曲线，该曲线与由实验得出的侵入岩熔融曲线交点所对应的 P（f_{H_2O}）值，即代表了黑云母形成或分解时的水逸度 f_{H_2O} 的值或水压 P_{H_2O} 值。图 3-4、图 3-5 中示出由花岗岩的黑云母平均成分得出的演化曲线，并同时绘制了花岗岩、黑云母花岗岩、堇青石黑云母花岗岩的熔融曲线（贵阳地化所，1977，1979；Tuttle et al.，1958；Whyllize et al.，1976）。则由图 3-4、图 3-5 中所示的曲线交点对应的 P 值得到：老湾花岗岩处于液相线上的水

逸度为 2.2 kbar，定位时的平均水逸度为 1.2 kbar。

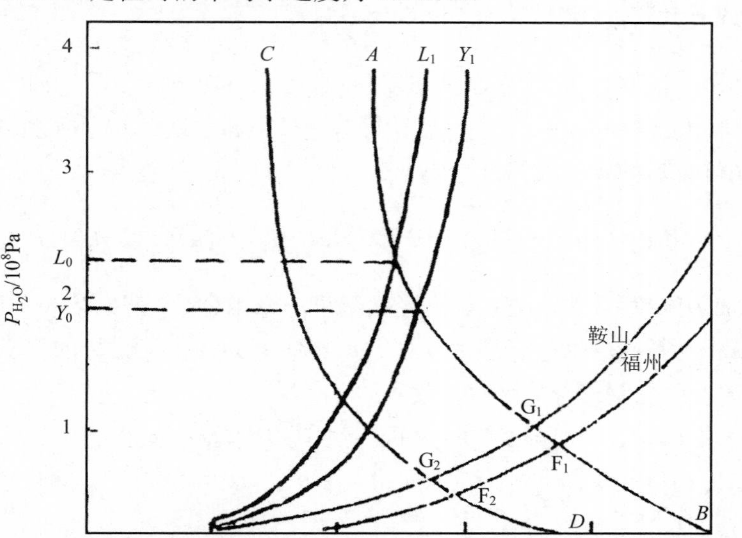

注：AB、CD 线分别为花岗岩的液相线、固相线；G_1、G_2 分别为鞍山、福州黑云母花岗岩；L_1 为老湾花岗岩；Y_1 为河北峪耳崖花岗岩（底图引自张师，1991）；L_0、Y_0 分别为老湾、峪耳崖花岗岩浆处于液相线上的压力。

图 3-4　花岗岩黑云母分解曲线

（四）定位压力和深度

岩体定位压力和深度可通过矿物成分地压计的计算加以确定，利用黑云母成分获得的定位时的 f_{H_2O}（P_{H_2O}）近似代替岩浆的定位压力，则老湾花岗岩体的定位压力为 1.2 kbar。

如按压力梯度 3.3 km/kbar 换算，老湾花岗岩体定位深度约为 4 km，属于中深成相。由于 H_2O 不可能是岩浆中的唯一挥发分，实际侵位应该大于 4 km，此侵位与花山花岗岩基的侵位深度相当。研究表明，产于华北板块南缘的熊耳山古隆起地区燕山晚期的花山花岗岩为祁雨沟金矿的形成提供了热液与矿质，岩基的侵位深度在 5 km 左右（范宏瑞等，1993，1994）。而根据地震波速的变化和岩石物理性质，Ovchinnikov 认为从岩浆中分异出含矿热液只能在地表以下 5 km 以内（孟良义，1981）。老湾花岗岩及花山花岗岩基的侵位深度与造山带隆起核部周围的侵入花岗岩相比，要浅得多，如产于大别隆起东翼的天堂寨岩体，侵位深度大于 9.8 km。

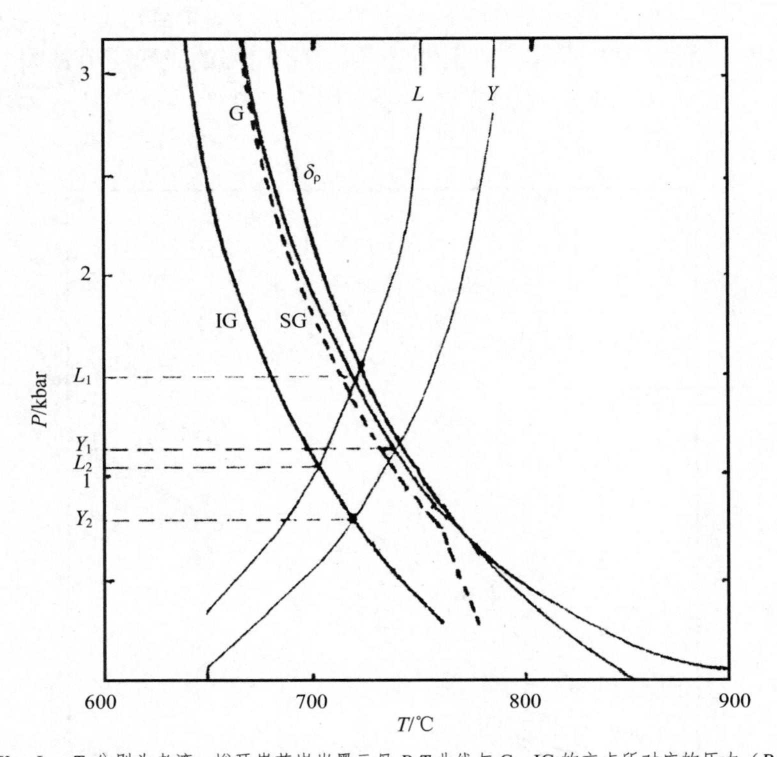

注：L_1、Y_1，L_3、T_2 分别为老湾、峪耳崖花岗岩黑云母 P-T 曲线与 G、IG 的交点所对应的压力（P_{H_2O}）。

G. 花岗岩（Tuttle and Bowse，1958）；δ_ρ. 石英闪长岩（贵阳地化所，1978）；IG. 黑云母花岗岩（贵阳地化所，1977）；SG. 堇青石黑云母花岗岩（贵阳地化所，1977）；L. 老湾花岗岩黑云母平均 P-T 曲线；Y. 河北峪耳崖花岗岩黑云母平均 P-T 曲线。

图 3-5　老湾花岗岩浆体系结晶的温度-水逸度及岩石熔融曲线

（五）氧逸度

1. 岩浆结晶时的氧逸度

前人根据侵入岩的典型矿物组合、热力学方法和实验成果，得到了黑云母的成分参数（Fe/Fe+Mg）与岩体结晶的温度、氧逸度的关系，构筑成黑云母成分 $-\lg fo_2$-T 及侵入岩典型矿物组合的综合图解，如图 3-6 所示。因此利用黑云母的成分和典型矿物组合，即可得到岩体结晶时的氧逸度。

在老湾花岗岩的矿物组成中，不出现硅灰石或钙铁辉石，典型矿物组合为：榍石+磁铁矿+石英+角闪石+钛铁矿，属 TMQA 型（Wones，1989）。则由表 3-3

中列出的黑云母成分参数投点于图 3-6 中的 TMQA 线上，得到对应的氧逸度值和岩体结晶温度，如表 3-3 所示。由表可见，老湾花岗岩的氧逸度值较大，$\lg fo_2$=−12.2～−12.7，平均为−12.5；岩体结晶温度平均为 790℃，与前文研究结果基本一致。

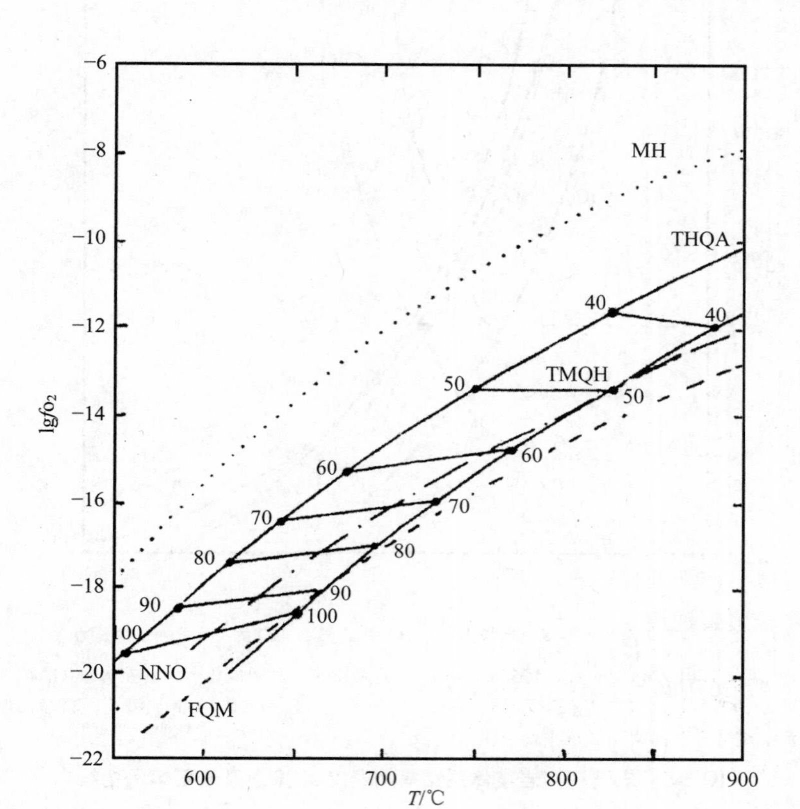

注：MH. Fe_3O_4-Fe_2O_3 缓冲线（Chou，1978）；THQA. 榍石-磁铁矿-石英-角闪石-黑云母平衡组合（Noyes et al，1983；Wones，1989）；TMQH. 榍石-磁铁矿-石英-钛铁矿-钙铁辉石-黑云母平衡组合（Wones，1981，1989）；NNO. Ni-NiO 缓冲线（Huebner and Sato，1970）；FQM. 铁橄榄石-石英-磁铁矿缓冲线（Hewitt，1978）；图中数字代表黑云母的（Fe/Mg+Fe）值。

图 3-6　黑云母 $\lg fo_2$-T 稳定图解

邢风鸣等（1991）通过对 TMQA 曲线拟合，得到氧逸度与结晶温度 T 之间的拟合方程：

$$\lg fo_2 = -26\,200/T + 12.17 \qquad (3\text{-}11)$$

老湾花岗岩的结晶温度为 780～820℃，依上式可计算出氧逸度值：$\lg fo_2$=−11.8～−12.7。与上述结果相符合。

表 3-3　老湾花岗岩黑云母成分参数、氧逸度和温度

样号	成分参数	氧逸度（$\lg fo_2$）	温度 T/℃
1	0.45	−12.5	790
2	0.46	−12.7	785
3	0.43	−12.2	795

2. 岩浆熔体氧逸度

由后文对花岗岩的成岩机制研究可知，老湾花岗岩的成岩机制为部分熔融作用，则在岩浆的演化过程中其化学组分将保持相对稳定。由于 Fe 是硅酸盐岩浆中唯一呈两种价态存在的主要元素，Fe^{2+}–Fe^{3+}平衡影响岩浆熔体的氧逸度。在硅酸盐熔体中，铁的氧化反应常表示为

$$2FeO+\frac{1}{2}O_2=Fe_2O_3 \tag{3-12}$$

$X_{Fe_2O_3}/X_{FeO}$ 随氧逸度、温度和熔体成分的不同而变化（Thomber，1980）。根据 Sack（1980）和 Mo 等（1982）的研究成果即在 10^5Pa 压力下 $X_{Fe_2O_3}/X_{FeO}$ 的比值与氧逸度、温度、熔体成分的关系和由熔体中 Fe_2O_3 偏摩尔体积研究结果得出的不同压力下岩浆氧逸度的计算公式，导出了任一压力、温度条件下由熔体相的成分计算岩浆氧逸度的公式（马鸿文，1989）：

$$\ln f_{O_2}=4.5767[\ln(X_{Fe_2O_3}^{melt}/X_{FeO}^{melt})-\frac{12670}{T}+7.54+2.24X_{Al_2O_3}-1.55X_{FeO}^{*}-2.96X_{CaO}-8.42X_{Na_2O}-9.59X_{K_2O}]+\left(\frac{0.37}{T}+9.748\times10^{-6}\right)(P-1) \tag{3-13}$$

式中，X_i 为熔体中组分 i 的摩尔分数；$X_{FeO}^{*}=2X_{Fe_2O_3}+X_{FeO}$。

根据岩浆起始熔融的温度、压力：T=930℃、P=10 kbar，由上式可计算出起始熔融岩浆的氧逸度：$\ln fo_2$=−19.2。

取岩浆定位时的压力 P，则通过上式可以了解在此压力条件下熔体的温度变化对氧逸度的影响，如图 3-7 所示：熔体的氧逸度随着温度降低而变小，但在熔体的演化过程中，其氧逸度仍保持较高的水平，在 700～1 000℃的范围内，氧逸度 $\ln fo_2$=−19.41～−33.35。较高的氧逸度可能是金以离子形式存在于熔体中，并最终以一定的形式进入流体的重要条件。

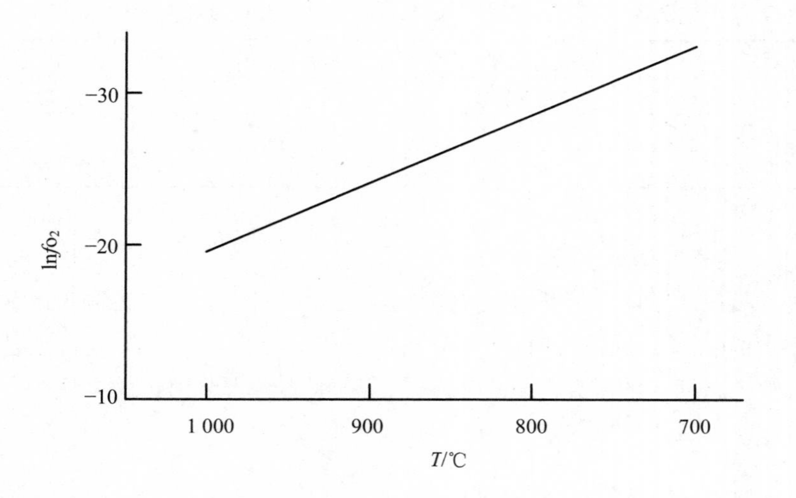

图 3-7 老湾花岗质熔体 $\ln f_{O_2}$-T 关系

二、岩浆岩同源性研究

老湾地区酸性岩浆岩较为发育，其中以老湾黑云母花岗岩规模最大，横贯全区。分布在老湾断裂的南侧。其他为花岗斑岩、石英钠长斑岩，呈岩脉或岩墙产出。

（一）岩体特征

1. 黑云母花岗岩

岩体呈带状沿老湾断裂带近东西向展布，向西延伸至近南阳盆地东缘，向东经小周庄至庙对门附近尖灭。岩体长约 23 km，宽 0.6～1.8 km，最宽处达 2.1 km。岩体长宽比为 11～40。岩体向南倾斜，倾角 50°～60°。岩体北侧主要以断层与围岩接触，接触面较平直整齐；南侧受 340°及 20°方向两组追踪裂隙控制，接触面参差不齐。岩体接触带没有明显的蚀变及矿化现象。

老湾岩体大致分两个相带，边缘相为中-细粒黑云母花岗岩，内部相为中-粗粒斑状黑云母花岗岩。岩体内有较多的围岩捕虏体或残块，主要为辉长糜棱岩、二云石英糜棱岩等。

2. 花岗斑岩脉

区内广泛分布花岗斑岩脉，多沿区内构造破碎带充填，走向北西一般为285°～295°；倾向北，倾角70°～80°，宽约20余米，断续出露。呈岩墙状、岩脉状为单脉或相互平行的复脉产出，与围岩接触面较平直、清晰。

花岗斑岩的侵位时代应该早于老湾花岗岩，因为花岗斑岩局部已受到韧性变形，而老湾花岗岩在侵位后仅受到脆性剪切作用（河南地调三队，1990）。

3. 石英钠长斑岩

该脉岩全区均有出露，呈脉状以北东向、东西向展布。延伸一般几十米到数百米，宽3～4 m，最宽10 m左右。

石英钠长斑岩的全岩K-Ar年龄为137 Ma，侵位时间也早于老湾花岗岩。

（二）酸性岩浆岩同源性研究

根据 Pearce 元素比计算方法（张毅刚等，1992），对区内酸性岩浆岩的皮尔斯元素比值进行了计算，K 元素满足了 Pearce（1937）提出的不变元素标准，老湾地区岩石各主要元素对 K 的 Pearce 的比值列于表 3-4 中。通过计算元素 Pearce 比值的误差范围，认为 Ti 和 Al 为不变元素或基本不变元素。从 Ti/K 和 Al/K 关系图上（图 3-8）各岩类的投影点的趋势可以看出：老湾黑云母花岗岩和花岗斑岩存在一定的演化趋势；但是石英钠长斑岩的投点趋向于分散；三个岩类的分布范围相互独立说明了三者在物质来源上各不相同，并非由同源岩石形成。

由于花岗斑岩、石英钠长斑岩形成时间均早于花岗岩，后文的成矿机理研究结果为成矿热液及部分矿质来自花岗质岩浆，矿床的形成年龄（91Ma、^{40}Ar-^{39}Ar法）略小于花岗岩成岩年龄，而三种岩类的成因之间没有物质上的联系。因此，将重点讨论黑云母花岗岩的成岩机制、动力学特征及演化等。

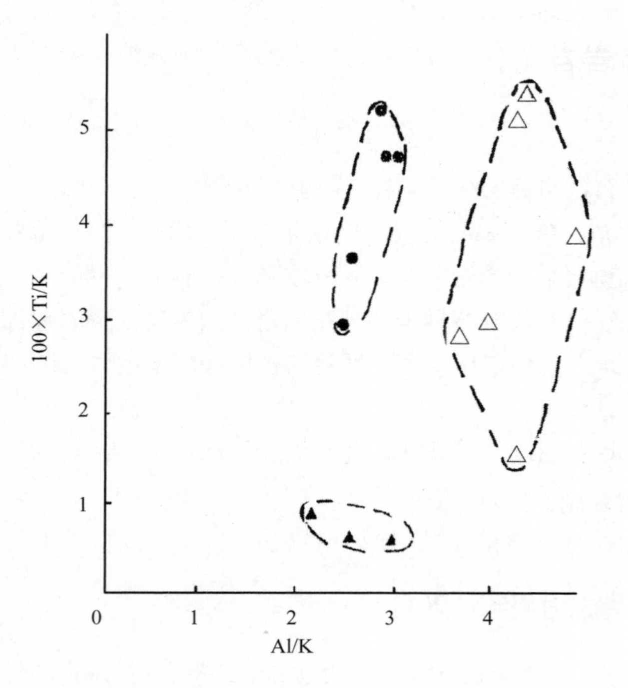

图 3-8　老湾酸性岩类 Al/K-Ti/K 关系

●黑云母花岗岩；▲花岗斑岩；Δ石英钠长斑岩。

表 3-4　老湾地区酸性岩类主要元素的 Pearce 比值

岩石类型	样号	Si/K	Ti/K	Al/K	Fe^{3+}/K	Fe^{2+}/K	Mn/K	Mg/K	Ca/K	Na/K	P/K
花岗斑岩	$GS-L_8$	11.99	0.006 2	3.01	0.083	0.041	0.008 4	0.025	0.055	1.28	0.001 4
	$GS-L_9$	12.25	0.006 1	2.58	0.057	0.038	0.009 6	0.024	0.069	1.14	0.004 1
	$I^{259}/1$	10.79	0.008 6	2.15	0.022	0.060	0.002 4	0.060	0.035	1.13	0.006 0
石英钠长斑岩	YR_{25}	15.86	0.030	3.99	0.19	0.095	0.001 7	0.18	0.075	1.78	0.096
	YR_{26}	14.94	0.028	3.66	0.19	0.11	0.001 7	0.20	0.022	1.04	0.11
	YR_{28}	20.14	0.039	4.89	0.25	0.099	0.007 0	0.19	0.098	2.48	0.009 3
	$GS-L_5$	17.78	0.051	4.23	0.18	0.081	0.016	0.13	0.016	2.08	0.004 1
	$GS-L_{12}$	17.84	0.054	4.35	0.21	0.071	0.012	0.11	0.10	1.94	0.016
	$GS-L_{10}$	18.69	0.015	4.28	0.09	0.052	0.015	0.09	0.33	1.75	0.002 2
黑云母花岗岩	YR_1	11.22	0.047	2.95	0.13	0.26	0.009 8	0.15	0.34	1.26	0.021
	$GS-L_7$	12.49	0.047	3.05	0.16	0.29	0.015	0.23	0.31	1.46	0.031
	I-745/1	11.27	0.036	2.54	0.29	0.004 0	0.008 1	0.15	0.27	1.10	0.040
	r_5^3-6	11.70	0.029	2.49	0.097	0.097	0.011	0.11	0.21	1.09	0.011
	$r_5^{3西-1}$	10.66	0.052	2.87	0.14	0.24	0.011	0.25	0.41	1.18	0.026

三、花岗岩岩石学特征

（一）岩石学特征

岩石呈肉红色，表面因绿泥石化而略带绿色，似斑状花岗结构、块状构造。主要矿物成分为钾长石、斜长石、石英、黑云母等。钾长石含量 30%～40%，肉红色，颗粒粗大，自形至它形；斜长石含量 30%～40%，自形板状，粒径一般为 0.3～5 mm；石英含量 20%～30%，它形不规则粒状，部分半自形；黑云母含量约 5%。镜下薄片研究表明，主要矿物的结晶生成顺序为斜长石-黑云母-钾长石-石英。结晶顺序基本与矿物的晶形特点一致。

岩石中的主要副矿物组成有磷灰石、磁铁矿、榍石、锆石、角闪石、金红石等。

（二）矿物学特征

秦岭-大别山地区花岗岩类的主要造岩矿物组合为斜长石+钾长石+石英+黑云母±角闪石（李先梓等，1992），老湾花岗岩的主要造岩矿物组合与此相同。

1. 斜长石

老湾花岗岩的斜长石化学成分电子探针分析和计算结果如表 3-5 所示。斜长石中 SiO_2 含量变化范围较小，为 63.73%～67.55%，在秦岭-大别花岗岩类斜长石的 SiO_2 含量（57%～71%）之内。斜长石中 An 的含量为 1.2%～15.4%，集中在 1.9%～5.7%。斜长石主要为钠长石。斜长石中钾长石（Or）含量为 0.5%～16%，其含量常随钠长石含量的降低而提高，Si/Al 系数比存在随 Or 含量增加而减小的趋势。

斜长石的成分环带发育。由表 3-5 中所示的斜长石核部、中部、边部成分分析结果可知，由晶体的核部向边缘，Ab 值减小，Or 值增加，而 An 则表现出较复杂现象，其中之一表现为正环带，另一样品则表现为韵律环带。这可能由于熔体组分局部分布的不均一性，或者由于岩浆冷却速度较低，结晶速率较小而导致周围岩浆中 Ca^{2+} 组分的差异所致。

根据 Каменщев 给出的斜长石有序度指数 $\Delta\theta = 2\theta_{(131-1\bar{3}1)}$ 与 Al/Si 的关系、斜长

石的 $\Delta\theta = 2\theta_{(131-1\bar{3}1)}$-成分-有序度指数关系图曲线、$\Delta\theta_1$ 与斜长石成分之间的关系图解（王奎仁，1988），可知老湾花岗岩中的斜长石有序度较高，处于有序系列与完全有序系列之间；结构状态显示斜长石均属低温斜长石。秦岭造山带深成岩体中的斜长石也大多属于低温斜长石。

表 3-5　老湾花岗岩斜长石成分（%）及相关系数表

样号	SiO_2	TiO_2	Al_2O_3	FeO	MnO	MgO	Cr_2O_3	Na_2O	K_2O	Σ	Ab	An	Or	Si/Al
4-2-1	66.73	0.00	19.34	0.03	0.00	0.16	0.00	11.19	0.10	98.89	93.3	6.2	0.5	2.94
5-3-2	66.26	0.00	19.32	0.36	0.06	0.28	0.00	10.79	0.31	98.17	94.5	5.7	1.6	3.01
（核）5-1-4	67.55	0.00	19.41	0.20	0.02	0.02	0.03	11.20	0.42	99.27	96	1.9	2.1	2.96
（中）5-1-3	66.52	0.05	20.01	0.16	0.00	0.03	0.04	10.64	0.89	98.65	93.3	1.3	5.4	2.82
（边）5-1-2	64.09	0.04	21.69	0.81	0.00	0.05	0.02	8.66	2.48	98.08	82.8	1.2	16	2.56
8-1-1	66.71	0.11	19.53	0.00	0.07	0.06	0.00	11.06	0.13	98.18	97.1	2.4	0.5	2.91
（边）8-2-3	63.73	0.05	22.71	0.12	0.03	0.01	0.00	9.62	0.74	100.34	80.9	15.4	3.6	2.38
（中）8-2-2	67.41	0.00	19.62	0.19	0.00	0.00	0.02	10.19	0.51	98.54	94	3.1	2.9	2.92
（核）8-2-1	67.13	0.10	20.21	0.02	0.09	0.04	0.04	10.80	0.52	99.54	94.4	3.3	2.7	2.82

2. 钾长石

老湾花岗岩的钾长石矿物化学成分及计算结果如表 3-6 所示。钾长石的 SiO_2 含量较稳定，为 63.11%～64.27%；Na_2O 的含量较低，为 0.18%～1.20%；K_2O 的含量为 16.29%～18.02%；钾长石中的 Or 含量多在 90%以上；An 的含量较低。镜下观察，在钾长石中常见有钠长石条纹，构成条纹微斜长石。秦岭-大别山地区的花岗岩类中的钾长石，主要为微斜长石和正长石，而微斜长石产在深成侵入岩中。由此可见，老湾花岗岩应有较深的侵位深度。

表 3-6　老湾花岗岩钾长石化学成分　　单位：%

样号	SiO_2	TiO_2	Al_2O_3	FeO	MnO	MgO	CaO	Cr_2O_3	Na_2O	K_2O	Σ	Or	Ab	An
4-2-2	64.27	0.00	17.87	0.00	0.07	0.03	0.00	0.00	0.39	16.92	99.55	96.7	3.3	
5-4	64.21	0.03	17.76	0.12	0.00	0.00	0.07	0.04	0.18	17.05	99.46	97.9	1.6	0.5
5-3-1	63.43	0.00	17.91	0.01	0.00	0.05	0.08	0.02	0.45	16.91	98.86	95.6	3.8	0.6
5-1-1	63.57	0.00	18.24	0.00	0.00	0.01	0.02	0.10	0.92	16.27	99.13	89.1	10.9	
8-1-2	63.57	0.04	17.68	0.21	0.01	0.00	0.11	0.03	0.31	17.68	99.54	96.9	2.6	0.5
8-2-4	63.46	0.00	18.02	0.12	0.00	0.00	0.19	0.03	0.63	18.02	99.23	93.7	5.2	1.1
4-3	63.11	0.00	17.67	0.00	0.00	0.00	0.00	0.00	1.20	16.29	98.27	90.1	9.9	

对于钾长石的结构状态，可用计算方法来确定其有序度，戈尔季斯思科（1975）提出用单斜有序度 Sm 来表达钾长石的有序度，根据钾长石中 Al 的四次配位数，按式（3-2）计算单斜有序度 Sm。钾长石的单斜有序度 Sm 数值较大，均在 1 左右，表明钾长石的有序度较高。导致有序度较高的一个重要因素就是岩浆的缓慢冷却。后文有关岩浆冷却速度的研究结果与此相吻合。

3. 黑云母

黑云母是秦岭-大别山地区花岗岩类岩体中的主要暗色矿物，广泛分布于各类型花岗岩类岩体中。前人对区域上的黑云母研究认为：同熔深成型岩体的黑云母均主要属镁质黑云母。有关老湾花岗岩黑云母的化学成分及计算结果列于表 3-7 中。根据黑云母的离子组成投点于 $Mg-(Al^{VI}+Fe^{3+}+Ti)-(Fe^{2+}+Mn)$图解（Foster，1960），得出老湾花岗岩的黑云母均为镁质黑云母，与区域同熔深成型岩体的黑云母特征一致。普遍认为，黑云母的化学成分与花岗岩的源区特征有关，对物质来源具有指示意义。如低铁中镁黑云母指示源岩可能为壳源成分，而高铁中镁的黑云母接近于幔源成分。老湾花岗岩中的黑云母富含镁质反映出其源岩物质的基性度较高，且在$\sum FeO/(\sum FeO+MgO)\%-MgO(\%)$图解（周作侠，1988），投点落入 B 区表明其源岩接近于幔源成分。

表 3-7　老湾花岗岩黑云母化学成分与计算阳离子数　　单位：%

样号	$SiO_2\times10^{-6}$	$TiO_2\times10^{-6}$	$Al_2O_3\times10^{-6}$	$FeO\times10^{-6}$	$MnO\times10^{-6}$	$MgO\times10^{-6}$	$CaO\times10^{-6}$	$Cr_2O_3\times10^{-6}$	$Na_2O\times10^{-6}$	$K_2O\times10^{-6}$	$\Sigma\times10^{-6}$
4-1	25.04	0.07	19.45	24.15	0.83	16.75	0.10	0.08	0.31	0.03	86.81
5-2	28.06	0.03	19.26	23.26	0.20	15.31	0.01	0.03	0.41	1.20	87.77
8-3	26.15	0.04	20.23	24.16	0.55	18.31	0.00	0.16	0.32	0.00	89.92
样号	Si	Ti	Al	Fe^{3+}	Fe^{2+}	Mn	Mg	Ca	Cr	Na	K
4-1	2.117	0.005	1.939	0.132	1.574	0.056	2.112	0.610	0.005	0.051	
5-2	2.350		0.901	0.413	1.218	0.015	1.912			0.060	0.130
8-3	2.121		1.931	0.137	1.502	0.039	2.213		0.001	0.049	

注：电子探针 FeO 分析值用郑巧荣（1983）剩余电价法计算所得，离子数以 11 个氧为基准。

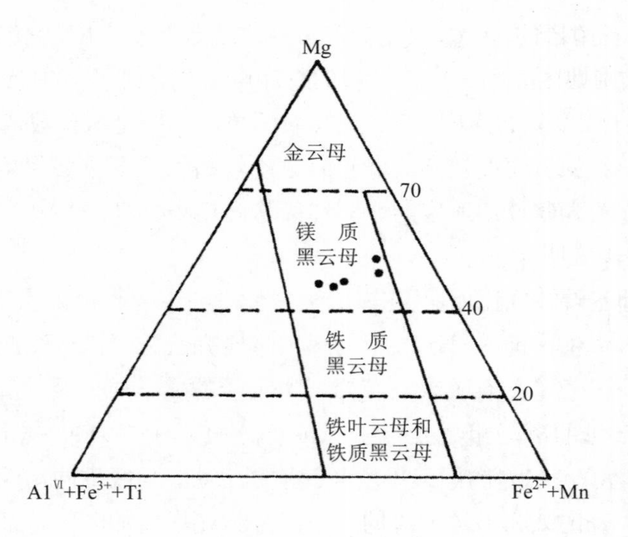

资料来源：Foster，1960。

注：虚线表示黑云母的成分范围。

图 3-9 黑云母 Mg—(Al^{VI}+Fe^{3+}+Ti)—(Fe^{2+}+Mn)三角图解

四、岩石化学

老湾花岗岩岩石化学成分分析结果、CIPW 标准矿物分子及有关参数的计算结果分别列于表 3-8 和表 3-9 中。从表 3-8 中可以看出：

（1）老湾花岗岩 SiO_2 的含量变化范围大，为 66.61%～73.10%，平均含量为 69.39%。桐柏-大别山地区花岗岩类的 SiO_2 含量为 60.71%～77.60%，此变化范围大于老湾花岗岩。老湾花岗岩 SiO_2 的平均含量与南秦岭、桐柏亚区同造山 I 型花岗岩相近，而略低于华南花岗岩、中国花岗岩类和桐柏亚区非造山 I 型花岗岩。

（2）与中国花岗岩类平均水平相比，老湾花岗岩 Na_2O 和 K_2O 含量均相对较高，Na_2O+K_2O 含量为 8.36%～8.63%，具有富碱的特点。对东秦岭各个时代花岗岩的化学成分研究表明，从中晚元古代至晚中生代，花岗岩的 Na_2O+K_2O 含量由 6.9%变化至 8.61%，即在晚中生代产生的花岗岩类富含碱性成分（张宏飞等，1994）。老湾花岗岩表现出的特征与此相一致。

（3）老湾花岗岩的某些成分的平均比值如 SiO_2/Al_2O_3、K_2O/Na_2O、K_2O/CaO 等，与桐柏-大别地区不同成因类型花岗岩类的成分比值相比较，均与桐柏亚区同造山 I 型花岗岩相近，而与非造山 I 型花岗岩的比值存在较大差别。

（4）岩石基性组分（CaO、MgO、〈FeO〉）平均含量与华南花岗岩类相比，相对富集，并且 SiO_2 相对贫化；与中国花岗岩类相比，基性组分含量相近，但 SiO_2 含量偏低，说明老湾花岗岩总体化学成分偏基性。

（5）从 SiO_2–氧化物等主要元素哈克图解（图 3-10）中可以看出，随 SiO_2 组分的增加，TiO_2、Al_2O_3、＜FeO＞、MgO、CaO 有减小的趋势；但 Na_2O、K_2O 组分随 SiO_2 变化的趋势不明显，并且如表 3-8 中所示的 Na_2O+K_2O 总量在 SiO_2 含量改变时，也基本保持不变，表明了在岩浆演化过程中不存在强烈的斜长石结晶分异作用。

对岩石固结指数 lgSl 与主要元素含量之间的关系研究结果为：lgSl 与 SiO_2、Al_2O_3、＜FeO＞、MgO、CaO、Na_2O、K_2O 的相关系数分别为−0.7、0.6、0.8、0.96，0.72、0.5、−0.26，所以 lgSI 与主要元素含量之间存在较明显的线性关系。吴利仁（1984）和久野（1971）研究认为 lgSI 与岩石主要元素含量间的关系，对岩石是否存在同化作用特征具有指示意义：lgSI 与主要元素含量呈直线相关关系时，不显示同化作用；反之不显直线关系的则表明已受到同化作用。老湾花岗岩石的 lgSI 与主要元素含量之间的关系表明在岩浆演化过程中基本没有受到同化作用。

（6）老湾花岗岩的 ANKC 值（$ANKC=Al_2O_3/(K_2O+Na_2O+CaO)$分子数）为 0.96～1.01，低于华南花岗岩类，这与该区域岩石富基性组分和富碱的特点相一致。李石等根据桐柏-大别山花岗岩类的 ANKC 值和花岗岩类的实际情况，将区域上的花岗岩类划分出四种类型：贫铝型，$ANKC<0.90$；低铝型，$0.90\leqslant ANKC<1.00$；饱铝型，$1.00\leqslant ANKC<1.10$；过铝型，$ANKC\geqslant 1.10$。老湾花岗岩与桐柏-大别山区域上绝大部分花岗岩类相一致，均属于低铝型花岗岩。

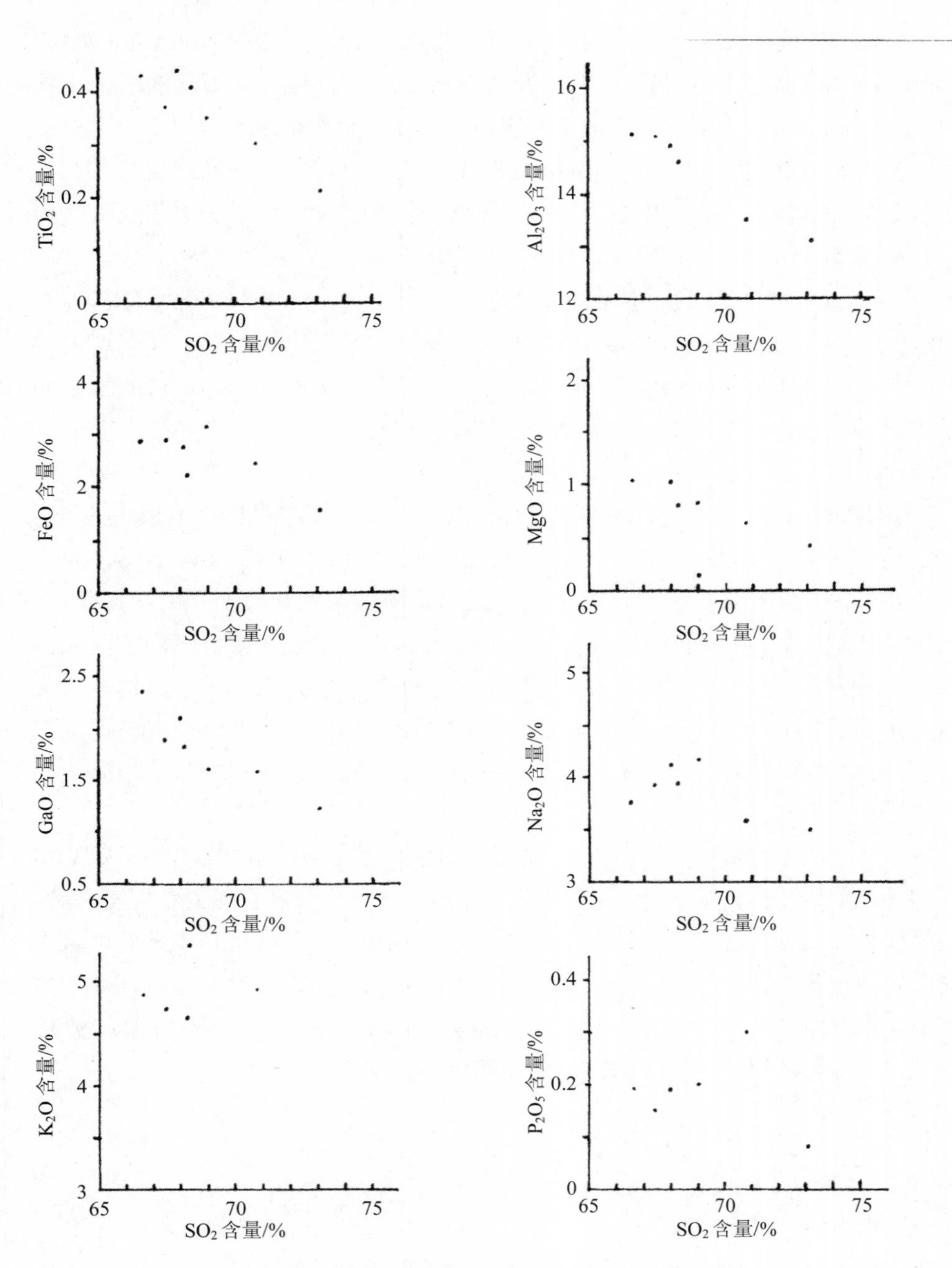

图 3-10 老湾花岗岩主要成分 SiO_2 与氧化物哈克图解

（7）由表 3-8 可知，岩石的实际氧化率 OX_1 大于岩石的标准氧化率 OX_2，显示岩石未氧化的特点。从全区范围看，桐柏-大别地区较大的花岗岩侵入体均表现为未氧化的特点。

（8）由老湾花岗岩碱度率 A·R 和 SiO_2 的百分含量在 Wright（1966）图解（图 3-11）中投点可知，该花岗岩投点均分布于偏钙碱性一侧的碱性岩区，表明了按 Wright 碱度率划分，老湾花岗岩应属于碱性系列。Sφrensen（1974）认为，碱性花岗岩应含有碱性暗色矿物，如碱性辉石或碱性闪石。然而从老湾花岗岩类的矿物成分来看，不含有碱性暗色矿物。因此 Wright 的碱度率划分可能提高了该花岗岩的碱度。根据 Giret 等（1980）、Bonin 等（1984）和宜昌地质所（1985）对碱性花岗岩和钙碱性花岗岩之间界限的研究，NKA=0.9 是一个重要的界线：当 NKA＞0.9 时，岩石属于碱性系列，反之则属于钙碱性（0.9＞NKA＞0.4）系列或钙性（NKA＜0.4）系列。对老湾花岗岩的 NKA 值计算结果列于表 3-8 中，NKA 值均小于 0.9，反映了老湾花岗岩应属于钙碱性系列。同时老湾花岗岩的里特曼指数 σ 均小于 4，也指示花岗岩属于钙碱性系列。

以 NKA=0.9 为界限划分桐柏-大别山花岗岩类，则得到绝大多数花岗岩类属于钙碱性系列。同一岩浆岩系列反映了造山带花岗岩的形成具有相似环境。

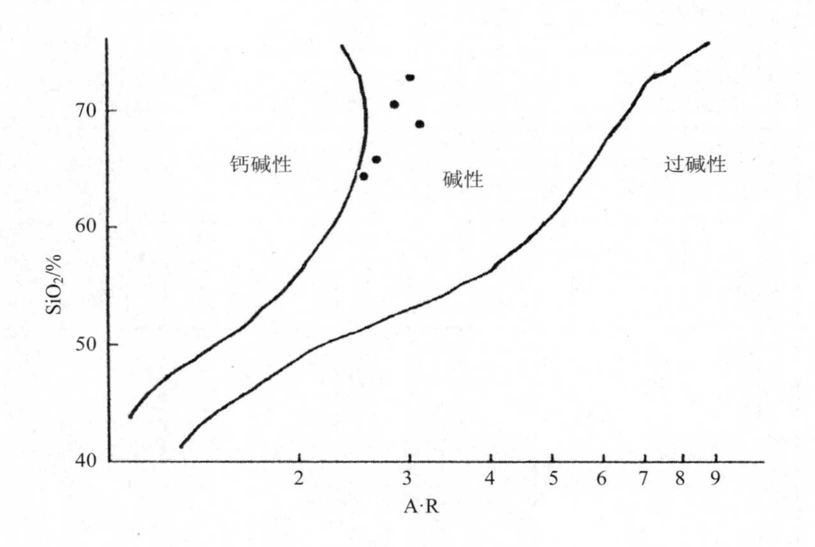

资料来源：Wright，1966。

图 3-11　A·R - SiO_2 图解

表 3-8 老湾花岗岩岩石化学成分（%）及特征参数

岩体名称	样号	SiO_2	TiO_2	Al_2O_3	Fe_2O_3	FeO	MnO	MgO	CaO	Na_2O	K_2O	P_2O_5	矢量	总量
老湾花岗岩	YR1	67.44	0.37	15.09	1.03	1.87	0.07	0.61	1.89	3.92	4.71	0.15	2.03	99.18
	Gs-L_7	69.04	0.35	14.35	1.16	1.95	0.10	0.83	1.59	4.18	4.33	0.20	1.32	99.40
	I-74J/1	70.77	0.30	13.58	0.89	1.57	0.06	0.64	1.57	3.58	4.92	0.30	1.66	99.64
	r_5^3-6	73.10	0.21	13.13	0.77	0.77	0.05	0.44	1.21	3.51	4.85	0.08	1.19	99.31
	$r_5^{3西-1}$	66.61	0.43	15.12	1.11	1.76	0.06	1.02	2.35	3.77	4.86	0.19	2.89	100.16
平均		69.39	0.33	14.25	0.99	1.58	0.07	0.71	1.72	3.79	4.73	0.18	1.82	99.56
北秦岭花岗岩类平均		70.29	0.34	14.56	1.16	1.60	0.08	0.75	1.91	3.96	4.16	0.12		98.96
南秦岭花岗岩类平均		69.73	0.33	14.81	0.88	1.88	0.09	1.38	2.23	4.03	3.62	0.12		99.11
桐柏亚区同造山 I 型花岗岩		70.92	0.30	14.42	1.09	1.30	0.04	0.72	1.53	4.24	4.58	0.09		99.23
桐柏亚区非造山 I 型花岗岩		72.68	0.22	13.61	1.04	1.13	0.07	0.41	1.03	4.29	4.70	0.07		99.25
华南花岗岩平均		72.09	0.28	13.37	0.98	1.96	0.08	0.66	1.38	3.22	4.454	0.12		98.68
中国花岗岩类		71.63	0.29	14.00	1.28	1.75	0.06	0.88	1.73	3.62	4.09	0.09	0.58	99.42
		K_2O/Na_2O	SiO_2/Al_2O_3	K_2O/CaO		ANKC	σ	AR	OX_1	OX_2	Na_2O+K_2O		SI	NKA
老湾花岗岩	YR1	1.20	4.47	2.49		1.01	3.05	2.72	0.64	0.54	8.63		5	0.77
	Gs-L_7	1.04	4.81	2.72		0.99	2.78	3.21	0.63	0.54	8.51		7	0.81
	I-74J/1	1.37	5.21	3.13		0.96	2.60	2.79	0.64	0.54	8.50		6	0.83
	r_5^3-6	1.38	5.57	4.01		0.99	2.32	2.92	0.50	0.54	8.36		4	0.84
	$r_5^{3西-1}$	1.29	4.41	2.09		0.96	3.15	2.52	0.61	0.54	8.63		8	0.76
平均		1.25	4.87	2.75		0.98	2.75	2.81	0.61	0.54	8.52			

		K_2O/Na_2O	SiO^1/Al_2O_3	K_2O/CaO	ANCK	σ	AR	OX_1	OX_2	Na_2O+K_2O	S1	NKA
北秦岭花岗岩类平均		1.05	4.83	2.18	1.00	2.42	2.85	0.58	0.55	8.12		
南秦岭花岗岩类平均		0.90	4.71	1.62	1.01	2.18	2.80	0.68	0.56	7.65		
桐柏亚区同造山1型花岗岩		1.08	4.92	2.99	0.98	2.79	3.27	0.54	0.53	8.80		
桐柏亚区非造山1型花岗岩		1.10	5.34	4.56	0.97	2.72	3.83	0.52	0.52	8.99		
华南花岗岩平均		1.41	5.39	3.29	1.05	2.07	2.55	0.67	0.56	7.76		
中国花岗岩类		1.13	5.12	2.36	1.03	2.08	2.71	0.58	0.56	7.71		

注：$OX_1=FeO/(FeO+Fe_2O_3)$；$OX_2=0.88-0.0016\ SiO_2-0.027(Na_2O+K_2O)$。

表 3-9　老湾花岗岩石 CIPW 标准矿物成分　　单位：%

样号	AP	ILm	Or	Ab	An	C	Mt	En	Fs	Q	WO
YR1	0.34	0.76	27.83	33.03	8.61	0.41	1.39	1.51	2.11	21.08	
Gs-L_7	0.34	0.76	25.6	35.65	7.23	0.1	1.62	2.01	2.11	22.62	
I-74J/1	0.67	0.60	28.94	29.88	6.12	0.51	1.39	1.61	1.71	27.12	
r_5^3-6	0.34	0.46	29.5	29.9	5.1	0.21	1.12	1.12	0.4	31.8	
$r_5^{3西-1}$	0.34	0.78	29.9	33.1	10.1		1.68	2.69	1.78	19.80	0.48

（9）由表 3-9 中列出的老湾花岗岩的标准矿物组成，采用 Streckeisen（1976）提出的化学成分分类方法，在 Or−Ab−An 三角图解（图 3-12）中的投点分别落在钾长花岗岩和二长花岗岩区，表明老湾花岗岩为二长花岗岩和钾长花岗岩。

（10）由表 3-8 中的岩石化学成分可知，在所取的样品中钾长花岗岩（I-745/l、r_5^3−6）与二长花岗岩相比，具有高的 SiO_2、K_2O 含量，而 TiO_2、Al_2O_3、〈FeO〉、CaO、MgO、Na_2O 等基性组分的含量则低于二长花岗岩；钾长花岗岩的总碱量 K_2O+Na_2O 低于二长花岗岩，元素含量的比值 K_2O/Na_2O、SiO_2/Al_2O_3、K_2O/CaO 钾长花岗岩则高于二长花岗岩。与区域上二长花岗岩、钾长花岗岩的岩石化学成分研究结果一致。

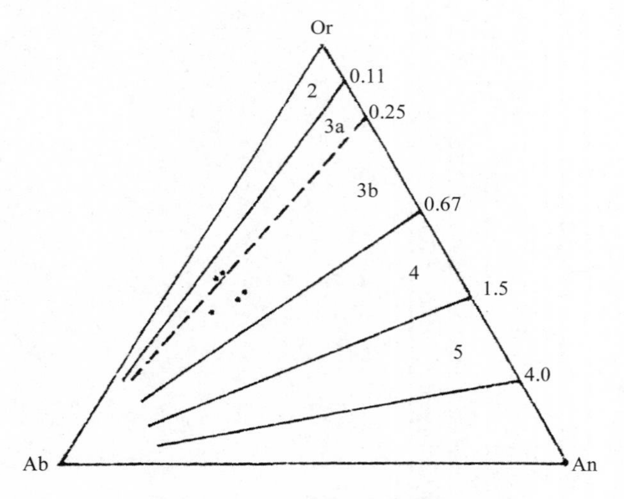

图 3-12　Or—Ab—An 图解

2. 碱性长石花岗岩；3a. 钾长花岗岩；3b. 二长花岗岩；4. 花岗闪长岩；5. 英云闪长岩

五、稀土元素

老湾花岗岩的稀土元素分析结果及特征值的计算结果列于表 3-10 中，岩石的稀土分配模型如图 3-13 所示，计算过程所用的稀土元素球粒陨石值引自 Masuda（1973）等。δCe、δEu 的计算公式分别为 $Ce_N/(La_N+Pr_N)/2$、$Eu_N/(Sm_N+Gd_N)/2$。由表 3-10 及图 3-13 可以看出老湾花岗岩石在稀土元素地球化学方面具有以下特征：

（1）老湾花岗岩稀土含量为$(151.52\sim245.76)\times10^{-6}$，平均稀土元素含量为 198.64×10^{-6}，低于世界花岗质岩石的稀土元素平均含量 290×10^{-6}（王之田、秦克章，1989）。与桐柏亚区花岗岩类稀土元素平均含量（200.09×10^{-6}）相同，而低于大别亚区花岗岩类的稀土元素含量。

（2）老湾花岗岩稀土元素平均含量与大别造山带地壳、北准阳区地壳的稀土元素含量（郭福生等，1998）相近，但本区岩石 $\overline{HREE}$ 和 $\overline{Y}$ 的含量比上地壳明显亏损，δEu、Eu/Sm 均相差较大；而与中下地壳或下地壳相比，δEu、Eu/Sm 均相近似。因此排除了由上地壳物质熔质熔融成岩的可能性，即成岩物质可能来源于中下地壳或下地壳。在$\sum Ce/\sum Y$-$\sum Y$/TR 及 Nd/Sm-Ce/Y 关系图解（周作侠，1986）上，老湾花岗岩的稀土元素投点落入 MC 区（图 3-14），表现了成岩物质处于地壳深部，并且成岩物质具备多源性。

表 3-10　老湾花岗岩稀土元素含量及参数　　含量单位：10^{-6}

项目	r_5^3−6	$r_5^{3\ 西-1}$
La	41.05	62.25
Ce	60.93	102.20
Pr	6.35	11.01
Nd	19.25	35.29
Sm	3.80	6.87
Eu	0.67	1.32
Gd	3.48	5.54
Tb	0.46	0.67
Dy	1.84	2.87
Ho	0.37	0.56
Er	0.99	1.24

项目	r_5^{3}−6	$r_5^{3西-1}$
Tm	0.16	0.19
Yb	1.16	1.40
Lu	0.18	0.24
Y	10.83	15.11
∑REE	151.52	245.76
LREE	132.05	221.94
HREE	27.82	7.89
LREE/HREE	6.78	7.98
δEu	0.56	0.64
La_N/Yb_N	23.31	30.70
La_N/Lu_N	23.35	27.80
La_N/Sm_N	6.57	5.78
Ce_N/Yb_N	13.40	18.62

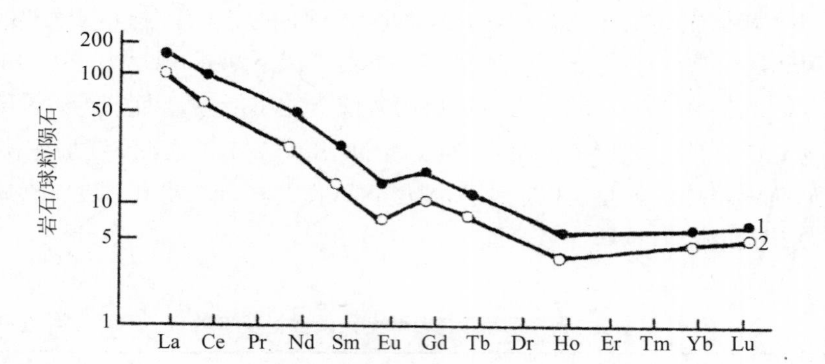

图 3-13 老湾花岗岩石的 REE 配分模型

1. 二长花岗岩（$r_5^{3西-1}$）；2. 钾长花岗岩（r_5^{3}−6）

（3）老湾花岗岩稀土元素配分模型为向右倾斜的曲线，轻稀土强烈富集，Ce_N/Yb_N=16.01＞1，Eu 存在弱的亏损，δEu＜l。花岗岩的δEu 与 SiO_2、CaO 之间表现出的正、负相关趋势，说明在岩浆结晶演化过程中存在一定程度的分异作用。

其他的稀土元素参数也常用来研究岩体的结晶分离和部分熔融程度。一般来说，当存在强烈的分异作用时，稀土元素易保留于残余液相中，并且 LREE 在固相和熔体相间的总分配系数一般比 HREE 小，分异越强，残余熔体中的 LREE/HREE 越大。Ce_N/Yb_N 可以反映岩浆的分离结晶和部分熔融程度，熔体的

Ce_N/Yb_N 随熔融程度的增加而增大，分离结晶程度越高，残余熔体中的 Ce_N/Yb_N 就越大。从表 3-8、表 3-10 中可以看出，老湾花岗岩的 LREE/HREE、Ce_N/Yb_N 参数的比值，均与 SiO_2 含量呈负相关趋势，表明花岗岩浆不存在强烈的、高程度的结晶分异作用，而较高的参数值反映了形成花岗岩浆的较高程度的部分熔融作用。

（4）研究表明（赵振华，1985），不同成因类型的花岗岩稀土元素的配分模型不同。对于同熔型花岗岩，成岩物质来源于下部地壳和上地幔，则稀土组成为轻稀土富集，$La_N/Yb_N > 10$，Eu 亏损不明显，$\delta Eu > 0.5$；对于陆壳改造型花岗岩，由上部地壳经部分熔融（或熔融后分离结晶）或由混合岩化作用形成，其 $La_N/Yb_N < 10$，铕亏损明显，$\delta Eu < 0.5$。对华北太行山地区的一些花岗岩体的研究，富轻稀土的右倾曲线和铕异常的不显或较弱的稀土元素特征，提供了下地壳部分熔融的信息。因此，老湾花岗岩的轻稀土富集、$La_N/Yb_N > 10$、$\delta Eu > 0.5$ 的特征，表明了其源于下地壳，经部分熔融作用成岩。

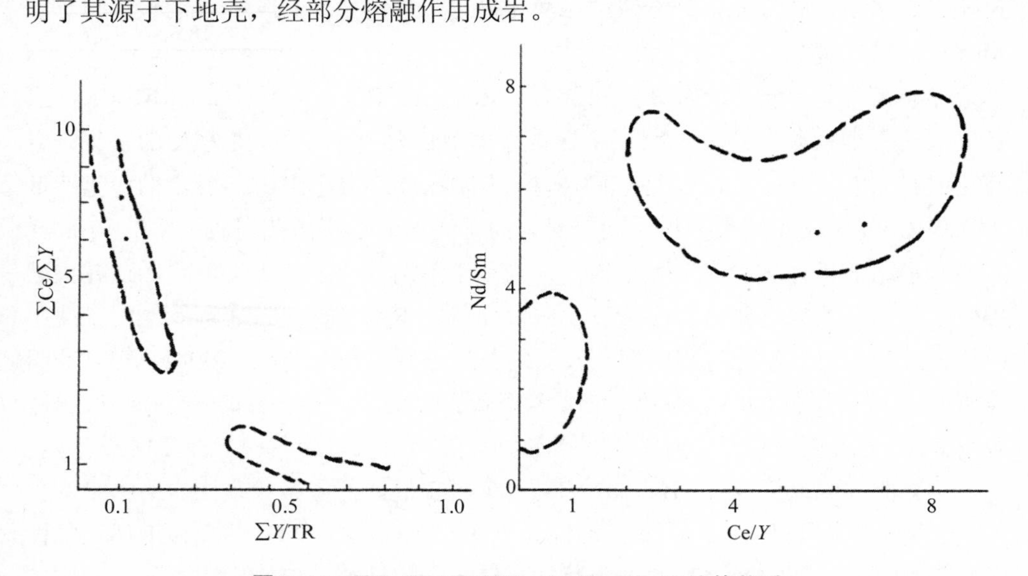

图 3-14　∑Ce/∑Y-∑Y/TR、Nd/Sm-Ce/Y 比值关系

Ⅰ. 壳源岩（C 型）背景；Ⅱ. 壳幔混源（MC 型）背景

综上所述，对老湾花岗岩石稀土元素参数与岩石化学成分之间的关系、稀土元素的配分模型、特征元素的比值等的研究，表明老湾花岗岩源于下地壳物质经高程度部分熔融作用形成，在岩浆结晶演化中，存在一定程度的结晶分离作用。

六、微量元素

老湾花岗岩石的微量元素和成矿元素含量及相对于花岗岩维氏值的富集系数列于表 3-11 中。岩石的微量元素组成具有下列特点：

（1）花岗岩中金的含量较高，与东秦岭花岗岩类含金量相比，平均为 23 倍。成矿元素 Au 强烈富集，其平均富集系数为 3.1，高的含金量表明花岗岩可以为矿床的形成提供成矿物质，而同位素的研究证明了有部分成矿物质源自花岗岩。对区域上一些主要金矿床（点）的成矿物质来源研究的结果，也证明了花岗岩类为矿床形成提供了矿源。

（2）成矿元素 Au 与岩石的 SiO_2、Na_2O+K_2O 含量表现出一定的相关趋势，反映出岩浆熔体中金元素随岩浆结晶演化而趋于熔体中富集，而高的碱量也利于 Au 在熔体中迁移。

（3）老湾花岗岩的造岩碱性元素 Li、Rb、Sr、Ba、Cs 中，Li、Rb、Cs 元素贫化，其富集系数小于 1，Sr、Ba 元素富集系数大于 1，为一定程度的富集。老湾花岗岩的 Li、Rb、Cs 元素含量与桐柏-大别花岗岩类相比，Li 元素的含量远低于平均值，Rb 与平均值相近，两个元素的含量均低于华南花岗岩类。Sr、Ba 元素的含量略低于区域花岗岩类平均值，远高于华南花岗岩，表现出与秦巴花岗岩类微量元素一致的重要特点（李石，1991）。Li、Rb、Ba、Sr、Cs 等元素表现出的特征反映了岩浆演化过程中存在较弱的分异作用（张宏飞等，1994）。壳型花岗岩类 Sr、Ba 含量低，Rb 含量高，而幔源型或壳幔同熔型花岗岩的 Sr、Ba 含量高，且贫 Rb。老湾花岗岩石造岩碱性元素的特点表明其成岩物质的来源与地幔有关。

（4）高场强元素 Zr、Hf、Nb、Ta 的含量较低，低于秦岭花岗岩类的平均含量，富集系数均小于 1。由于非活动性元素 Nb 和 Ta、Zr 和 Hf 的相似地球化学性质，其丰度及比值均对岩石的成因有指示意义。与地壳、地幔中该类元素的丰度相比，均处于地壳和上地幔的丰度之间；与桐柏大别造山带的上地壳、中地壳相比，老湾花岗岩具有低的 Zr、Hf 含量；老湾花岗岩的 Zr/Hf 为 254，介于橄榄岩和纯橄榄岩的 Zr/Hf 之间。中等不相容元素 Nb、Ta、Zr、Hf 在岩石熔融或结晶时趋于富集或优先进入熔体相，因此，老湾花岗岩低的元素含量和高的 Zr/Hf，指示成岩物质并非由造山带的中、上地壳组成，而含应有大量的地幔物质。

表 3-11　老湾花岗岩石微量元素含量及富集系数

含量单位：10^{-6}

样号		Rb	Sr	Ba	Nb	Zr	Th	Cu	Cr	Co	Sc	Ta	Ni	Hf	Cs	Sm	V	Ga	Au	Li
r_5^3-6		138	233	663	15	70	22	15	8.8	36	2.6	0.6	4	0.6	0.9	3.8	10	8.7	17.5	<0.3
$r_5^{3西-1}$		133	425	1 752	16	184	18	21	24	32	5.2	0.7	9	0.4	1.6	6.9	35	10	10.4	8.1
平均含量		135.5	329	1 208	515.5	127	20	18	16.4	34	3.9	0.65	6.5	0.5	1.25	5.35	22.5	13.25	13.95	4.4
富集系数	r_5^3-6	0.69	0.78	0.78	0.75	0.35	1.22	0.75	0.35	7.2	0.87	0.17	<0.5	0.6	0.18	0.42	0.11	0.44	3.89	<0.075
	$r_5^{3西-1}$	0.67	1.42	2.11	0.8	0.92	1	1.05	0.96	6.4	1.73	0.28	1.13	0.4	0.32	0.77	0.4	0.9	2.31	0.2
	平均	0.68	1.1	1.45	0.28	0.64	1.11	0.9	0.66	6.8	1.3	0.19	0.81	0.5	0.25	0.59	0.26	0.67	3.1	0.11

（5）老湾花岗岩过渡族元素Sc、V、Cr、Co、Ni中，Sc、V、Cr、Ni的平均含量较低，富集系数小于1。Sc、V、Cr、Ni元素的含量与桐柏亚区同造山I型花岗岩相近，与桐柏-大别区域花岗岩不同岩石类型的微量元素含量相比，老湾花岗岩的钾长花岗岩与区域一致，但二长花岗岩却远高于区域上的花岗岩类。老湾花岗岩中Co元素强烈富集，富集系数远大于1，其含量高于区域花岗岩类。

根据元素的亲氧性和八面体择位能，Sc、V、Cr、Ni等元素在岩浆结晶过程中进入硅酸盐矿物，分异作用将导致该类元素向亏损方向演化。该类元素与SiO_2含量之间存在的变化相关趋势就体现了这一特点。

（6）亲硫重金属元素Cu、Ga含量与各类火成岩相比，高于超基性岩，而小于基性岩、中性岩、酸性岩。在火成岩中，Ga、Al具有相似的地球化学行为，两元素的比值具有一定的指示意义。本区花岗岩的$Ga/Al \times 10^{-4}$比值分别为1.25、2.2（均值1.74），接近于基性岩的$Ga/Al \times 10^{-4}$比值，指示了其物质来源于地壳深部。

总之，老湾花岗岩石贫SiO_2、富CaO、MgO、〈FeO〉基性组分，AKNC=0.96～1.01，岩石具有准铝性质，多数不相容元素贫化，如Li、Rb、Nb、Ta、Zr、Hf、REE等，弱负Eu异常（δEu=0.6），仅少数元素（以相容元素为主）富集。这一总体特征反映了该花岗岩石成分偏基性、岩浆分异较弱的特点。不相容元素的含量常受到岩石的部分熔融程度高低的影响，在部分熔融程度较低形成的熔体中，不相容元素的富集程度较高，化学成分偏于酸性；而在部分熔融程度较高形成的熔体中，不相容元素含量较低，化学成分偏于基性。因此，老湾花岗岩不相容元素贫化、化学成分偏于基性，说明老湾地区地壳是一个高热流值的区域，形成岩浆的部分熔融程度较高。

七、花岗岩的成因类型、时代和成岩机制

（一）成因类型

老湾花岗岩与围岩龟山岩组、南湾岩组均呈构造接触，属侵入接触关系。镜下观察花岗岩的所有矿物组成中，主要矿物钾长石、斜长石以及磷灰石、磁铁矿等矿物大多成自形晶，并且斜长石成分组成具环带结构。这种现象从岩浆冷却结晶方面解释比较合理。根据老湾花岗岩的岩石化学成分（表3-8）和标准矿物（表3-9）组成，在标准矿物Q—Ab—Or图解[图3-15（a）]、K—Na—Ca原子重量图

解[图 3-15（b）]上的投点均处于岩浆成因区，投点较集中。由此可见，该岩体属岩浆熔体结晶产物。

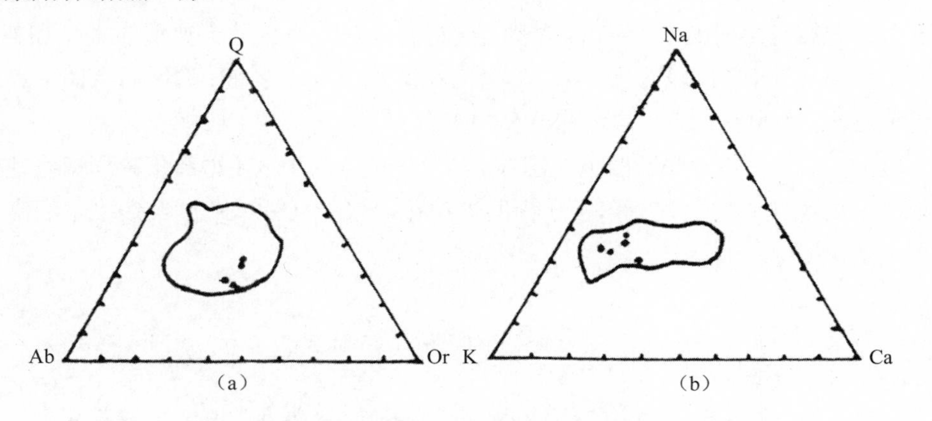

图 3-15　Q—Ab—Or 标准矿物和 K—Na—Ca 图解

Chappell 和 White 在研究澳大利亚东部花岗岩时识别出 S 型和 I 型两类花岗岩，认为其分别起源于沉积岩和火成岩，后经多人研究验证，已被多数人接受，并提出许多识别标准，Hyndman（1985）将其综合成识别表（表 3-12）。将老湾花岗岩与表 3-12 进行对比，可见老湾花岗岩体特征可与 I 型花岗岩对比。

表 3-12　老湾岩体与 I 型和 S 型花岗岩特征对比

项目	I 型	S 型	老湾岩体
长英质矿物	石英较少，长石常是红色	石英较多，长石常是白的	石英含量 20%～30%，长石既有红色，也有白色
常见的 Mg、Fe 矿物	黑云母、角闪石；白云母少见，黑云母的 Mg/Fe 高	黑云母，其 Mg/Fe 低，白云母较多	黑云母、Mg/Fe=0.70，角闪石，白云母极少见
特征矿物	斜长石、黑云母、角闪石、绿帘石、褐帘石	白云母、堇青石、石榴石、红柱石、黑云母、斜长石	斜长石、角闪石、黑云母
副矿物	磁铁矿、钛铁矿、黄铁矿，榍石常见	钛铁矿、磁黄铁矿、石墨、独居石	磁铁矿、黄铁矿，榍石常见
SiO_2 含量	53%～76%	65%～76%	66.61%～73.1%
Na_2O 含量	长英质岩中＞3.2%	＜3.2%	3.58%～4.18%
ANKC	＜1.1	＞1.1	0.99
CIPW 标准矿物	C（刚玉）＜1%	C＞1%	0.1%～0.51%

从本区花岗岩的岩石化学成分和微量元素、稀土元素特征来看，如下几点显示出其具有I型系列的特点：

（1）老湾花岗岩 K_2O、Na_2O 含量普遍较高，与拉克伦地区典型的S型和I型的 N_2O–K_2O 变异图比较（图3-16），老湾花岗岩投点均落在I型区。从图中还可看出桐柏-大别地区花岗岩类均投影于I型区。

（2）在 K_2O–SiO_2 变异图上（图3-17），与拉克伦地区I型和华南同熔型花岗岩相比，老湾花岗岩的投点落在华南同熔型花岗岩 K_2O–SiO_2 回归线上下而高于拉克伦地区I型。

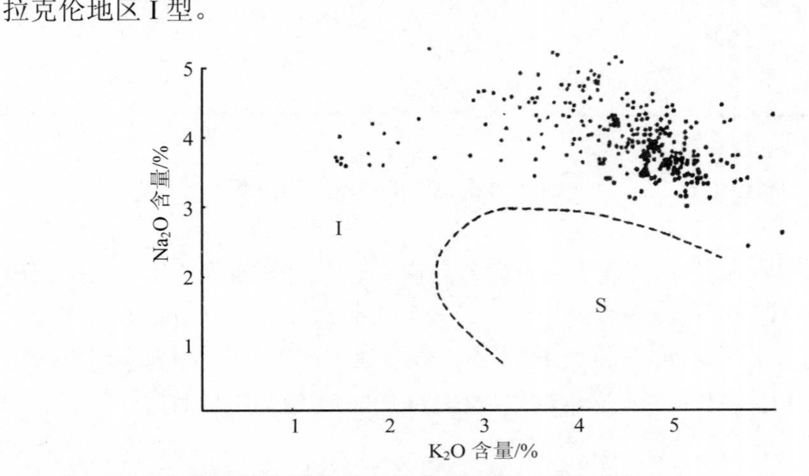

注：图中虚曲线为拉克伦褶皱带I型和S型花岗岩大致分界线；

图 3-16　Na_2O - K_2O 变异图

• 桐柏-大别地区花岗岩类262个样的投影点；▲老湾花岗岩投影点。

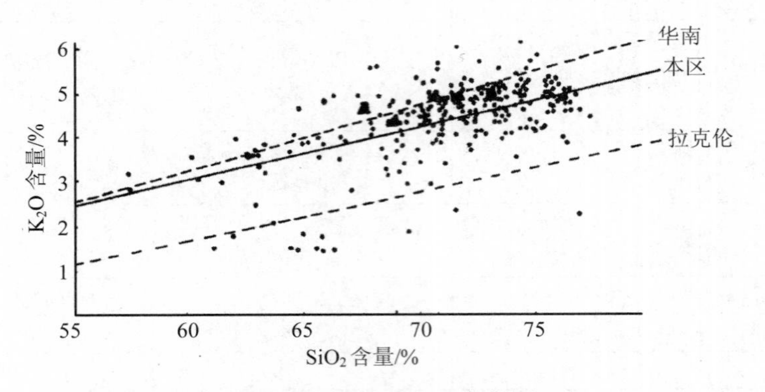

图 3-17　K_2O—SiO_2 变异图

• 桐柏-大别山花岗岩类；▲老湾花岗岩

（3）据库达利（Кутопнннн.B.A，1964）的研究，利用 Al_2O_3-（$2CaO+Na_2O+K_2O$）（原子数）−100×（Fe_2O_3+FeO）/（Fe_2O_3+FeO+MgO）变异图（图 3-18）可区分重熔花岗岩、玄武岩浆分异的花岗岩以及成因不定的花岗岩，将老湾花岗岩数值投点于此图，全部落入Ⅲ区，说明该花岗岩不为重熔型花岗岩（S 型）。

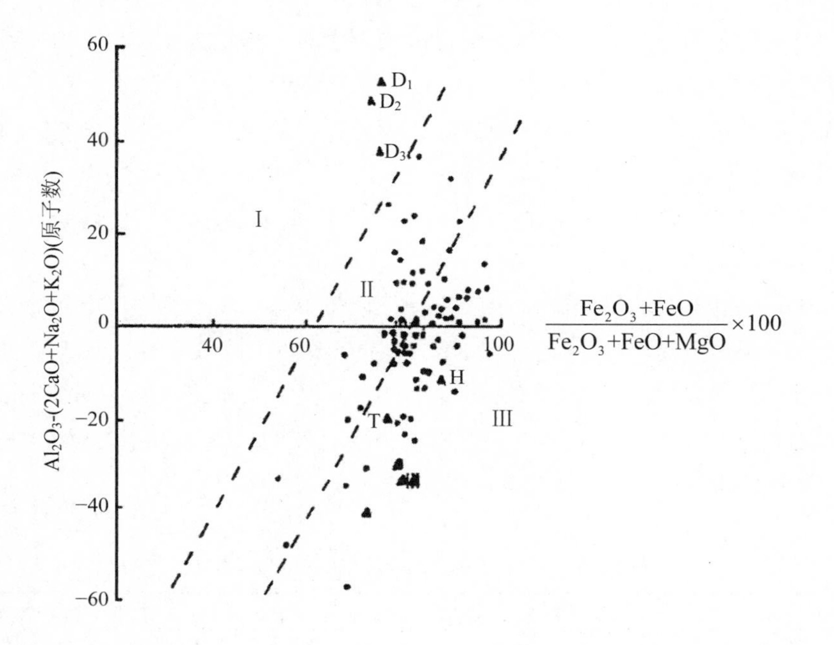

资料来源：Кутолин，1964。

Ⅰ. 重熔花岗岩；Ⅱ. 成因不定的过渡性花岗岩；Ⅲ. 玄武岩浆分异的花岗岩；D1、D2、D3 分别为大容山 S 型花岗岩体的东北段、东南段、西南段；H、T 分别为鄂东南地区鄂城、铁山两个公认的同熔型（I）岩体；· 本区 80 个岩体平均值的投影点；▲老湾花岗岩。

图 3-18　Al_2O_3-($2CaO+Na_2O+K_2O$)(原子数)-100×(Fe_2O_3+FeO)/(Fe_2O_3+FeO+MgO)变异图

（4）将老湾花岗岩的岩石化学成分比值 K_2O/Na_2O、SiO_2/Al_2O_3、K_2O/CaO（表 3-8）与桐柏-大别山不同成因花岗岩类（同造山 I 型、非造山 I 型、未分 I 型）相比较，氧化物比值与桐柏亚区的同造山 I 型花岗岩相似。

（5）花岗岩稀土元素向右倾斜、$La_N/Yb_N>10$、$\delta Eu>0.5$ 的特征，与同熔型花岗岩稀土元素所具有的特征相同；而与改造型花岗岩的稀土元素参数 $La_N/Yb_N<10$，$\delta Eu<0.5$ 存在较大区别。

（6）对华南花岗岩微量元素的研究表明，改造型花岗岩与同熔型花岗岩的元素对 Li/Mg、K/Rb、Rb/Sr 比值存在较大的差异，可对岩石成因具有指示意义，如表 3-13 所示。从表中可以看出，老湾花岗岩的元素对比值接近于同熔型花岗岩，而与改造型花岗岩的各类比值差距明显。

（7）Ga 元素对岩石的成因具有指示意义。据不同成因花岗岩类中镓的分布特征的研究显示，改造型花岗岩类（平均含镓 22×10^{-6}）均高于同熔型（平均含镓 18×10^{-6}）花岗岩类。因此，老湾花岗岩低的镓含量（平均为 13.4×10^{-6}）指示其成因类型为同熔型花岗岩。

黑云母的特征参数对花岗岩的成因类型有指示意义：徐克勤（1982，1986）对华南两类不同成因花岗岩中黑云母的研究，MF＞0.38 者属镁质黑云母；FM＜3.60 的富镁黑云母是 I 型或同熔型花岗岩的重要标志。老湾花岗岩黑云母的 MF 值均大于 0.38，FM 值均小于 3.60。

对不同成因类型的花岗岩中磷灰石特征研究显示（高善继等，1988；张绍立等，1986），华南改造型花岗岩中磷灰石含 Mn 较高，达 0.17%～0.45%，而同熔型花岗岩中磷灰石含量较低，为 0.046%～0.07%；长江系列花岗岩中的磷灰石 MnO 平均值也仅为 0.107%。从表 3-1 中可以看出老湾花岗岩磷灰石中几乎不含 MnO，明显有别于改造型花岗岩，而类似于同熔型或长江系列花岗岩。

表 3-13　花岗岩中与 Li、Rb 有关的元素对比

项目	华南改造型花岗岩	华南同熔型花岗岩	老湾花岗岩（平均）
Li/Mg	79.6×10^{-2}	3.8×10^{-2}	1.03×10^{-2}
K/Rb	80	258	297
Rb/Sr	11.7	0.4	0.41

锶同位素初始比值 $^{87}Sr/^{86}Sr(i)$在不同成因类型花岗岩中具有不同的数值范围，对华南两类花岗岩锶同位素研究表明，改造型花岗岩 $^{87}Sr/^{86}Sr(i)>0.710$，同熔型花岗岩 $^{87}Sr/^{86}Sr(i)<0.710$。老湾花岗岩类锶同位素初始比 $^{87}Sr/^{86}Sr(i)=0.708\,7<0.710$，与同熔型相当。桐柏-大别山花岗岩类锶同位素初始比值也显示出大部分花岗岩属于同熔型花岗岩。

岩石的氧同位素组成常被用来判别花岗岩的成因类型。对华南花岗岩的氧同位素组成与成因类型研究表明（徐克勤，1984），改造型花岗岩的$\delta^{18}O$ 值大于+10.0‰和同熔型为+7.5‰～+10.0‰；南岭地区典型的 S 型花岗岩$\delta^{18}O$ 值为

+10.0‰～+13.3‰（黄萱，1986）；而长江中下游典型 I 型花岗岩的$\delta^{18}O$ 值为+7.8‰～+9.8‰。O'Neil（1977）也认为$\delta^{18}O$＞+10.0‰的源岩多为富$\delta^{18}O$ 的沉积岩；当源岩为火成岩时，$\delta^{18}O$ 值往往偏低，小于+10.0‰。老湾花岗岩的氧同位素组成如表 7-1 所示，其$\delta^{18}O$ = +7.6‰～+8.9‰＜+10.0‰，在 I 型或同熔型花岗岩的氧同位素组成范围之内。

综上所述，对花岗岩的岩石化学成分、微量元素对比值、矿物学以及同位素组成等特征的研究，均显示老湾花岗岩属于比较典型的 I 型或同熔型花岗岩。

（二）花岗岩成岩机制

1. 花岗岩形成地质背景

根据秦岭-大别造山带花岗岩体时代、构造运动和主要的地质事件，造山带花岗岩浆活动可分为九期，最后一次花岗岩浆的主要活动期发生在中生代晚期，活动地区为东秦岭东段至大别山一带。老湾花岗岩体的侵入活动即发生在该期。

自中生代燕山期，由于太平洋板块向欧亚大陆俯冲，导致中国东部地区构造应力场发生重大改变，在北西-南东向的挤压应力作用下，与造山带大致平行展布的区域性深断裂带由前期的挤压转向拉张活动。现有的地质及同位素年代学资料表明，以高压、超高压变质作用为标志的陆-陆碰撞事件主要发生于印支期（230～210 Ma），陆-陆碰撞的进一步挤压可能持续一段时间（20～40 Ma），随后表现为拉张环境（Dewey，1988）。钟增球等（1998）、张国伟等（1995）研究认为在中生代晚期，秦岭-大别地区已呈现以伸展为主的构造体制。同位素热年代学资料已证明在 130～100 Ma 期间，大别地区存在一次快速冷却事件，这可解释为一次快速隆起事件（陈江峰等，1995；李齐等，1995）。由于造山带的隆起，它的两侧表现为张性环境。金维俊等（1997）认为桐柏-大别造山带经历了早加里东期和燕山期两个阶段的拉张伸展作用。在印支期强烈挤压应力作用后的燕山期的拉张伸展，产生了区内造山带轴部的强烈花岗岩侵入，桐柏山变质核杂岩的进一步隆升和出露。

关于岩浆作用与伸展作用关系的研究证明，钙碱性岩浆可发生于伸展前和伸展期间。周泰禧等（1995、1992）研究了北淮阳花岗岩-正长岩带特征，采用 $^{40}Ar/^{39}Ar$ 法对岩带典型岩体的同位素年龄测定结果为 126～121 Ma，为燕山晚期岩浆活动产物；并根据岩石地球化学特征、岩石组合等指出，该岩带为白垩纪时拉张环境下的产物。燕山晚期的老湾花岗岩同样处于造山带伸展作用体制下，因此老湾花岗岩应形成于以拉张为主的区域地质背景。

2. 常量元素对成岩机制的反映

常量元素对成岩机制的反映，在于常量化学成分变化趋势与矿物相结晶分异的关系。Pearce（1968）利用全岩阳离子比值以下式求取样品成分间的直线斜率和截距，作出 Pearce 图解来描述岩浆分离结晶程度：

$$\Delta^{*}Y_{m}/\Delta^{*}X_{m}=Y_{m}/X_{m} \tag{3-14}$$

X_m 和 Y_m 分别为标准矿物中组分 X 和 Y 的阳离子数。$\Delta^{*}Y_{m}/\Delta^{*}X_{m}$ 为矿物矢量斜率。老湾花岗岩起源于下地壳，如果存在结晶分异成岩机制，则在岩浆演化过程中能够引起岩浆体系成分变化的矿物主要是橄榄石（Ol）、辉石（Cpx）、尖晶石（Sp）和斜长石（Ab）等。基于 Pearce 图解 X/Z - Y/Z 中 X、Y、Z 项的选择，X 多选择 Si、Al，Z 选不变元素 K，而 Y 则选择可以较全面地表现岩石中上述矿物和成分变化的 Pearce 复合元素：(Fe+Mg)/2、2Ca+3Na+(Fe+Mg)/2、4Ca+4Na+(Fe+Mg)/2、−5Ca/2+3 Na/4+(Fe+Mg)/2 +9Al/4。对 X/Z 与 Y/Z 进行线性回归，所得 Pearce 回归统计结果如表 3-14 及图 3-19 所示。从表 3-14 及图 3-19 可以看出：

表 3-14 老湾花岗岩 Pearce 参数统计结果

X	Y	Z	r	A	B
Si	$\frac{1}{2}(Fe+Mg)$	K	0.037	0.21	0.003 8
Si	$2Ca+3Na+\frac{1}{2}(Fe+Mg)$		0.38	0.48	0.35
Si+Al	$4Ca+4Na+\frac{1}{2}(Fe+Mg)$		0.59	−3.34	0.68
Si	$-\frac{5}{2}Ca+\frac{3}{4}Na+\frac{1}{2}(Fe+Mg)+\frac{9}{4}Al$		0.21	−4.35	0.86

注：r 为相关系数；A 为截距；B 为矢量斜率。

（1）各 Pearce 元素对线性回归的结果显示，元素之间的相关性差、相关系数较小，各元素对与矿物的理论矢量斜率和理论截距值存在明显的差异。

（2）各 Pearce 元素对在 X/Z - Y/Z 图上的投点极为分散，不具有与任何矿物相似的演化趋势。

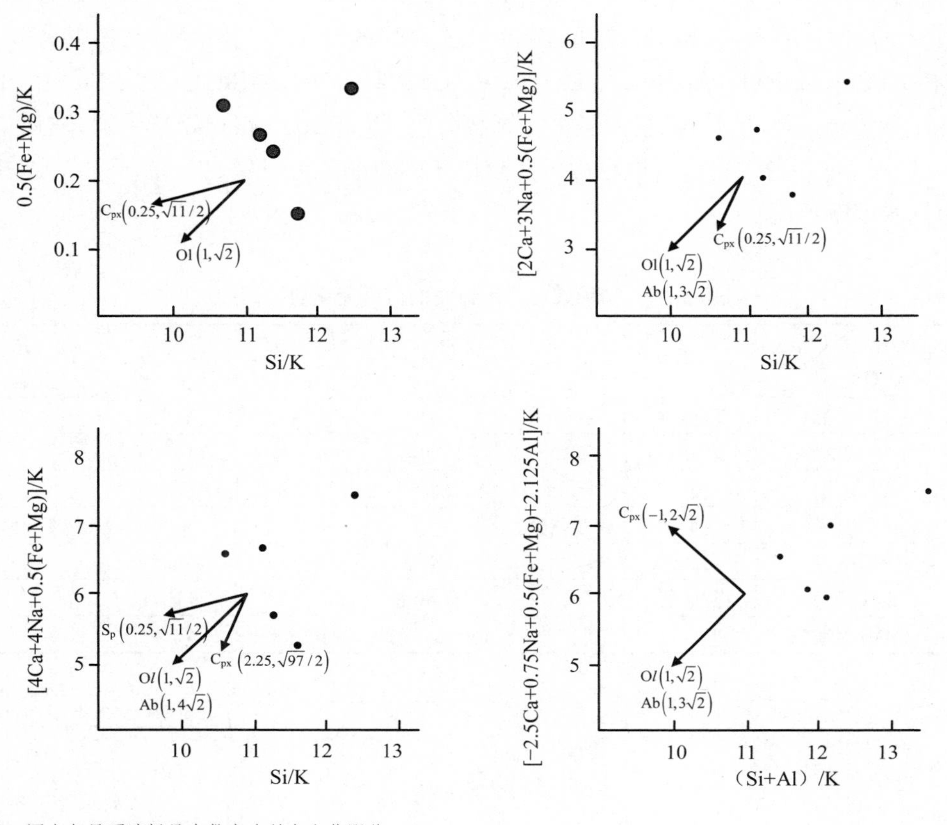

注：图中矢量顶端括号内数字为斜率和截距值。

图 3-19　老湾花岗岩的 Pearce 图解

研究表明，由结晶分异作用形成的岩浆岩，其成分趋势线与矿物的分离结晶矢量线平行，成分点间具有较好的线性关系。老湾花岗岩的上述两个特征：成分点相关性差、不存在与矿物分离结晶矢量线平行的成分趋势线，表明该花岗岩不为结晶分异作用的成岩机制形成。

3. 微量元素对成岩机制的反映

微量元素的定量模型在岩浆成因研究中得到广泛应用。通过对微量元素定量模型的方程推导和数学变换，消除元素的总分配系数和体系中液相分数不确定性的影响，得到关于不同岩浆作用中的成分变异图。依据岩浆岩中微量元素所构筑成的变异图，即可确定岩浆岩属于结晶分异、同化混染、混合作用或部分熔融的成岩机制。由于稀土元素的特殊地球化学特征，常被用来作为地质演化或岩浆作用的示踪剂。有关各种成岩过程的微量元素协变图形如表 3-15 所示，本书选取了 La - La/Sm、Lu/Yb - Eu/Sm、1/La - 1/Ce、Ce -Sm、Ce/La - Sm/La、La/Eu - La/Sm 等元素组合，对花岗岩微量元素进行综合分析（图 3-20）。根据这些图解并对照表 3-15 中所列各种成岩作用过程微量元素协变图特征，可以判定花岗岩的成岩作用为批式熔融作用。

表 3-15　几种成岩作用过程的微量元素协变图形

协变图形 \ 坐标 / 成岩方式	比值—比值	比值—浓度	比值—浓度	同分母 比值—比值	同分子 比值—比值	浓度—浓度 倒数
分离结晶	幂曲线	幂曲线	幂曲线	幂曲线	幂曲线	
带状混染	幂曲线	幂曲线	幂曲线	幂曲线	幂曲线	
混合作用	双曲线	直线	双曲线	直线	双曲线	
批式熔融	双曲线	双曲线	直线	双曲线	直线	双曲线
分离熔融	幂曲线	幂曲线	幂曲线	幂曲线	幂曲线	
带状熔融	幂曲线	幂曲线	幂曲线	幂曲线	幂曲线	
聚集熔融	近直线	近直线	近双曲线	近双曲线	近双曲线	

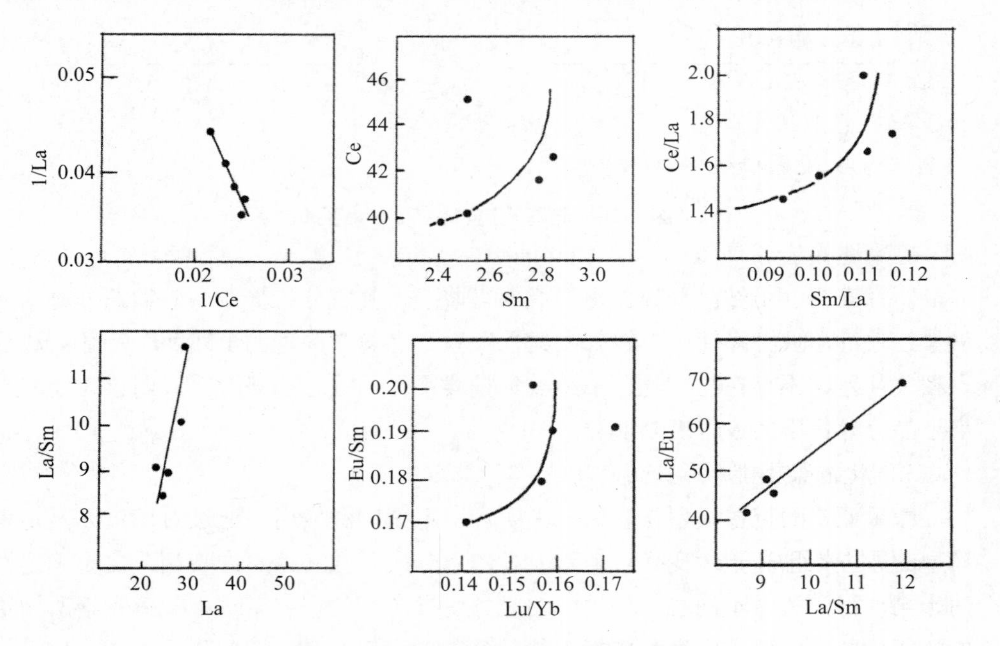

图 3-20　老湾花岗岩微量元素协变图

4. 岩石成因机制的钕同位素制约

当花岗岩石的成岩机制为幔源岩浆分离结晶和对地壳岩石同化的联合作用，即为 Taylor（1980）提出的 AFC 过程时，De Paolo（1981）、Gasquet 等（1992）讨论并提出了描述这种过程的微量元素和同位素行为的方程：

$$C^{m} = C_0^{m} F^{-Z} + \frac{r}{r-1+D} C^{a} (1 - F^{-Z}) \tag{3-15}$$

$$R^{m} = R_0^{m} + \left(R^{a} - R_0^{m}\right)\left(1 - \frac{C_0^{m}}{C^{m}} F^{-Z}\right) \tag{3-16}$$

式中，$Z=(r-1+D)/(r-1)$；

C_0^{m}、C^{a}、C^{m} 分别为初始岩浆、地壳混染物和演化岩浆的元素（Sr 或 Nd）含量；

R_0^{m}、R^{a} 和 R^{m} 分别为初始岩浆、地壳混染物和演化岩浆的同位素比值（$^{87}Sr/^{86}Sr$ 或 $^{143}Nd/^{144}Nd$）；

F 为残留熔体分数；

D 为元素 Sr 或 Nd 的总体分配系数；

r 为同化作用速率和分离结晶作用速率的比或同化围岩量与堆积围岩量之比。

由上述方程可见，在 AFC 过程中起决定作用的主要参数是：围岩同化速率与结晶分离速率之比，它取决于同化混染发生的深度；Sr、Nd 在固相和熔体相中的分配系数，它取决于晶出的矿物，而 Nd 的分配系数一般总是很小，约为 0.1（James，1981；De Paolo，1981）。

利用上述方程，对 AFC 过程进行模拟计算，可以直观地了解这一过程的结果。假设初始地幔岩浆钕同位素含量和同位素比值为：$C_0^{m}=14\times10^{-6}$，$R_0^{m}=0.513\ 51$（Fure，1986）。由于造山带中 Nd 同位素资料缺乏，混染物的 Nd 同位素则以平均华南上地壳近似代替：$C^{a}=28\times10^{-6}$，$R^{a}=0.511\ 877$（刘昌实等，1990），模拟计算结果如图 3-21 所示。根据老湾花岗岩的初始 Nd 同位素比值和含量，投点于图上。可见，当 $r\leqslant0.2$，即同化作用发生在地壳浅部，同化速率与结晶分异速率之比较小时，同化混染不能产生 $R^{m}=0.511\ 577$ 的岩浆；当 r 约为 0.6 时，即同化作用发生地壳深部（下地壳），同化速率与结晶速率之比相对较高时，可以产生与本区花岗岩钕同位素组成一致的岩浆。但此时壳幔比值为 0.5:1～0.6:1，应该晶出与混染量相当的基性矿物，因此应在老湾花岗岩浆形成的同时，产生大致同体积的基性堆积岩。但桐柏山北坡较大规模的燕山期的基性或中性岩浆岩很少产出，同时也缺乏证据显示地壳深部有大量基性岩石的存在。所以起源于地幔，经过同化混染、结晶分离（AFC）过程的岩浆形成机制不能解释本区较大规模的酸性岩浆的侵入。

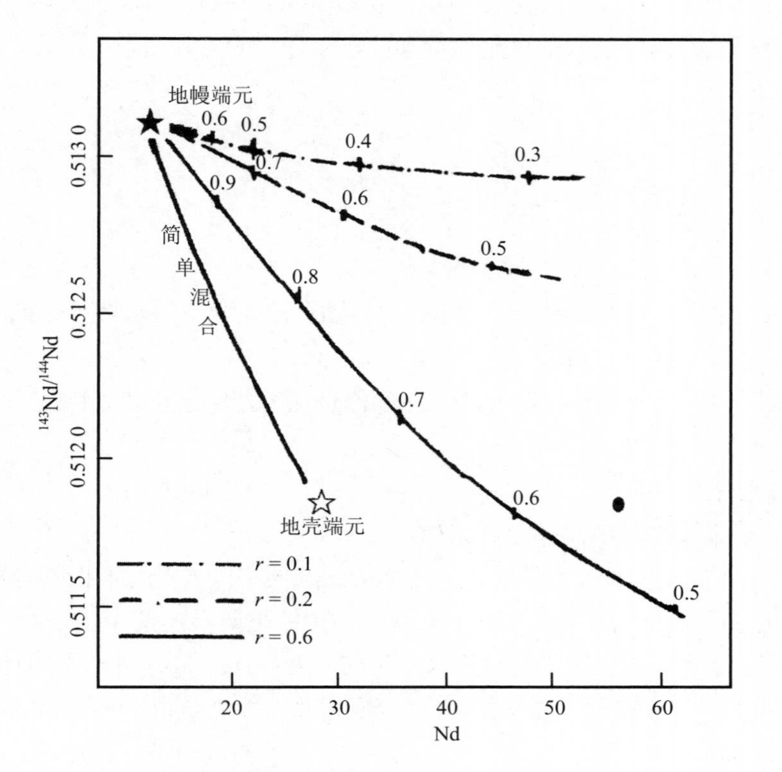

图 3-21 老湾花岗岩的初始 $^{143}Nd/^{144}Nd$ 与 Nd 含量的关系图解

综上所述，老湾花岗岩侵位时间与造山带的发展阶段间的关系、岩石化学成分对岩石成因机制的反映以及可能存在的 FC、AFC 过程的讨论，均表明了老湾花岗岩是由于造山带的伸展作用而引起源区岩石的部分熔融所致。

（三）成岩年龄

前人对老湾花岗岩的成岩年龄研究结果较多，如用锆石 U-Pb 法测得的成岩年龄为 247 Ma、156 Ma（卢欣祥等，1998），用钾长石的 K-Ar 法测得成岩年龄为 100 Ma（符光宏等，1994）。笔者也曾利用钾长石单矿物和 K-Ar 法测定成岩年龄，结果如表 3-16 所示，成岩年龄为 110 Ma。这种多个年龄的现象，可能与分析的样品、定年方法或可能遭受的地质作用有关。为了准确确定老湾花岗岩的成岩年龄，以利于研究花岗岩的形成与造山作用、老湾金矿的成矿作用之间的关系，笔者选用了钾长石、石英单矿物和 $^{40}Ar-^{39}Ar$ 定年方法测定成岩年龄。根据 $^{40}Ar/^{39}Ar$ 法定年的特点，对于岩浆成因且成岩以后没有遭受强烈变质作用的岩浆岩，其含钾矿物钾长石的 $^{40}Ar/^{39}Ar$ 年龄应与不含钾矿物石英测得的 $^{40}Ar/^{39}Ar$ 年龄相一致。图 3-22、图 3-23 分别示出了钾长石、石英单矿物的 $^{40}Ar/^{39}Ar$ 年龄谱和等时线图。

表 3-16　老湾花岗岩钾长石矿物 K-Ar 法测定结果

样号	$W/(K/10^{-2})$	$W/(^{40}Ar/10^{-6})$	$^{40}Ar/^{40}K$	t/Ma	Φ(空氩/10^{-2})
7-3	9.846	0.772 7	0.006 578	110	112

1. 钾长石

由图 3-22 所示的钾长石年龄谱可以看出，在钾长石各个释气阶段，主坪阶段释放的 ^{39}Ar 占 80%以上，年龄谱的特征仅表现在后期（约 54 Ma）受到弱的扰动，坪年龄为 108.855 Ma±0.303 Ma。图 3-22 中示出的钾长石等时线年龄为 108.653 Ma±0.059 Ma，与主坪年龄相一致。

2. 石英

石英为非含钾矿物，且镜下观察石英矿物表面清洁，因此测得的石英矿物的放射性 Ar 含量应为石英在结晶过程中捕获的 K 衰变而成，$^{40}Ar/^{39}Ar$ 年龄应为石英形成年龄。图 3-23 中所示的石英矿物 $^{40}Ar/^{39}Ar$ 年龄谱呈“马鞍型”，主坪释放的 ^{39}Ar 占 70%左右，主坪年龄即“马鞍型”年龄谱的底部年龄为 104.118 Ma±0.978 Ma，与等时线年龄一致，图 3-23 中的 $^{39}Ar/^{36}Ar-^{40}Ar/^{36}Ar$ 等时线年龄为 102.830 Ma±0.135 Ma。

综合老湾花岗岩钾长石、石英单矿物的 $^{40}Ar-^{39}Ar$ 定年结果，可见老湾花岗岩的成岩年龄为 102～108 Ma，平均为 105 Ma。为燕山晚期侵入形成的花岗岩。

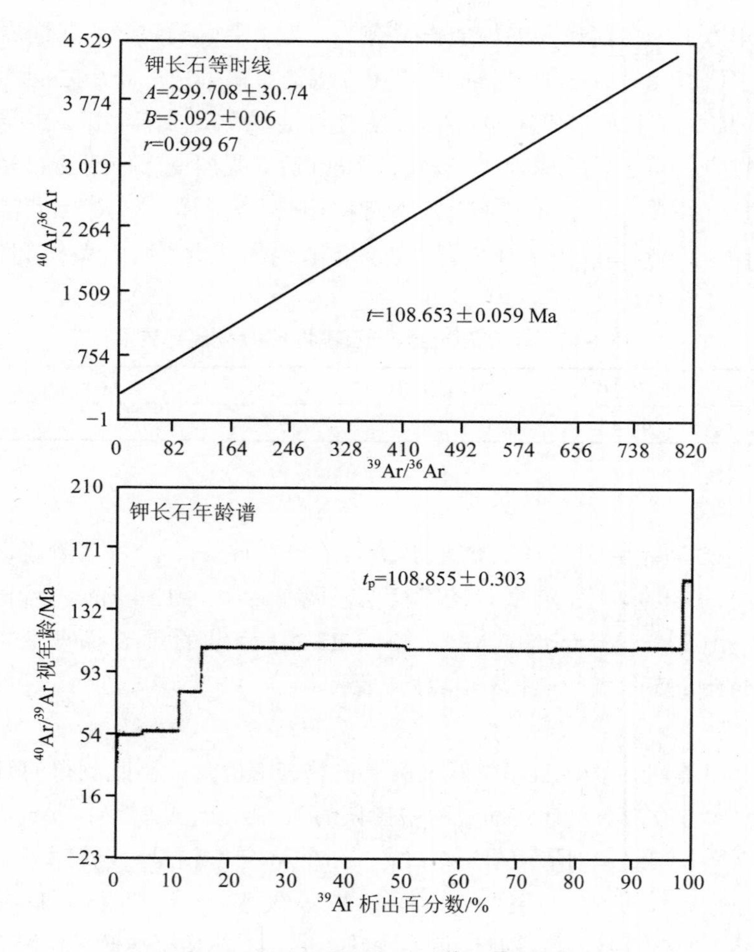

图 3-22 老湾花岗岩钾长石 $^{40}Ar/^{39}Ar$ 年龄

3. 地质意义

燕山晚期的老湾花岗岩形成于北淮阳构造地体中，而在北淮阳地体中还分布有燕山期的橄榄安粗岩系火山岩。该岩系的火山岩主要为一套粗安质-粗面质的中偏碱性火山熔岩及火山碎屑岩，火山活动时间的峰值为 130～100 Ma（胡受奚等，1998），火山活动出现于以拉张为主的区域应力场中。

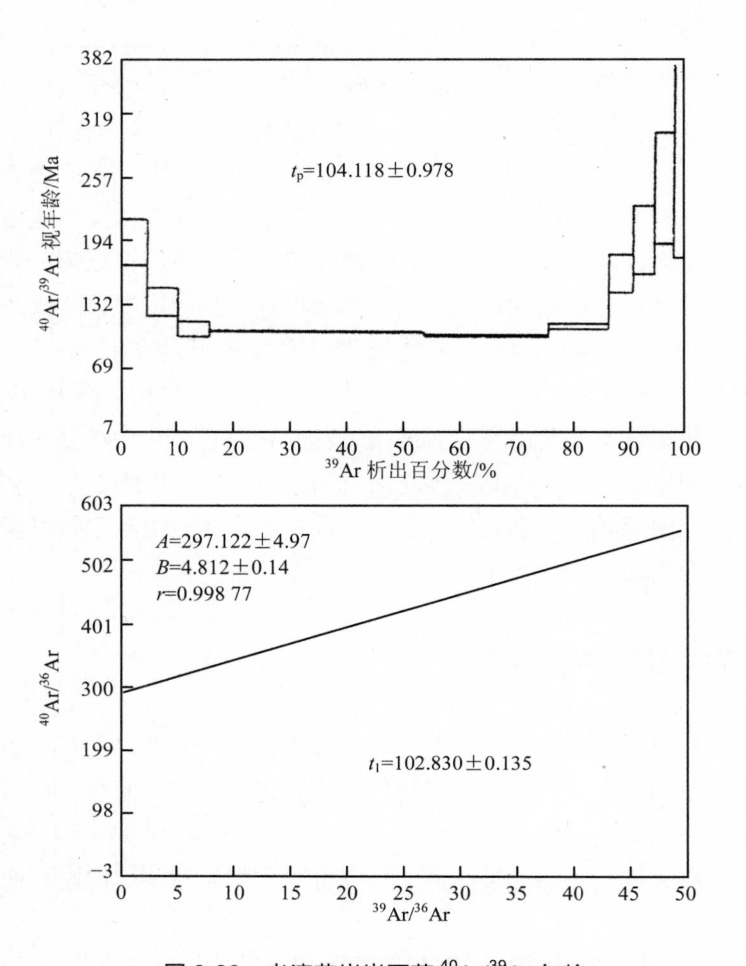

图 3-23　老湾花岗岩石英 ^{40}Ar/^{39}Ar 年龄

Joplin（1964、1965）用橄榄安粗岩系来代表一套由玄武质到粗面质的岩石，认为其为碱性玄武岩的富钾等同物。这套岩石多发育于岛弧区，是形成时间较晚、空间上远离海沟的岛弧火山岩系列之一（Jakes et a1，1972；Keller，1974），也见于活动大陆边缘和地缝合线两侧，少数出现于裂谷带（Thompson，1985；Varne，1985）。王德滋等（1996）根据区内火山岩化学成分和岩石组合的研究结果，认为老湾地区区域上火山岩组合以缺少典型的钙碱系列火山岩而有别于岛弧区和活动大陆边缘，与裂谷带不同处是缺少典型的双峰式火山岩组合，表现出一定的特殊性；稀土元素总量较高、轻重稀土分馏显著、铕异常不明显的特点而与五大莲池新生代富钾玄武岩及鲁西等地金伯利岩的稀土组成极为相似。与国外岛弧-活动大陆边缘及裂谷带中类似岩石相比，该区域橄榄安粗岩系的 La/Sm 及 La/Yb 介于二者之间，反映了区域构造位置的过渡性。铅同位素组成接近钾质火山岩、金伯利岩和煌斑岩；Sr 和 Nd 同位素以ε_{Nd}值低和ε_{Sr}值较高为特征，接近 EMI 源区，而与 DMMI、PREMA、BSE 源区有明显区别，显示其源区为富集型地幔，并有地壳物质加入。结合区域地质构造演化，橄榄安粗岩系的成因机制为：从晚侏罗世起以拉张为主的区域构造体制，使区内热体制得到调整，出现了区域范围的地幔热异常。由于挥发分的存在、地壳减薄及深断裂的活动引起的减压作用，降低了地幔岩石的熔点，促使富集型地幔的部分熔融，导致了橄榄安粗岩系火山岩浆活动。

产于北淮阳地体中的燕山晚期老湾花岗岩，与橄榄安粗岩系形成时间相一致，且同处于拉张的应力体制，因此，该花岗岩的形成必定与地幔的热异常有关。老湾花岗岩高的起始熔融温度就表明了源区部分熔融是在地幔产生热对流、受到地幔的热作用而发生的。

八、岩浆岩的物质来源

根据同熔型花岗岩形成的三种机制：来源于上地幔的岩浆在其上侵过程中同化混染地壳物质的作用、共存的地幔物质和地壳物质在一起的熔融作用和幔源镁铁质岩浆与壳源硅铝质岩浆直接混合的作用（徐克勤等，1989），结合老湾花岗岩的成因类型和成岩机制研究结果，可知其成岩物质应为共存的地幔和地壳物质的混合物。

由老湾花岗岩的岩石化学在 K_2O—SiO_2（%）哈克图解上（图 3-24）投点均落在高钾钙碱系列区域内。Ringwood（1975、1968）认为钙碱性系列岩浆岩为洋壳熔出的岩浆与上复地幔楔子作用后形成。胡能高（1987）利用 Ringwood 模式计算出起源于洋壳熔融的钙碱性系列岩浆岩的元素组成，而此元素组成不能与再造地幔相平衡。因此认为 Ringwood 模式不能解释钙碱性系列的成因。同时对锶同位素的研究表明钙碱性系列岩浆岩的源岩既不是大洋壳，也不是上地幔，而是下地壳，并且下地壳出现减压场是生成钙碱性系列岩浆的必要条件。如果同时伴有厚的地壳条件和类似于贝氏带这样的“热传运站”，则下地壳的熔融就更为有效。上述条件多能在造山作用中得到满足。由秦岭-大别山花岗岩类中多钙碱性花岗岩且成岩物质为壳幔物质的混合，也可表现出造山作用与钙碱性火成岩形成的密切联系。

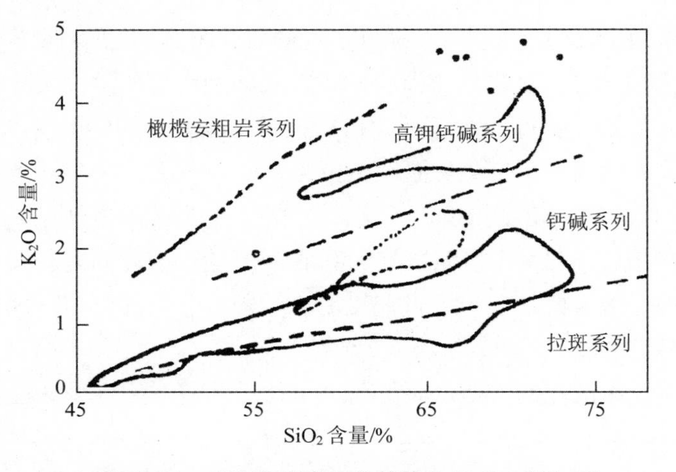

图 3-24　老湾花岗岩演化趋势的 K_2O—SiO_2 图

（一）常量元素对源岩的指示

为了确定高钾 I 型花岗岩的可能的地壳源区成分，Roberts（1993）等进行了多种岩石类型熔融实验，并将这些实验中形成的部分熔融熔体成分投影在 K_2O—SiO_2 哈克图中（图 3-25）。K 是强不相容元素，许多部分熔融的反应都包括含钾矿物相的分解，图 3-25 表明起始物质 K_2O 含量对其所衍生熔体的影响。可以看出源自拉斑玄武质、钙碱性和碱性玄武角闪岩的熔体以及源自英安岩的熔体，K_2O 含量太低以致无法分异进入高钾区；由斜长花岗质片麻岩衍生的熔体也不合适；杂砂岩由于过铝质的成分，其部分熔融衍生的所有熔体成分也不能进入高钾区。最合适的源区物质是含水钙碱性和高钾钙碱性安山岩、玄武质安山岩。根据老湾花岗岩的岩石化学成分在图 2-24 中的投点属于高钾钙碱性系列区域，可知形成本区花岗岩的源岩应为安山质岩石。

下地壳的熔融是发生在无流体条件下，岩浆中的 H_2O 只能来自云母类和闪石类矿物的分解，不同的含水矿物脱水熔融产生的花岗岩熔体的成分特征不相同。老湾花岗岩多数不相容元素贫化，化学成分偏于基性，形成岩石的部分熔融程度较高，花岗岩中 K/Na 小于 1，ANKC 平均值为 0.98，全岩 $\delta^{18}O$ 值小于+10.0‰，初始锶同位素比值 $^{87}Sr/^{86}Sr$=0.708 7，主要的副矿物为磁铁矿、磷灰石、榍石等，这些特征与角闪石脱水熔融所对应的花岗质熔体成分特征相一致（Whitney，1988）。吴宗絮等（1995）实验研究了冀东黑云母片麻岩脱水熔融实验的相关关系，其中在 1 GPa 压力下，角闪石消失的温度为 887℃（图 3-26）。老湾花岗岩的源岩熔融温度平均为 925℃，已满足角闪石矿物脱水熔融所需的温度条件，而这样高的温度应由镁铁质岩浆的对流来提供。Huppert 和 Sparks（1988）模拟了玄武质岩浆侵入大陆地壳的热效应可期望的温度范围为 900～950℃。邓晋福等（1999）从岩浆-构造-热事件的序列角度指出，大别符合 CW 造山带的事件序列，即陆壳加厚与构造变形在 J_1、J_2 发生，幔源岩浆底辟从 J_3 开始。因此本区花岗岩形成可行的模式为底侵的幔源岩浆加热于大量偏铝质原始岩石（大部分为下地壳变质火成岩），并使其熔融形成高钾 I 型花岗岩。

下地壳岩石经生成花岗岩质熔浆的熔融事件后，留下的将是麻粒岩相岩石。

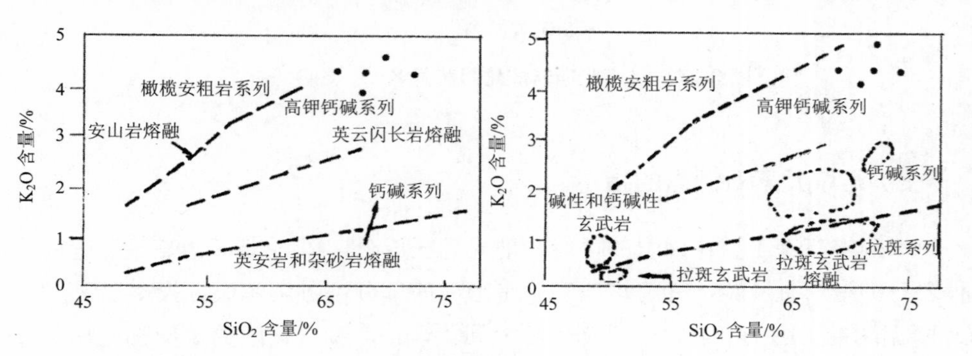

图 3-25　由各种常见地壳岩石衍生的实验部分熔融体的 K_2O - SiO_2 投影图

（二）微量元素对成岩物质来源的反映

由前文可知，老湾花岗岩源于下部地壳岩石的部分熔融，微量元素的证据也显示出非地幔来源。在地幔端元组分的微量元素地球化学特征方面，强不相容元素如 Rb、Ba、Th、Nb、Ta、Zr、La 和 Ce 之间的比值可以与同位素比值一样来应用。这些元素含量比值不但至少在一定规模的地幔部分熔融过程中不易变化，而且在岩浆有限程度的低压分离结晶作用过程中也无重大变化。李曙光等（1994）指出，La/Nb、Ba/Nb、Nb/Th 等强不相容元素的比值在后期的变质作用过程中也有较高的稳定性。因此，这些强不相容元素的比值可以直接用来示踪源自地幔岩浆岩的微量元素特征。

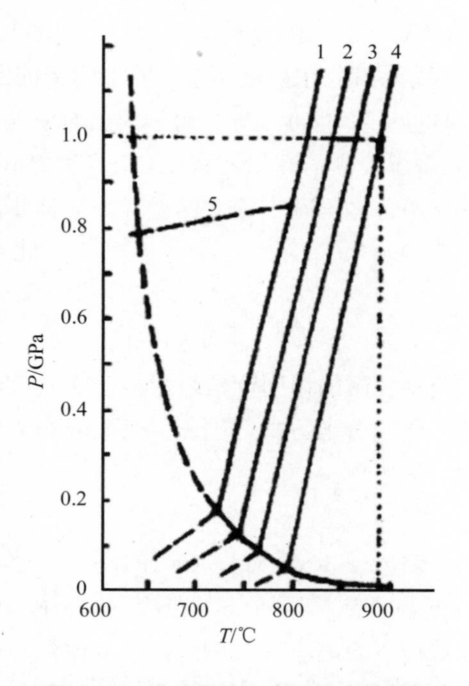

图 3-26　黑云母片麻岩的脱水熔融相图

1. 固相线；2. 黑云母消失线；3. 斜方辉石和单斜辉石形成的相界线；4. 角闪石消失的相界线；5. 石榴石形成的相界线

表 3-17　地幔端元组分及老湾花岗岩的微量元素特征

		Zr/Nb	La/Nb	Ba/Nb	Ba/Th	Rb/Nb	K/Nb	Th/Nb	Th/La	Ba/La
原始地幔		14.8	0.94	9.0	77	0.91	323	0.117	0.125	9.6
具有 DMM 特征的 N-MORB		30	1.07	4.3	60	0.36	296	0.071	0.067	4.0
具有 HIMU 特征的地区		4.1	0.72	5.6	64.2	0.37	144.2	0.087	0.121	7.82
具有 EM1 特征的地区		7.05	0.99	14.73	127.67	1.01	324.5	0.11	0.12	15.03
具有 EM2 特征的地区		6.1	0.98	9.73	74	0.73	293.3	0.13	0.14	10.0
老湾花岗岩	r_5^3–6	4.7	2.74	44.2	30.1	9.2	2 683	1.5	0.54	16.15
	$r_5^{3\text{西}-1}$	11.5	3.89	109.5	97.3	8.3	2 515	1.1	0.29	28.14
	平均	8.1	3.32	76.9	63.7	8.8	2 599	1.3	0.42	22.15

Weaver（1991）根据洋岛玄武岩的分析结果，总结出原始地幔、DMM、HIMU、EM1 和 EM2 等几种地幔端元组分在微量元素比值上的特征，如表 3-17 所示。由老湾花岗岩的微量元素含量（表 3-10、表 3 -11）求出对应元素对的比值，同列于表 3-17 中。从表中可以看出，老湾花岗岩中 La/Nb、Ba/Nb、Nb/Th 等强不相容元素的比值与各地幔端元组分之间存在很大的差异。显然，老湾花岗岩不为地幔物质部分熔融形成。

（三）铅同位素

老湾花岗岩的全岩及钾长石的铅同位素组成如表 3-18 所示。由于 U-Pb 体系在全岩和钾长石中具有不同的分配方式，因此，长石和全岩的铅同位素组成常被用来研究岩浆的起源和演化历史。

1. 长石铅

由于组成长石的主要阳离子 K^+、Na^+、Ca^{2+}的离子半径与 Pb^{2+}的离子半径相近，在岩浆结晶过程中 Pb 易于被长石捕获。而长石是一种几乎不含铀、钍的物质，成岩后产生的放射成因铅可以忽略不计。因此，当岩浆结晶时以类质同象形式进入长石结晶格架中的那部分微量铅及其同位素组成，可视为不变，代表了岩浆结晶时的初始铅的同位素组成，因而具有示踪意义。老湾花岗岩钾长石的铅同位素组成为：$^{206}Pb/^{204}Pb$=17.103～17.154，$^{207}Pb/^{204}Pb$=15.303～15.395，$^{208}Pb/^{204}Pb$=37.716～37.777（表 3-18），与北淮阳及东秦岭的长石铅同位素组成相似（张理刚，1993；张宏飞，1997），表现出低放射性成因铅的组成特征。钾长石的铅同位素组成在 $^{206}Pb/^{204}Pb$-$^{207}Pb/^{204}Pb$ 图（Doe＆Zartman，1979）（图 3-27）上投点，落于上地幔演化线附近。在华北区域铅构造演化模式图（张理刚，1995）上（图 3-28）投点偏离地幔线，介于 CHLC（地壳型高级下地壳源花岗岩类）与华北地幔演化线（M）之间，显示了老湾花岗岩属于低级下地壳源花岗岩 LLC 岩类区，即以高级区域变质基底为主要物源区。

表 3-18　老湾花岗岩全岩及长石铅同位素组成

项目	样号	$^{204}Pb/\%$	$^{206}Pb/^{204}Pb$	$^{207}Pb/^{204}Pb$	$^{208}Pb/^{204}Pb$
全岩	r_5^3−6	1.377	17.797	15.457	38.443
	$r_5^{3西-1}$	1.388	17.442	15.381	38.225
	r_5^3−6	1.379	17.606	15.508	38.403
钾长石		1.402	17.154	15.396	37.777
			17.103	15.363	37.716
			17.119	15.354	37.717

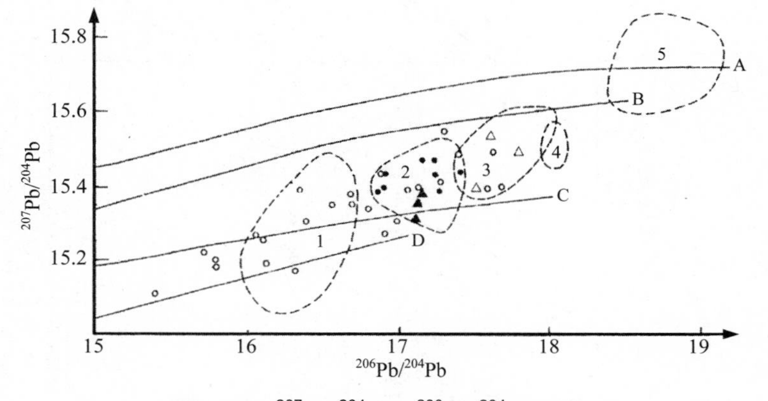

图 3-27　$^{207}Pb/^{204}Pb$ - $^{206}Pb/^{204}Pb$ 图解

1. 华北地区；2. 股东地区；3. 秦岭地区；4. 扬子地区；5. 南岭地区
A. 上地壳演化曲线；B. 造山带演化曲线；C. 上地幔演化曲线；D. 下地壳演化曲线
●桐柏亚区花岗岩类长石铅投影点；o 大别亚区花岗岩类长石铅投影点；
▲老湾花岗岩长石铅；Δ老湾花岗岩全岩铅

在秦岭-桐柏-大别造山带，普遍存在而程度不同的区域变质作用往往造成长石铅具有不同组成特征。当源岩遭受中高级区域变质作用时，U、Th 活化迁移，形成具有极低μ值的源岩。这种源岩经花岗岩化或深熔、部分熔融后形成的长石铅有低放射性成因铅的特点。相反，遭受中低级区域变质作用的岩石经深熔或部分熔融形成岩浆岩，其中的长石铅同位素则具有较高的放射性成因组分。在秦岭-大别地区均已发现高角闪岩-麻粒岩相变质岩及含柯石英和（或）金刚石的榴辉岩；桐柏地区出露变质岩的变质程度均在角闪岩相-麻粒岩相之间。因此，以这些变质岩为源岩的花岗岩应具有较低放射性成因铅的组成。如湖北境内黄梅一带云片岩、罗田兰溪一带斜长角闪片岩等，它们的全岩铅同位素组成与中生代长石铅组成完

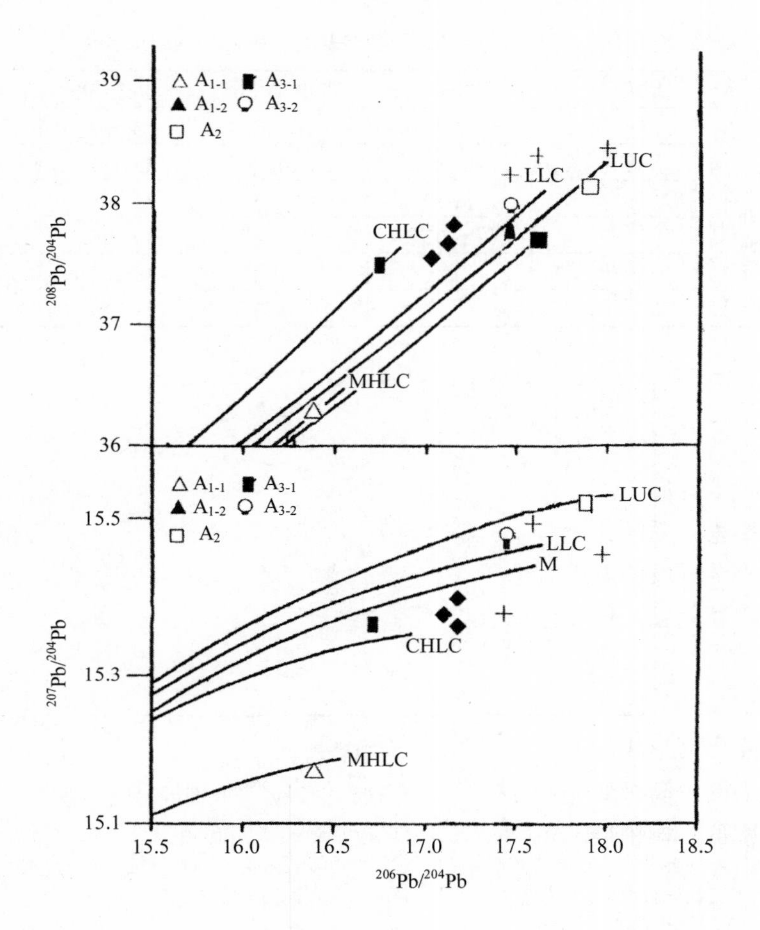

图 3-28 华北区域铅构造三阶段演化模式

CHLC. 地壳型高级下地壳；LLC. 低级下地壳；LUC. 低级上地壳；MHLC. 地幔型高级下地壳；◆老湾花岗岩长石铅同位素组成；+老湾花岗岩全岩铅同位素组成

全一致（张理刚，1993）；靳春太阳脑等早古生代花岗岩长石铅同位素组成也与中生代的相似（李石等，1991），说明这些花岗岩来源于 U、Th 早已丢失的基底岩石。在老湾地区，花岗岩的长石铅同位素组成与龟山岩组不同岩石类型的铅同位素组成相比，不具备任何相似性。龟山岩组的全岩铅同位素组成列于表 3-19 中。龟山岩组二云石英片岩全岩铅同位素比值：$^{206}Pb/^{204}Pb$=18.317～18.552，平均为 18.435；$^{207}Pb/^{206}Pb$=15.630～15.702，平均为 15.666；$^{208}Pb/^{204}Pb$=39～39.278，平均为 39.139。斜长角闪片岩全岩铅同位素组成为：$^{206}Pb/^{204}Pb$=18.016～18.369，平均为 18.193；$^{207}Pb/^{206}Pb$=15.312～15.399，平均为 15.356；$^{208}Pb/^{204}Pb$=37.408～37.853，平均为 37.630。花岗岩的长石铅同位素组成与龟山岩组全岩铅组成之间有较大的差异，表明花岗岩不是以龟山岩组为源岩经部分熔融作用形成的，也不可能为两种岩石类型以不同比例混熔而成。同时长石铅的组成大大低于地幔来源的玄武岩铅同位素组成（现代洋中脊玄武岩的铅同位素组成为：$^{206}Pb/^{204}Pb$=18.53、$^{207}Pb/^{204}Pb$=15.49、$^{208}Pb/^{204}Pb$= 37.98），花岗岩不可能为源于地幔的分异产物。前文研究已知龟山岩组的变质程度达角闪岩相，因此，老湾花岗岩应该为更深的、变质程度更高的基底岩石熔融而成。

根据南秦岭不同时代花岗岩类长石铅同位素组成（表 3-20）可知，南秦岭花岗岩石具有低放射性成因铅组成特征，暗示了花岗岩类的形成是南秦岭基底物质再循环的结果。老湾花岗岩长石铅组成与南秦岭中生代花岗岩类之间的差别，可能是由于不同程度的变质作用所致，如武当群、耀岭河群等基底岩石的变质作用以高绿片岩相为主，低于桐柏造山带的角闪岩相。老湾花岗岩长石铅的组成与北淮阳中生代长石铅组成较一致，接近于张理刚所划分的大别铅同位素省。对大别省的中生代长石铅的研究认为花岗岩为太古界的中高级变质岩石经花岗岩化或深熔等成岩作用而形成。因而，老湾花岗岩的长石铅组成反映出其源岩应为太古界或早元古界的中高级变质岩。对秦岭造山带的晚太古界和早元古界变质岩群如太华群、大别群、桐柏群、秦岭群等研究认为，秦岭造山带具有广泛发育的以变火山岩为代表的元古宙基底，且变质程度达角闪岩相与麻粒岩相。

表 3-19　龟山岩组全岩铅同位素组成

		^{204}Pb/%	$^{206}Pb/^{204}Pb$	$^{207}Pb/^{204}Pb$	$^{208}Pb/^{204}Pb$
二云石		1.351	18.317	15.702	39
英片岩		1.343	18.552	15.630	39.278
斜长角		1.317	18.369	15.399	37.853
闪片岩		1.394	18.016	15.312	37.408
平均	1	1.347	18.435	15.666	39.139
	2	1.386	18.193	15.356	37.630

注：1. 二云石英片岩；2. 斜长角闪片岩。

表 3-20 南秦岭花岗岩类长石及有关岩石的 Pb 同位素组成

时代	测定对象	$^{206}Pb/^{204}Pb$	$^{207}Pb/^{204}Pb$	$^{208}Pb/^{204}Pb$
晚元古代	钾长石	17.330	15.450	37.466
早古生代	钾长石	17.479	15.441	37.408
晚古生代	钾长石	17.586	15.483	37.622
中生代	钾长石	17.771	15.519	37.885
南秦岭全区花岗岩类平均值		17.549	15.472	37.607
佛坪群黑云母斜长片麻岩（全岩）		17.645	15.418	37.671
武当群基性岩（全岩）		17.717	15.490	37.888
耀岭河群基性岩（全岩）		17.634	15.472	38.320

2. 全岩 U、Pb

从表 3-18 中可以看出，老湾花岗岩全岩铅同位素组成的变化范围较小，$^{206}Pb/^{204}Pb$=17.442～17.797、$^{207}Pb/^{204}Pb$=15.381～15.508、$^{208}Pb/^{204}Pb$= 38.225～38.442，稍富放射性成因铅。根据钾长石的铅同位素组成用 H-H 法计算得到的单阶段模式年龄为 180～270 Ma，与其他方法测得的同位素年龄不一致，反映出岩体的铅经历了多个阶段的演化历史。全岩的 U-Pb 体系可以用来研究花岗岩的演化历史和源岩特征（Yong-Fei Zheng，1992）。

从物理意义上讲，U-Pb 两阶段模式方程如下式所示：

$$(^{206}Pb/^{204}Pb)_3=(^{206}Pb/^{204}Pb)_1+(^{238}U/^{204}Pb)_2\times[\exp(\lambda t_1)-\exp(\lambda t_2)] + (^{238}U/^{206}Pb)_3[\exp(\lambda t_2)-1] \quad (3\text{-}17)$$

$$(^{207}Pb/^{204}Pb)_3=(^{207}Pb/^{204}Pb)_1+(^{235}U/^{204}Pb)_2\times[\exp(\lambda' t_1)-\exp(\lambda' t_2)] + (^{235}U/^{204}Pb)_3[\exp(\lambda' t_2)-1] \quad (3\text{-}18)$$

式中，λ，λ' 分别为 ^{238}U 和 ^{235}U 的衰变常数；

角注 1 表示时间 t_1 以前的初始体系，2 和 3 分别代表时间 t_2 和现在的体系；

（$^{206}Pb/^{204}Pb$）$_3$、（$^{207}Pb/^{204}Pb$）$_3$、（$^{238}U/^{204}Pb$）$_3$、（$^{235}U/^{204}Pb$）$_3$ 的同位素比值即为现今样品的测定值，代入成岩年龄 t_2（t_2=105 Ma）并对上述二式进行变换，得到如下方程

$$(^{207}Pb/^{204}Pb)_3= a\,(^{206}Pb/^{204}Pb)_3 + b + c\,(^{238}U/^{204}Pb)_3 \quad (3\text{-}19)$$

a、b、c 为常数项

$$a=\frac{\exp(\lambda' t_1)-1.1089}{137.88[\exp(\lambda t_1)-1.0146]} \tag{3-20}$$

$$b=\left({}^{207}\mathrm{Pb}/{}^{204}\mathrm{Pb}\right)_1-a\left({}^{206}\mathrm{Pb}/{}^{204}\mathrm{Pb}\right)_1 \tag{3-21}$$

$$c=7.9014\times10^{-4}-0.01642a \tag{3-22}$$

a、b、c 的值可依据式（3-19）用最小二乘法对一组同成因的同位素数据加以拟合而获得，年龄 t_2 则可根据式（3-20）采用迭代法求出。对于一个经历了如 Wlrgch（1969）限制的有三阶段演化历史的地质体系来说，初始铅同位素比值可由下式求出

$$a_1=a_0+\mu_1[\exp(\lambda t_0)-\exp(\lambda t_1)] \tag{3-23}$$

$$\beta_1=\beta_0+\mu_1[\exp(\lambda' t_0)-\exp(\lambda' t_1)]/137.88 \tag{3-24}$$

式中，$a={}^{206}\mathrm{Pb}/{}^{204}\mathrm{Pb}$，$\beta={}^{207}\mathrm{Pb}/{}^{204}\mathrm{Pb}$，$\mu={}^{238}\mathrm{U}/{}^{204}\mathrm{Pb}$;

角注 0 指原始岩浆库，陨石铅可用来建立起它的初始参数（Tatsumoto et al，1973）;

μ_1 和 μ_2 值分别为时间间隔 t_0 到 t_1 之间和 t_1 到 t_2 之间的数值，可用 U-Pb 法求得，μ_2 值由式（3-19）求出，μ_1 值则通过下式计算得到

$$\mu_1=\frac{b-\beta_0+a\alpha_0}{\frac{\exp(\lambda' t_0)-\exp(\lambda' t_1)}{137.88}-a[\exp(\lambda t_0)-\exp(\lambda t_1)]} \tag{3-25}$$

本书根据上述方程式以及花岗岩 U、Pb 同位素组成，计算得到 t_1 和其他参数，列于表 3-21 中。

表 3-21　花岗岩全岩 U-Pb 体系参数值

t_1/Ma	α_1	β_1	μ_1	μ_2	f_1	f_2
2 500	14.057	15.018	8.09	7.25	1.12	1.67

从表中可以看出花岗岩及其源岩的演化历史：在太古代或早元古代（$t_1\approx$ 2 500 Ma），花岗岩源区岩石形成，低的 μ_1 值表明其来源于地幔。在源区岩石形成

以后遭受中高级的区域变质作用，参数 $f_2(\mu_2/\mu_3)>1$ 说明了岩石体系中 U 存在一定程度的亏损，变质作用是导致岩石中 U 的活化迁移形成 U 亏损的主要原因。贫 U 的基底岩石在造山晚期发生部分熔融而形成贫放射性成因铅的花岗岩。

综上所述，长石铅和全岩铅的同位素组成反映了老湾花岗岩为晚太古界-早元古界的基底岩石熔融而成。已有的研究成果表明秦岭-桐柏-大别造山带的区域岩石圈应属于华北古板块，大别-秦岭分属华北板块铅同位素省中的大别-胶南省（A_{3-1}）和秦岭-北淮阳-胶东省（A_{3-2}）。A_{3-2} 省的长石铅同位素组成 $^{206}Pb/^{204}Pb$、$^{207}Pb/^{204}Pb$ 和 $^{208}Pb/^{204}Pb$ 分别为 17.460±0.331、15.481±0.078、37.965±0.388，老湾花岗岩的长石铅落在这一区间内，而本区基底岩石所处的 A_{3-2} 省为低级下地壳。在 $^{206}Pb/^{204}Pb$ - $^{207}Pb/^{204}Pb$、$^{206}Pb/^{204}Pb$ - $^{208}Pb/^{204}Pb$ 构造图上，老湾花岗岩的长石和全岩的铅同位素组成在其上的投点均处在地幔线与 CHLC（地壳型高级下地壳）之间或处在 CHLC 与 LUC（低级上地壳）线之间，说明该花岗岩属于低级下地壳（LLC）源花岗岩类。

（四）钕锶同位素

老湾花岗岩的岩石和部分矿物的 Rb-Sr 以及 Sm-Nd 同位素（张宏飞等，1999）测试结果如表 3-22 和表 3-23 所示。

表 3-22　老湾花岗岩 Rb-Sr 同位素组成

样号	测试对象	$Rb/10^{-6}$	$Sr//10^{-6}$	$^{87}Rb/^{86}Sr$	$^{87}Sr/^{86}Sr$	$(^{87}Sr/^{86}Sr)i$	$\varepsilon_{Sr(T)}$	$f_{Rb/Sr}$
7	全岩	37.63	455.7	0.239 1	0.709 008	0.708 7	60.8	1.93
4	全岩	286.2	209.7	3.952	0.711 401 5	0.705 8	19.9	47.4
11	全岩	147.1	504.0	0.845 2	0.709 801	0.708 6	59.8	9.36
7-1	黑云母	228.1	64.77	10.21	0.713 723			
7-2	石英	3.587	13.61	0.762 9	0.708 667			
7-3	钾长石	29.35	710.6	0.119 6	0.709 917			

表 3-23　老湾花岗岩体 Sm-Nd 同位素组成

样号	测试对象	$^{147}Sm/^{146}Nd$	$^{143}Nd/^{144}Nd$	$(^{143}Nd/^{144}Nd)i$	$\varepsilon_{Nd(T)}$	T_{DM}^{Nd}/Ma	T_{CR}^{Nd}/Ma
Law-1	全岩	0.962 8	0.511 788	0.511 722	−15.2	1 763	1 289
Law-2	全岩	0.095 5	0.511 801	0.511 735	−14.9	1 735	1 259

花岗岩 Rb-Sr、Sm-Nd 同位素体系有如下特点：

（1）花岗岩石的 $^{87}Sr/^{86}Sr$ 初始比值变化范围较大，为 0.705 8～0.708 7，高于上地幔物质的 $^{87}Sr/^{86}Sr$ 初始比值 0.704，低于同时代的下地壳 $^{87}Sr/^{86}Sr$ 初始比值 0.709。锶同位素组成在 $^{87}Sr/^{86}Sr$ 初始值、年龄和岩浆源区的关系图解（图 3-29）的投点落入 MC 型花岗岩类源区，即花岗岩的源岩为幔源与壳源物质的混合产物。区域上的花岗岩类源岩研究表明，东秦岭-大别造山带的花岗岩类也主要属幔壳混源型。

（2）对于年轻的花岗岩而言，钕同位素模式年龄近似地反映地壳存留年龄（Jahn 等，1990）。由于在地壳物质再循环过程中 Sm/Nd 几乎不发生分异（MacCulloch 等，1978；Frost 等，1985），因而无论是沉积岩、火成岩还是变质岩，岩石的模式年龄代表了岩石或其原岩组成物质由地幔源区分异并分离到现在的时间。T_{DM}^{Nd} 代表岩石组成物质由亏损地幔部分熔融并分离到现在的时间（张宗清，1995）。如果老湾花岗岩浆是由于亏损地幔直接派生的，其 T_{DM}^{Nd} 值应近似于其实际的侵位年龄。对钕同位素模式年龄计算得到 T_{DM}^{Nd} 平均为 1.75 Ga，远大于其实际形成年龄，接近古老基底岩石的形成时代，表明了花岗岩浆不是直接源于地幔熔融而形成，其源岩应为古老的基底岩石。老湾花岗岩的 Sm/Nd（约为 0.2）与晚太古代、早元古代的太华群、秦岭群、桐柏山群中斜长角闪片岩的 Sm/Nd（0.22～0.33、0.26～0.33、0.19～0.26）相近似的特点，也反映出了花岗岩的源岩特征。

（3）根据北秦岭造山带及前寒武系基底与其有成因联系的花岗岩类的研究，以下式对岩石中地幔 Nd 所占的分数(x)及相当的地幔物质在岩石中所占分数[$M^m/(M^m+M^c)$]进行计算（黄萱等，1986）：

$$x=\left[\varepsilon_{Nd}(t)-\varepsilon_{Nd}^{m}(t)\right]/\left[\varepsilon_{Nd}^{m}(t)-\varepsilon_{Nd}^{c}(t)\right] \tag{3-26}$$

$$\frac{M^m}{M^m+M^c}=C_{Nd}^{c}(t)x/\left[C_{Nd}^{c}(t)x+C_{Nd}^{m}(t)(1-x)\right] \tag{3-27}$$

式中，$\varepsilon_{Nd}^{m}(t)$ 和 $\varepsilon_{Nd}^{c}(t)$ 分别代表岩石形成时地幔（m）和地壳（c）的 ε_{Nd} 数值，$\varepsilon_{Nd}(t)$ 为样品的初始 ε_{Nd} 值，$\varepsilon_{Nd}^{m}(t)$ 值可根据 Nelson 和 DePaolo（1986）关于地幔演化的研究确定；

$C_{Nd}^{c}(t)$ 的值可根据不同时代岩石的 $\varepsilon_{Nd}(0)$ 随时代演变的经验公式确定（黄萱等，1989）。

由上式可以得到花岗岩类形成时代、$\varepsilon_{Nd}(t)$及所计算的 Nd（%）、地幔物质（%）含量的相互关系综合图（图 3-30）。根据表 3-23 中所列老湾花岗岩的$\varepsilon_{Nd}(t)$值和花岗岩形成年龄，由图 3-30 可知花岗岩中的幔源物质约占 50%。

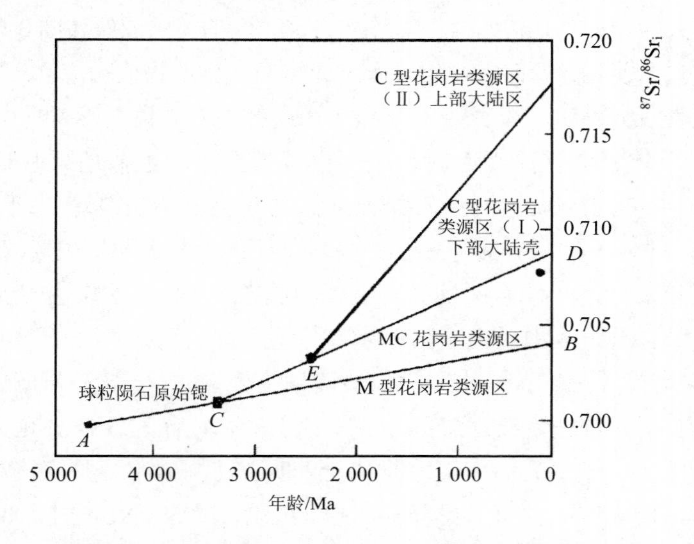

图 3-29 各种类型花岗岩类的 $^{87}Sr/^{86}Sr$ 初始值、年龄和岩浆源区的关系

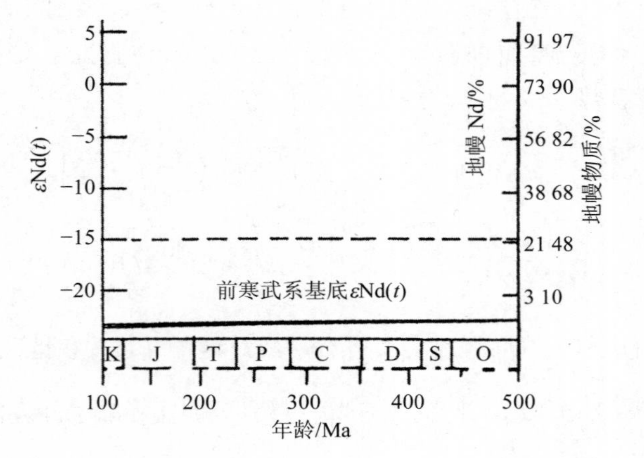

资料来源：吴利仁、黄董，1990。

图 3-30 前寒武系基底与其有成因联系花岗岩类形成时代[$\varepsilon_{Nd}(t)$]地幔 Nd（%）及地幔物质（%）间相互关系图

（五）锶-氧同位素制约

由前文对花岗岩源岩的研究已知，成岩物质为幔源与壳源物质的混合。根据混合作用与侵入岩的成因关系，可以区分出以下三种类型：①从地幔衍生的岩浆在上升过程中同化地壳而受到地壳物质的混染，此即分离结晶-同化联合作用；②幔源岩浆与壳源岩浆的混合；③各来源物质的混合作用发生于岩浆熔融作用发生之前，即幔源火山岩与沉积岩的互层或混合物，这种类型混合作用要求源岩完全在地壳中。

在这三种混合作用类型中，因为没有地质证据或地球化学证据显示花岗岩为壳幔岩浆混合形成，并且对岩石成因机制的研究也否定了花岗岩浆是由幔源岩浆同化围岩经结晶分异作用形成的，因此，笔者讨论类型③的混合作用与花岗岩的形成。根据同位素平衡原理，混合物中 Sr、O 同位素组成可用下述方程表示：

$$f_A C_A + f_B C_B = C_m \tag{3-28}$$

$$f_A C_A R_A + f_B C_B R_B = C_m R_m \tag{3-29}$$

$$f_A + f_B = 1 \tag{3-30}$$

$$x = f_A / f_B \tag{3-31}$$

式中，f_A、f_B 分别表示壳源物质和幔源物质所占重量分数；

x 为混合程度，表示混合时壳源物质重量与幔源物质重量之比；

C_A、C_B、C_M 分别为壳源、幔源物质和混合物中 Sr、O 元量的含量；

R_A、R_B、R_M 分别为壳源沉积物质、幔源火山物质和混合物中 Sr、O 同位素组成。

将氧同位素在壳幔两端元的含量视为相等。则得到下列等式：

$$f_A \delta^{18}O_A + f_B \delta^{18}O_B = \delta^{18}O_M \tag{3-32}$$

根据上述方程可以计算出由幔源和壳源物质混合而成的混合物的 Sr、O 同位素变化关系。图 3-31 表现出类型①与类型③的混合作用中的 Sr-O 同位素演化曲线明显不同。只有当$[M/C]_{Sr}$和β值都接近于 1 时，或者分离结晶-同化作用发生在地壳深部，同化围岩量和堆积岩量之比接近于 1 或更高时，两种类型的岩浆的 Sr-O 同位素变化关系才表现出相似性。

由于已经排除了前两种类型混合作用形成花岗岩的成岩机制，即本区花岗岩为幔壳物质混合以后，再经部分熔融作用形成，因此，由花岗岩 Sr-O 同位素组成在图 3-31 中投影可知地壳沉积物与先存幔源火山物质重量比为 0.5～1.0，即熔融过程中壳源物质的混入量为 30%～50%。

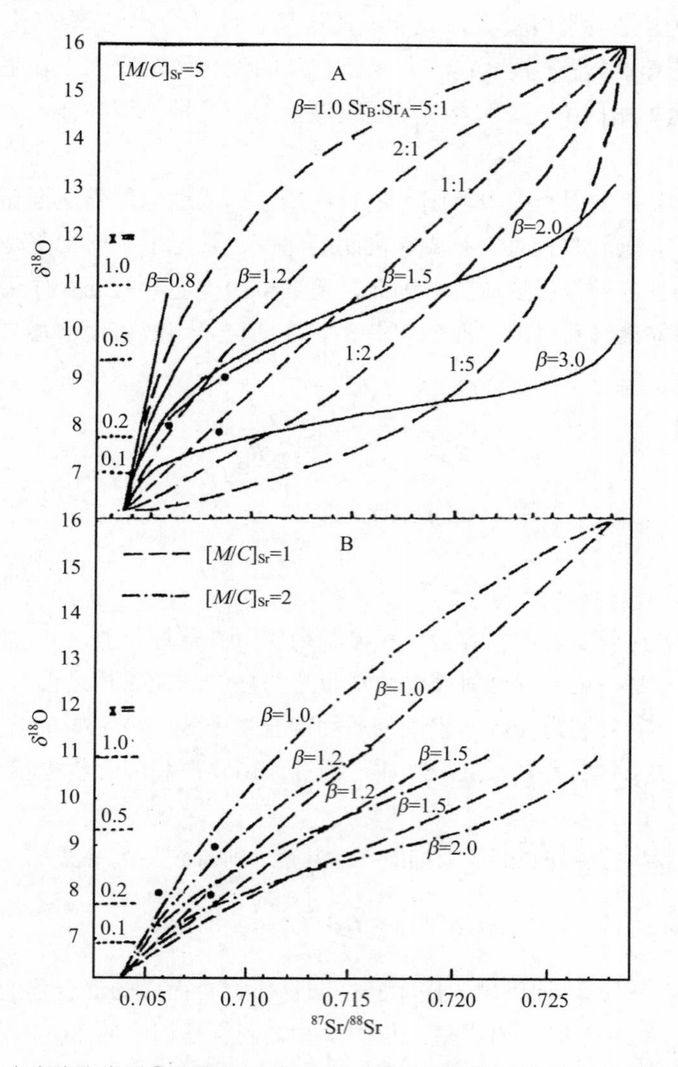

注：图 A 中虚线为类型③的变化关系，其余为类型①的变化关系；β =堆积锶/岩浆熔体锶；（M/C）$_{Sr}$= 岩浆熔体锶/围岩锶；黑实点为老湾花岗岩数据点；图 A：堆积岩量/同化岩石量为 5∶1；图 B：堆积岩量/同化岩石量为 9∶1。

图 3-31 类型①和类型③的混合作用过程锶-氧同位素变化关系

（六）源岩成分模拟

由前文对岩浆岩的铅同位素组成、岩石化学成分、微量元素和稀土元素的研究可知，花岗岩的源岩应为晚太古代或早元古代经过变质作用程度达角闪岩相的具中基性岩石化学成分的火成岩。在南秦岭的北缘、桐柏山的北坡出露的太古代或元古代的地层岩石单位仅有桐柏山群。桐柏山群主要由片麻岩和变质表壳岩等组成，研究认为桐柏山群片麻杂岩为变质表壳岩重熔形成，变质表壳岩则主要为斜长角闪岩和角闪斜长片麻岩、黑云斜长片麻岩等组成，源岩恢复表明变质表壳岩主要为正变质岩。变质表壳岩的年龄测定结果为：单颗锆石蒸发年龄为 1 950 Ma 左右，Sm-Nd 等时线年龄为 2 462 Ma±126 Ma，笔者将讨论桐柏山群作为花岗岩源岩的可能性。

众所周知，当源岩发生部分熔融作用以后，残留物的化学组成将比源岩偏基性成分组成。因此由桐柏山群花岗片麻杂岩化学成分（质量分数）SiO_2=69.33% 可知，桐柏山群片麻杂岩既不是花岗岩的源岩，也不可能是源岩形成花岗岩后留下的残留物。表壳岩中斜长角闪岩的岩石化学成分（SiO_2=61wt%）显示其能够成为花岗岩的源岩，矿物组成则显示其不可能为熔融后的残留物，因为花岗岩的源区温度压力条件已满足角闪石矿物脱水熔融的条件，残留物中不可能出现大量的角闪石和黑云母等暗色矿物。变质表壳岩中斜长角闪岩的平均矿物组成见表 3-24。

根据部分熔融过程中微量元素在源岩和岩浆熔体之间存在的关系（Shaw，1972），以稀土元素为例，如果花岗岩起源于桐柏山群变质表壳岩，则可由变质表壳岩的稀土元素计算出与其平衡的岩浆稀土元素。如果计算值与岩体的实际含量相近，说明有平衡熔融关系，否则就无这种关系。笔者以变质表壳岩为源岩进行计算得到了在不同熔融程度下与之相平衡的岩浆稀土元素含量。计算中所用源岩稀土元素含量为斜长角闪岩的平均含量，取自桐柏幅区调查报告（1994）；稀土元素在不同矿物中分配系数 K_d 据 Schnetzle 和 Philpotts（1970）（林景仟，1987）。

表 3-24 源岩计算模式和实际模式的组成对比表

名称		斜长石		角闪石		钾长石		黑云母		石英	
矿物含量/%	斜长角闪岩	35		30				23			
	老湾花岗岩	35				35		5		25	
名称		样数	Ce	Nd	Sm	Eu	Gd	Dy	Er	Yb	Lu
稀土元素含量/10^{-6}	斜长角闪岩	3	94.27	43.69	10.28	3.91	8.59	7.86	4.08	3.75	0.56
	老湾花岗岩	3	87.94	30.28	5.79	1.12	4.49	2.58	1.23	1.31	0.21
	F=0.3 时的 C^1		199.14	37.05	6.70	2.23	4.34	3.57	1.91	2.06	0.33
	F=0.4 时的 C^1		168.21	34.42	6.31	2.25	4.14	3.43	1.83	1.96	0.31
	F=0.5 时的 C^1		145.59	32.14	5.81	2.27	3.96	3.20	1.75	1.86	0.29

由表 3-24 可见，以变质表壳岩为源岩经不同程度（F=0.3～0.5）的部分熔融所得到岩浆的稀土元素组成与实际花岗岩的稀土元素组成存在很明显的差别，表明了老湾花岗岩的源岩不是桐柏山群的变质表壳岩，这与桐柏山群中没有出露麻粒岩相变质体是相吻合的。变质岩经角闪石脱水熔融后，残留物构成麻粒岩相矿物组合。这也反映本区花岗岩的源岩应来自更深的、桐柏山群下伏的太古代岩系。

对南秦岭基底变质岩系的年龄测定结果表明崆岭群为晚太古代岩系，其锆石 U-Pb 年龄为 2 850 Ma±15 Ma（刘观亮，1987）。崆岭群的变质程度达高角闪岩相-麻粒岩相，构成崆岭群主体的黑云斜长片麻岩原岩主要为碎屑岩。考虑到形成老湾花岗岩的源岩为壳幔混合物，$^{207}Pb/^{204}Pb-\delta^{18}O$ 关系图（图 3-32）说明了形成花岗岩浆的壳幔混染发生在源区，因此计算时根据壳幔端元物质的混合比例 1∶1，以崆岭群代表地壳端元，地幔端元取东秦岭商丹断裂带上地幔成分（韩吟文等，1990），混合得到花岗岩源区的模拟岩石化学成分如表 3-24 所示。可以看出表中所示的花岗岩源岩模拟岩石化学具备了高钾钙碱性安山岩的岩石化学特征。在图 3-24 中的投点落入高钾钙碱性岩浆岩范围。根据源岩的 Na_2O+K_2O 总量利用下式可估算源岩部分熔融作用的程度（Chao-Hsia Chen，1988）：

$$F_a = \frac{1}{0.957}\left[\frac{(Na_2O+K_2O)_s}{(Na_2O+K_2O)_m} - 0.0149\right] \qquad (3\text{-}33)$$

s、m 代表源岩和岩浆，F_a 部分熔融程度。由 3-33 式可计算出部分熔融程度为 46.15%。

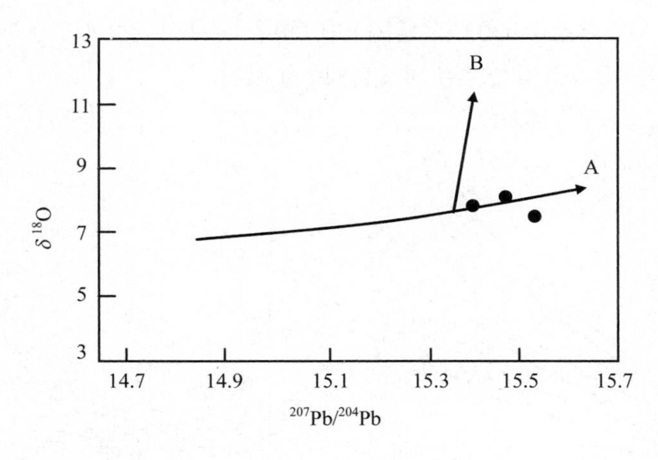

资料来源：董云鹏等，1997。

图 3-32　花岗岩 $^{207}Pb/^{204}Pb$—$\delta^{18}O$ 关系图

A. 源区混染趋势；B. 陆壳混染趋势；・老湾花岗岩

表 3-25　老湾花岗岩源区岩石成分模拟计算结果

项目	SiO_2	TiO_2	Al_2O_3	ΣFeO	MnO	MgO	CaO	Na_2O	K_2O	P_2O_5	Σ
地幔端元	43.73	0.23	3.99	8.9	0.14	33.50	3.48	0.63	0.53	0.08	95.21
地壳端元	66.62	0.48	14.67	4.58	0.11	2.25	2.17	3.25	3.36	0.11	97.6
老湾花岗岩的源岩岩石成分	55.18	0.36	9.33	6.74	0.13	17.88	2.83	1.94	1.95	0.1	96.4

一般认为地壳深熔方式有两种：存在流体相的熔融和缺乏流体相的熔融。地壳岩石深熔主要发生在缺乏流体相条件下（Thompson et al，1995；Brown et al，1995；Harris et al.，1994）。岩石熔融作用的发生是由于岩石中含水矿物发生脱水反应引起，如玄武质岩石的熔融往往以角闪石脱水反应开始，而角闪石对共存熔体质量分数和成分有很强的控制作用。角闪石熔尽之前熔体数量缓慢增加（从 0～20%缓慢增加到 30%），一旦熔尽，熔体数量从 30%剧增至 50%，熔体成分也相应从强到中等过铝质变为准铝质（Rapp，1995）。Clemens 等（1987）在分析了各类岩石的含水矿物含量、岩石含水量与熔融条件关系基础上，计算得到了缺乏流体相的熔融作用中温度、源岩含水量与所产生的熔体体积分数之间的关系图解（图 3-33）。根据此图，只要已知合适成分源岩的含水矿物含量，即可确定在缺乏流体的熔融反应的温度条件下形成熔体的量。此处选取 Clemens 等给出的中性岩最高

含水量，对应于成岩温度 920℃时角闪石矿物脱水反应所处的压力 1 GPa 的条件下，从图中可以得出此时源岩熔出的熔体量为 41%。

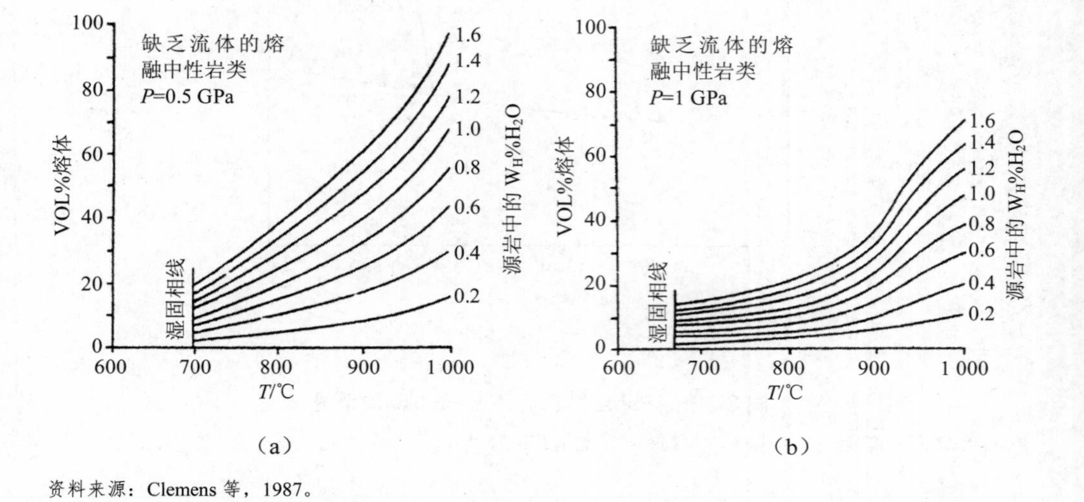

资料来源：Clemens 等，1987。

图 3-33　中性岩类在 0.5 GPa（a）和 1 GPa（b）下缺乏流体的熔融反应中形成的熔体量与温度和源岩含水量间的关系

综上所述，角闪石矿物脱水反应引起源岩的部分熔融，此熔融作用程度与源岩的模拟岩石成分计算结果基本相同，这表明了不仅老湾花岗岩源岩岩石成分模拟结果的准确性较高，还反映了该花岗岩是源区岩石经较高程度的部分熔融而形成。

第四章　岩浆岩动力学研究

本章通过对老湾花岗岩体的岩浆岩动力学特征进行研究，讨论在岩浆熔体的结晶、演化过程中所具有的动力学特征以及元素在其演化过程中表现出的地球化学行为。

一、岩浆熔体的基本物理特征

（一）花岗岩浆及熔体的黏度

根据硅酸盐熔体中氧的存在形式，将其结构类型分成三种：①桥氧（O°），是连接两个 Si-O-Si 四面体的氧，它与 Si^{4+}或取代 Si^{4+}的四次配位阳离子连接；②非桥氧（O^-），是连接一个 Si^{4+}和一个非四次配位金属阳离子的氧；(3）自由氧（O^{2-}），与阳离子结合形成离子链。体系中阳离子的种类及各种离子的浓度对熔体的聚合作用有重要意义。电负性高、电荷大、半径小和电离势高的阳离子如 Si^{4+}、Al^{3+}、Ti^{4+}、P^{5+}、Fe^{3+}等成网阳离子，在熔体中与氧阴离子结合的键中共价键所占比例较大，结构上常构成四面体的中心。当熔体中成网阳离子浓度较高时，氧阴离子中桥氧所占的比例增大，熔体的聚合程度愈高，即熔体的黏度愈大。电荷小、半径大和活动性较大的阳离子 K^+、Na^+、Li^+、Rb^+、Mg^{2+}、Ca^{2+}、Fe^{2+}、Mn^{2+}等变网阳离子在熔体中与氧阴离子（非桥氧或自由氧）结合的形式以离子键为主，结构上不构成四面体的中心离子。这类离子在熔体中的浓度愈高，则聚合作用愈弱，导致熔体的黏度降低。

熔体中所溶解的挥发分组分如 H_2O、CO_2 等也通过与桥氧或非桥氧发生化学反应，影响熔体的黏度。对于 H_2O 溶解于铝硅酸盐熔体的机理，Sykes 和 Kubicki（1993）提出二阶段水溶解模式：水在铝硅酸盐熔体中的溶解机理取决于总的含水量高低，当熔体中水含量（摩尔分数）低于 30%时，分子水与桥氧反应，生成 Al-（OH）或 Si-（OH）键，而当水含量（摩尔分数）高于 30%时，熔体中占主导地位的种属是分子水，水通过置换变网阳离子，生成 MeOH 或水的复合物 $Me(H_2O)n$（Me 为金属离子），Burnham（1979）用如下反应式表述了 H_2O 在铝硅酸盐中的溶解机理：

$$H_2O_{(v)} + O^{2-}_{(m)} + Na^+{}_{(m)} \rightleftharpoons OH^-_{(m)} + H^+_{(m)} + ONa^-(m) \quad （4-1）$$

而在不含铝的硅酸盐中，H_2O 的溶解过程是与熔体中桥氧起反应：

$$H_2O_{(v)} + O^o_{(m)} \rightleftharpoons 2OH^-_{(m)} \quad （4-2）$$

式中，v 为蒸气相；m 代表熔体相。

由这两个反应式可知，H_2O 在硅酸盐熔体中的作用是破坏桥键，降低桥氧的活度，减弱熔体的聚合程度。

CO_2 在硅酸盐熔体中的溶解机理可以表述为如下反应：

$$CO_{2(v)} + O^-_{(m)} = CO^{2-}_{3(m)} \quad （4-3）$$

因此 CO_2 的结构作用与 H_2O 不同，其溶解机制使体系中非桥氧量减少，而使熔体的黏度增加。

另外，温度和压力对黏度也产生重要影响：温度升高，分子活动性加大，有助于熔体的解聚作用，熔体的黏度降低；当温度一定时，熔体的黏度随压力的增大而降低（Dingwill，1985）。

Show（1972）根据黏度与温度的阿仑乌斯关系式，以及实验结果给出了计算熔体黏度的经验公式：

$$\lg\eta = S\left(10^4/T\right) - 1.50S - 8.70 \quad （4-4）$$

$$S = \Sigma X_i\left(S_i^0 X_{SiO_2}\right) \div \left(1 - X_{SiO_2}\right) \quad （4-5）$$

式中，η 为黏度，$P_a \cdot s$；X_i 为除 SiO_2 以外各主要氧化物的摩尔分数；X_{SiO_2} 为 SiO_2 的摩尔分数；S_i^0 为各主要氧化物的经验偏摩尔系数（Show，1972）。

利用此式计算出老湾花岗质熔体的黏度，如表 4-1 所示。计算中，用热力学方法计算得出的熔体中水的含量对各氧化物的摩尔组成加以调整。

岩浆熔体作为流体的一种形式，从力学性质上仍可将其分为牛顿流体和非牛顿流体两类。在高于液相线温度条件下，一般可当作牛顿流体来处理，但是 Sparks 等（1977）指出熔体中悬浮晶体的体积分数达百分之几时，就可能表现出宾厄姆（Bingham）塑性体的流变学行为，具有一定的屈服强度，而花岗质岩浆即使所含晶体很少（Pitcher 认为，在整个侵入过程中，花岗质岩浆都含有晶体），也多表现出非牛顿流体行为（Spera，1980）。岩浆中晶体含量对岩浆有效黏度的影响，可由爱因斯坦-罗斯科方程计算：

$$\lg\eta_e=\lg\eta_0-2.5\lg(1-RC) \quad (4\text{-}6)$$

式中，η_e 为含有晶体的岩浆黏度，η_0 为不含晶体的岩浆黏度，C 为晶体的体积分数，R 为常数，当晶体为均一球状颗粒时，R=1.35；晶体为连续不等颗粒时，R=1.0；Marsh（1981）认为 R 取 1.67 更适合于熔体中晶体的情况。

利用上式计算出含有不同体积分数的晶体的岩浆黏度，列于表 4-1 中。从表中可以看出：熔体的黏度随着温度的降低而显著增大；在同一温度下，随着晶体含量的增加，黏度也迅速增加。

表 4-1　老湾花岗质岩浆在不同温度下的黏度　　单位：Pa·s

项目	1 000℃	950℃	900℃	850℃	800℃	750℃	700℃
C=0	5.85	6.59	7.39	8.26	9.21	10.26	11.41
C=10%	6.31	7.05	7.85	8.72	9.67	10.72	11.86
C=30%	7.59	8.33	9.13	10.00	10.95	12.00	13.15
C=50%	10.35	11.09	11.89	12.76	13.71	14.76	15.91

（二）熔体密度

影响熔体密度的因素有熔体的结构、变网或成网阳离子的数量以及温度和压力等。如当熔体中的 NBO/T 越小即非桥氧比例越小，硅氧四面体连接成较大络阴离子的可能性就越大，则 T 所占比例越大，而导致熔体密度降低，反之，NBO/T 越大，则熔体的密度越大。因此在计算硅酸盐熔体密度时，必须综合考虑各种影响因素。Bottinga 和 Weiil（1970）提出了用氧化物偏摩尔体积计算多组分硅酸盐体系熔体密度的方法。在合理的假定条件下：当 SiO_2 的摩尔系数在 0.4～0.8 时，认为 SiO_2 等组分偏摩尔体积与化学成分无关（Bottinga＆Weili，1970；Sparks 等，1984），计算不同温度下熔体密度的公式为

$$\rho = \Sigma X_i M_i / \Sigma X_i \overline{V_i} \tag{4-7}$$

式中，X_i为主要氧化物 i 的摩尔分数，$\overline{V}_i$为偏摩尔体积，M_i为摩尔质量，ρ为密度（g/cm^3），莫宣学（1984）根据实验结果和前人对熔体中各氧化物组分偏摩尔体积的研究资料，给出了熔体中氧化物的偏摩尔体积与温度的关系式：

$$\overline{V_i} = a + bT \tag{4-8}$$

a，b 为常数，T 为温度（K）。

利用此式和表 4-2 中列出的参数值计算得到的在不同温度条件下各氧化物的偏摩尔体积如表 4-3 所示，熔体中水的偏摩尔体积值源自 Hi11（1984）。

表 4-2　老湾花岗质熔体主要氧化物摩尔分数及 a、b 值

	SiO_2	TiO_2	Al_2O_3	Fe_2O_3	FeO	MgO	CaO	Na_2O	K_2O	H_2O
a/(c/mol)	27.33	12.46	27.59	34.79	6.56	9.61	5.84	17.46	26.76	
b/(c/mol)	−0.179 3	6.063 4	5.406 1	5.346 3	4.362 2	1.089 0	6.264 6	6.765 9	11.459 0	
X_i	0.657 7	0.002 2	0.079 3	0.003 3	0.012 8	0.010 0	0.017 3	0.034 9	0.028 3	0.153 8

表 4-3　不同温度下熔体中氧化物的偏摩尔体积　　单位：cm^3/mol

氧化物	$\overline{V}_i$						
	1 000℃	950℃	900℃	850℃	800℃	750℃	700℃
SiO_2	27.102	27.111	27.120	27.129	27.138	27.147	27.156
TiO_2	20.358	19.965	19.572	19.284	18.996	18.679	18.360
Al_2O_3	34.472	34.202	33.931	33.661	33.391	33.121	32.850
Fe_2O_3	41.596	41.329	41.061	40.794	40.527	40.260	39.992
FeO	12.113	11.895	11.677	11.459	11.241	11.023	10.804
MgO	10.996	10.942	10.887	10.833	10.778	10.724	10.670
CaO	13.815	13.502	13.188	12.875	12.561	12.248	11.935
Na_2O	26.073	25.735	25.369	25.058	24.720	24.382	24.043
K_2O	41.347	40.774	40.201	39.629	39.056	38.483	37.910
H_2O	21.12						

由熔体的氧化物偏摩尔体积和摩尔分数，利用式（4-6）计算得到不同温度下的熔体密度如表 4-4 所示。可见，花岗质熔体的密度随温度的降低而升高，但升高的幅度较小，在 50℃的温度间隔内，约升高 0.004 5 g/cm^3，并且在熔体由 1 000℃至 700℃的范围内，密度差仅为 0.021 g/cm^3，即变化幅度为 0.9%，说明熔体密度受温度影响较小。周涛发（1993）对月山地区月山、总铺、五横等三个岩体在不同温度条件下熔体密度的计算结果，反映出与成矿关系密切的月山闪长质熔体密度受温度变化的影响较小。这表明，老湾花岗质熔体可能与老湾金矿床的形成具有一定的关系。

表 4-4　老湾花岗质熔体在不同温度时的密度　　单位：g/cm^3

T/℃	1 000	950	900	850	800	750	700
$\sum X_i \overline{V}_i$	26.57	26.52	26.46	26.41	26.36	26.30	26.25
ρ	2.189	2.194	2.198	2.203	2.207	2.212	2.216

二、熔体中晶体的动力学特征

（一）晶体的成核密度

花岗岩显微相的研究结果表明，斜长石为结晶较早的矿物，自形程度高，且由于斜长石的晶体大小主要依赖于岩浆中有关的造晶组分的含量。因此，可以利用斜长石的粒度分布来研究花岗岩的结晶动力学特征。

根据 CSD 理论（Marsh，1988；Cashman et al，1988）确定的晶体成核和生长的“晶体数”的“众数平衡”公式：把晶体大小作为系统中晶体滞留时间的函数，以及晶体对系统的流入和损耗的函数，在稳定状态下，成核密度与晶体大小存在对数线性关系：

$$\ln n = \ln n_0 - L / G\tau \tag{4-9}$$

式中，n 为成核密度；n_0 为初始成核密度，Gτ 为晶体在系统停留时间内体积增大数；L 为晶体大小。

笔者通过对老湾花岗岩不同地点的岩石薄片中斜长石的矿物进行 CSD 测定，

按 $N_v=N^{1.5}{}_A$ 换算成三维空间单位体积内矿物颗粒频数（N_A：矿物颗粒出现的频数；N_v：三维空间单位中矿物颗粒出现的频率数），以晶体颗粒大小（L）按 0.0l cm 的间隔分组统计每组间隔内的晶粒数，将各组的晶粒数除以测量面积得到每一粒级单位面积的晶粒数 N_A，以 N_v 值除以分组间隔，得到成核密度 n 的值，将 L 与 n 以式(4-8)线性回归，得到老湾花岗岩的初始成核密度分别为 960 cm^{-4}、1 015 cm^{-4}、1 433 cm^{-4}。此初始成核密度与铁山岩体（马昌前，1994）相比，明显偏小，这表明老湾花岗质熔体早期结晶矿物斜长石的结晶中心较少，这与熔体缓慢冷却相对应。较少的结晶中心、高的熔体/晶体，有利于矿物在生长过程中排除杂质、获得足够的矿物生长组分，而成为“清洁”矿物，使成矿物质得以保留在熔体中。

（二）晶体生长速度

熔体中矿物晶体的生长是在热流的控制下，通过元素在晶体-熔体界面的扩散和发生界面反应实现的。矿物在熔体中的生长具有一定的规律，Loomis（1981）在模拟钙长石-钠长石-水体系中矿物的生长速度时提出，斜长石的生长速度随时间而不同，在生长的初始阶段，生长速度随生长时间的增大而迅速减小。因此基于以下三个假设，来研究老湾花岗质熔体中斜长石晶体的生长速度：①熔体内部的温度和成分都是均匀的；②忽略熔体黏度对结晶速度的影响，以及矿物晶体在不同方向上所表现出的物理性质差异；③随熔体温度的降低，元素在晶体-熔体界面上迅速反应生成矿物，导出结晶潜热，而这样会引起界面向熔体方向移动，晶体也在热流控制下生长。

矿物晶体在生长过程中，释放出结晶潜热，矿物与熔体间所存在的热传导方程为（费里德曼，1984）：

$$\partial T / \partial t = k / C_p \rho \cdot \partial^2 T / \partial x^2 \quad (4\text{-}10)$$

熔体系统中能量守恒方程为

$$\Delta H \rho \mathrm{d}x / \mathrm{d}t - C_p \rho \Delta T \mathrm{d}x / \mathrm{d}t = k \partial T / \partial x \quad (4\text{-}11)$$

式中，k 为矿物的热导系数，C_p 为矿物的恒压热容，ρ 为矿物密度，ΔH 为结晶潜热，它等于结晶温度下矿物由元素生成时的生成热，x 为矿物-熔体界面运动距离，t 为时间，ΔT 为矿物和熔体间的温度的差值即过冷度。由上式可知，$\mathrm{d}x/\mathrm{d}t$ 表示在单位时间里界面向熔体中移动的距离，因此 $\mathrm{d}x/\mathrm{d}t$ 即为晶体生长速度。令

$dx/dt=Y$，对上述两个方程式进行变换，即得到任一时刻矿物的生长速度表达式（江培谟，1988）：

$$Y=\mathrm{d}x/\mathrm{d}t=\frac{ka\mathrm{e}^{ax+bt}}{C_p\rho\mathrm{e}^{ax+bt}-\Delta H\rho} \tag{4-12}$$

$$a=\sqrt{\frac{C_p\rho\ln\Delta T}{kt}} \qquad b=\frac{k}{C_p\rho}a^2 \tag{4-13}$$

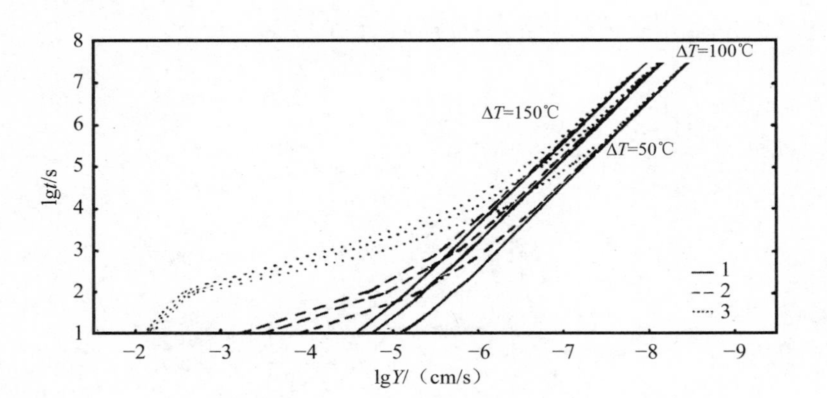

图 4-1　老湾花岗岩斜长石矿物晶体生长速度、时间、晶体粒径关系图

1. $x=0.005$ cm；2. $x=0.05$ cm；3. $x=0.5$ cm

在该组表达式中只要获得参数 x、ΔT、t 的值即可求出晶体生长速度。根据老湾花岗岩中斜长石颗粒粒径的大小和临界系统以及熔体与斜长石结晶时可能处的温度区间，在计算斜长石晶体生长速度时所取的ΔT 值分别为 50℃、100℃、150℃，x 分别为 0.005 cm、0.05 cm、0.5 cm，经计算而得的在不同的生长时间内晶体的生长速度示于图 4-1 中。从图 4-1 中可以看出：①在初始阶段，晶体生长速度较快，但随时间的增加，生长速度迅速降低；②在不同的结晶温度和粒径下，晶体的生长速度呈平行关系，即反映了过冷度控制了晶体的生长。过冷度较小时晶体的生长速度较小，而过冷度较大时生长速度较大；③Tamman（邱家骧，1983）曾给出结晶能力与过冷度关系图（图 4-2）。当结晶作用发生在 a 区，晶体生长速度大（相对于晶体成核速度，袁万明，1994），而结晶中心却较少，即成核密度较低时，晶体迅速生长，形成较大的晶体，构成粗粒结构。因此，老湾花岗岩具有的中粗粒结构反映了熔体的缓慢冷却以及矿物是在过冷度相对较小的条件下结晶生长的；④在同一结晶温度下，在晶体生长的初始阶段，晶体粒径较大的，相对应的晶体生长速度较大，而随着时间的演化，不同粒径的矿物生长速度趋于一致；⑤Kirkpatrick（1976）实验研究钙长石的结晶生长速度，当ΔT=0～240 K 时，其结晶速度的数量级为 10^{-2}～10^{-4} cm/s：当ΔT=130 K、结晶时间为 10～10 000 s 时，结晶速度的数量级为 10^{-3}～10^{-4} cm/s。Hargraves（1980）实验研究如方英石、锂辉石和霞石等结晶速度在 10^{-5}～10^{-6} cm/s 数量级内。与这些矿物生长速度相比，本区斜长石的结晶生长速度在 100～10 000 s 时间内处于 10^{-6}～10^{-7}cm/s 的数量级区，结晶生长速度明显小于钙长石等矿物晶体生长速度。

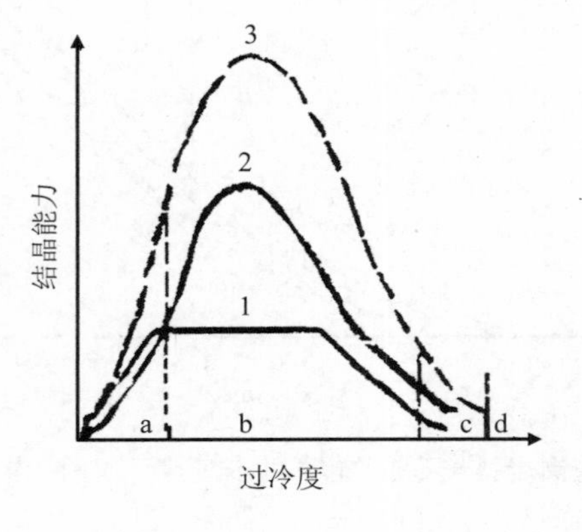

资料来源：Tamman。

图 4-2　过冷度与结晶能力示意图

1. 晶体生长速度曲线；2. 结晶中心曲线；3. 结晶能力曲线
a 区：过冷度较小；b 区：过冷度中等；c 区：过冷度较大；d 区：停止结晶

（三）岩浆上升速度

热力学和流体动力学分析表明，由于许多钙-碱性花岗岩类的黏度和密度差跨越相当典型的范围，故大陆地壳内大量花岗岩类熔体呈岩墙上升是一种可行的运移机制（Petford，1993）。对科迪勒拉花岗岩类侵位体系的研究表明，断层为岩浆的上升和侵位提供了通道作用。Clemens 和 Mawer（1992）也提出了一种与裂隙扩展有关的花岗岩类岩浆运移机制。鉴于老湾岩体的产出特征是沿断裂呈长条状展布，长宽比近达 20∶1，因此运用岩墙流上升的方式讨论岩浆的上升速度。

当一起源深度为 H，均匀的初始宽度为 W 的岩墙作层流运动时，上浮岩浆的固结和熔融受三个无量纲参数控制：①$B=g\Delta\rho W^4/\eta kH$。该式的含义为流动的热平流与进入围岩的热传导之比；②$S_\infty=L/C$（T_w-T_∞）；③$S_m=L/C$（T_m-T_w）。②、③是斯提芬参数，式中：g 为重力加速度，$\Delta\rho$为岩浆与地壳的密度差，k 为热扩散率，η为岩浆黏度，L 为结晶潜热，C 为比热，T_∞为地壳远源场温度，T_m 为初始岩浆温度，T_w 为岩墙壁附近的岩墙温度。在此温度下岩墙群附近的岩浆不活动且有效地被冻结。Bruce 和 Huppert（1989，1990）利用上述参数证明了通过地壳运移的花岗质熔体所需要的临界岩墙宽度 W_c 可由下式求出：

$$W_c=1.5\left(S_m/S_\infty^2\right)^{3/4}(\eta KH/g\Delta\rho)^{1/4} \tag{4-14}$$

则岩浆以岩墙上升的平均速度由下式计算出：$V_{av}=g\Delta\rho W_c^2/12\eta$。

表 4-5 列出了在不同温度下，岩浆以不同的岩墙宽度上升的平均速度。计算中各参数取值为 $k=4\times10^{-7}m^2/s$、$C=1.2J^{-1}C^{-1}$、$T_w=750℃$、$T_\infty=400℃$，岩浆起源深度 H 取 30 km。由于岩浆在上升过程中穿越的地层岩石包括了酸性岩和基性岩或者由这些岩石经变质作用形成的变质岩，因此，围岩密度ρ取 2 340～2 790 kg/m^3，即为酸性岩和基性岩所构成的密度范围。花岗岩矿物结构的研究表明斜长石为早期结晶矿物，并且动力学特征研究结果证明了老湾花岗质熔体冷却速度较低，约为 20℃/Ma，所以，岩浆上升时的结晶潜热应以斜长石结晶释放的潜热为主。以老湾花岗岩 CIPW 标准矿物中斜长石的平均含量计，结晶潜热在 1 000℃、900℃、800℃时分别为 4 955 J/g、4 964 J/g、4 879 J/g（数据取自林传仙等，1985）。

表 4-5　老湾花岗岩的岩墙上升速度

温度/℃	黏度（lnη）/（P_a·s）	密度差Δρ/（kg/m^3）	临界岩墙宽度 Wc/m	岩墙上升速度/（cm/s）
1 000	5.85	151～601	0.05～0.07	0.17～0.34
900	7.38	142～592	0.11～0.15	0.17～0.36
800	9.20	133～583	0.39～0.57	0.36～0.70

从表中可以看出，岩浆以岩墙方式上升的速度是比较快的，在 1 000～800℃范围内，岩墙上升速度为 0.17～0.7 cm/s，以 800℃时的平均速度计，岩墙从源区上升穿越 30 km 的围岩也只需要 80 天的时间。Petford 等（1994）计算以岩墙方式充填的科迪勒拉花岗岩仅需时 72 天。对熔体中水的物理学特征研究可以知道，较快的岩浆上升速度保证了溶解于其中的挥发分在定位时达到饱和或过饱和状

态，避免了因温度、压力改变而造成水过早地达到饱和后逸出。并且已有的研究表明，较快的岩浆上升速度与成矿关系较为密切。因此，老湾地区含矿岩浆热液的形成具备了很好的岩浆动力学条件。

三、花岗岩岩浆的对流分析

岩浆中存在的对流形式有热对流与成分对流。热对流产生的机理就是岩浆房或熔体的顶端由于热扩散作用而使得顶端的温度低于岩浆房的底部，存在温差即“热密度差”，从而驱动热对流的产生；而成分对流则是由于成分在熔体中存在浓度差所引起的。岩浆中能否发生热对流和成分对流分别取决于热瑞利数(R_a)和成分瑞利数(R_s)：

$$R_a = \frac{ga\rho\Delta T d^3}{\eta K} \qquad R_s = \frac{g\beta\rho\Delta S d^3}{\eta K_1} \tag{4-15}$$

式中，g 为重力加速度；a 为热膨胀系数；β 为成分膨胀系数；ΔT 为岩浆熔体中的上下界面的温差；ΔS 为熔体中溶质组分的浓度差；K 为岩浆的热扩散系数；K_1 为岩浆溶质扩散系数。

扰动理论分析表明，当温度梯度足够大，并使 R_a 大于临界值 R_c($R_c \approx 1\,700$)时，熔体中会出现热对流。由式（4-15）可以看出，在一定温度和温差下，热对流能否产生受控于流体层的厚度 d。在很多研究岩浆动力学的文献中，利用该式计算热瑞利数 R_a 时，d 值均取岩体的厚度，而所得的 R_a 值即使在很小的温差下均远大于 R_c 值，得出岩体发生热对流的结论：如计算厚度为 1 km 的岩浆层，只要岩浆层底部温度比顶部温度高出 10^{-10}℃，就能满足发生对流的条件 $R_a > R_c$，即$\Delta T > 10^{-10}$℃时就可以发生对流，这个结论是不妥当的。造成这种现象的原因是“用一个还不知道是否发生对流的‘对流层厚度’来判断其是否发生”(张正阶等，1996)。

笔者利用此式讨论老湾花岗质熔体的热对流现象，假设在某一指定温度 T（T=900℃）和ΔT 时，熔体刚好发生热对流现象，即 R_a=1 700，则熔体发生热对流现象时对流层的厚度如表 4-6 所示，计算所取参数值 $a = 5\times10^{-5}$/K，$K=4\times10^{-7}$ m^2/s。从表中可以看出，在发生临界对流极限情况下，对流层的厚度相当小，均在 1 m 以内。而瑞利判据能讨论的恰是针对水平薄流体层的不稳定性，因此应用该判据来讨论整个岩浆房的热对流现象是不正确的。从表 4-6 中所反映的温度与对流层厚度得出的温度梯度来看，在如此小的空间中很难产生如此大的温度梯度，并且岩浆熔体结晶所释放的结晶潜热，也使熔体内部不可能有大的温差存在。因此，认为热对流在整个岩浆的动力学过程中，只是短暂的事件，并且对流是非常微弱的更不可能是湍流（Marsh，1998）。

表 4-6　老湾花岗质熔体临界对流时对流层的厚度

T/℃	$\ln\eta/(P_a\cdot S)$	$\rho/(kg/m^3)$	ΔT/℃	1	10	20	50
900℃	8.02	2 214	d/m	1.24	0.58	0.46	0.34
			$(\partial T/\partial d)$/(℃/m)	0.81	17.24	43.47	147.06

Martin 等（1987，1990）认为在结晶过程中不相容组分构成的较轻的熔体与周围岩浆产生“成分密度差”，因而驱动了“成分对流”；周金城（1996）研究认为顶板冷却、底部结晶的岩浆房一般都发生程度猛烈的对流，但成分效应更多地制约了岩浆的对流。较多的研究者认为岩浆演化过程中，晶体的沉降不足以完满地说明分异的过程，而应该存在液体的分异作用和对流分异作用（马昌前，1989；McBirney 等，1985；Sparks 等，1984），即存在成分不同的液体分离过程和晶体从热对流液体中的分离过程。但老湾花岗岩的岩石化学及稀土元素特征说明在岩浆结晶过程中发生晶体沉降或液态分离而促使熔体成分对流的动力学行为表现不明显，或者以此方式造成矿物质的迁移、富集的可能性较小。

组分扩散是熔体中成分对流的另一种形式。老湾花岗质熔体在缓慢冷却的条件下，较低的成核密度意味着晶体的结晶中心很少，结晶中心以较低的生长速度成长，使得晶体的有序度较高，杂质含量低。而晶体周围的熔体中所存在的部分微量元素，因电价、离子半径、八面体择位能差异以及最小能量原理等方面条件的限制，成矿元素进入不了矿物的晶格，而使矿物中成矿元素的含量很低，胡受奚等（1998）对小秦岭中部分花岗岩中的长石、石英矿物的含金量的分析结果为：长石、石英的中的金的含量分别小于 0.1×10^{-9} 和 0.27×10^{-9}，反映出此类矿物含金量极低。因此，此类矿物的结晶造成成矿元素在周围熔体中浓度的升高，浓度梯度的存在将促使以成分扩散方式的成分对流发生。但通过对老湾花岗岩的微量元素 Au 的扩散动力学特征研究认为，组分扩散对成矿物质的迁移、富集起的作用有限。

熔体中存在的挥发分的转移也是成分对流的重要组成：随熔体温度、压力的降低，水在熔体中的溶解度降低，在各种物理力的作用下，向熔体顶部运移。已有的研究表明，水在熔体中的扩散速率（diffusion mobility）比其他组分要高出 2～

3 个数量级（Spear et al，1989）。由老湾花岗岩质熔体中水的物理学特征研究可知：含水熔体在定位时达到过饱和状态、满足水以气泡形式逸出熔体的物理化学条件。熔体中的金以络合物或气态形式（姜泽春，1996）进入流体相中形成的含矿流体，以气泡形式可以在较短的时间内逸出熔体。因此，以挥发分为迁移形式的成分对流应是熔体中成矿物质的迁移、富集的主要方式。有关的实验研究（朱永峰，1994）也证明了挥发分的存在是成矿物质能够富集的主要原因。

总之，岩浆熔体中因温度差的存在而形成所谓“热密度差异”，并由此而造成热对流的发生是短暂的、微弱的，对熔体中成矿物质的富集以及提供含矿岩浆热液等方面起的作用有限。在成分对流的各种形式中，以结晶作用、晶体的沉浮行为和液态分离等原因引起的熔体成分对流、矿物缓慢结晶引起熔体中产生成矿元素的浓度差所造成的组分扩散等两种成分对流，对熔体中成矿物质的迁移没有明显的影响。熔体中存在的挥发分的迁移应是成分对流的主要形式，对流的结果使成矿物质比较容易地迁移出熔体，而形成“含矿岩浆热液”，如果从对流的角度来讨论与岩体成矿的关系，显然，发生成分对流是岩体参与成矿作用的有利条件。

四、元素在岩浆熔体中的动力学研究

在岩浆系统中存在物质的传导和热的传导现象，其中物质的传导即输运过程常通过岩浆对流、上升或组分的扩散来实现，扩散可以由温度梯度或成分梯度的建立而发生。通过扩散作用的研究，可以定量确定扩散所控制的一系列岩浆动力学过程的速度和机制，如元素在系统中的分配、矿物环带的生灭等。笔者通过研究斜长石的主要组成成分在晶体中含量的变化和成矿元素 Au 在熔体系统中的扩散特征，讨论元素在熔体中与扩散相关的动力学特征。

表 4-7　老湾花岗岩斜长石晶体和不同部位的 Na_2O 质量分数　　单位：%

位置	5-1		8-2		平均	
	Na_2O	Na^+	Na_2O	Na^+	Na_2O	Na^+
核心	11.20	8.29	10.80	7.99	11.00	8.14
中间	10.64	7.87	10.19	7.54	10.42	7.71
边部	8.66	6.41	9.62	7.12	9.14	6.76

由电子探针分析结果计算得到的老湾花岗岩斜长石晶体的核部、中间、边部等不同部位的钠长石成分（表 4-7）反映出晶体存在着成分环带：从斜长石晶体的

核部至边部，Na_2O 组分的百分含量逐渐降低，表现为正常的环带结构。这种正环带成分既可能与结晶作用引起的成分变异有关，也可能是斑晶与熔体间组分扩散交换的结果。假设老湾花岗岩的斜长石矿物正环带成分为后一种机制，即组分扩散作用形成，则离子的扩散符合径向扩散模型：

$$\frac{c-c_1}{c_0-c_1}=1+\frac{2a}{\pi r}\sum_{n=1}^{\infty}\frac{(-1)^n}{n}\sin\left(\frac{n\pi r}{a}\right)\exp\left(\frac{-Dn^2\pi^2 t}{a^2}\right) \tag{4-16}$$

边界条件：球的半径 $r=a$；$r<a$、$t=0$ 时，$c=c_1$；$r\geqslant a$、任意时刻 t 时，$c=c_0$；$r<a$、$t>0$ 时，$c=c$。取 $c=7.71$、$c_1=8.14$、$c_0=6.76$、$a=0.25$ cm、$r=0.125$ cm。

则得

$$\frac{c-c_1}{c_0-c_1}=0.31, \qquad \frac{r}{a}=0.5$$

查 $r/a-(c-c_1)/(c_0-c_1)$关系图（MaalΦe，1985）解出上述方程，得到下式

$$Dt/a^2=0.06 \tag{4-17}$$

Na^+离子在熔体中的扩散系数 D 由 Stoke-Einstein 关系式求出：

$$D=kT/3\pi r_0\eta \tag{4-18}$$

式中，r_0 为离子半径，η为熔体黏度，k 为玻耳兹曼常数，T 为温度。

取 T=1 073 K、$r_0=0.95\times10^{-10}$m、$\eta=6\,247.9$ Pa·s 时，计算得到 Na^+离子的扩散系数 $D=2.52\times10^{-15}\ m^2/s$。

由式（4-17）：$t=0.06\times a^2/D=1.49\times10^8$s 或 $t=1\,700$ d。

即在斜长石晶体形成以后，Na^+扩散经过了 1.49×10^8 s。如果以其扩散时间计算 Na^+离子在熔体中的扩散速度，则得到 $V_{Na^+}=8.39\times10^{-12}$m/s，可见常量元素在熔体中的扩散速度相当慢，扩散作用对离子的迁移或聚集不起重要作用。

老湾花岗岩表现为岩墙的产状特征，在岩墙的横截面上，熔体的冷却结晶应是从岩墙边部开始至岩墙中心结束。微量元素如 Au 在熔体中的扩散作用必将随着结晶作用的进行从岩墙的边部向中心作扩散运动。该作用方式符合半无限长棒扩散模型：

$$c_{x,t}=c_1+(c_0-c_1)\cdot\mathrm{erf}\left(x/2\sqrt{Dt}\right) \tag{4-19}$$

边界条件：任意时刻 t、$x<0$ 时，$c=c_1$；$t=0$（扩散前）、$x>0$ 时，$c=c_0$；$t>0$（扩散后）、$x>0$ 时，$c=c_{x,t}$。根据边界条件和这次研究工作取的岩石样品在岩墙内所处不同位置、花岗岩体的平均含金量，分别取 $c_0=10.4\times10^{-9}$、$c_1=15.6\times10^{-9}$，$c_{x,t}=17.5\times10^{-9}$。当 Au 在熔体中以 Au^+离子形式存在时，其在熔体中的扩散系数依式（4-18）计算得到：$D_{Au}=1.84\times10^{-15}\ m^2/s$。

将上述数据代入式（4-19），并查误差函数表（Potter M.C，1978）得到：

$$x/2\sqrt{Dt}=0.33 \tag{4-20}$$

则 $t=1.25\,x^2\times10^{15}$ (s)，x 为 c_0 与 $c_{x,t}$ 之间的距离。在本次取样中二者之间的距离至少在 100 m 以上，也就意味着元素在这么长的距离中扩散至少需要几千百万年。很明显，这样的扩散时间是不可能存在的，表明扩散作用对成矿元素在熔体中的迁移、富集所起的作用十分有限。

五、岩体的冷却

（一）熔体的冷却速率

根据岩石和矿物的 Rb、Sr 同位素资料、矿物封闭温度和物质平衡等，可以确定岩浆熔体的冷却速度。研究表明矿物中 Rb、Sr 的扩散传输强烈地影响着岩石中 Rb、Sr 的同位素体系。Giletti（1991）通过实验精确地测定了 Rb、Sr 同位素在长石中的扩散系数和活化能，并认为该成果不仅适用于正常冷却的火成岩，而且对经历过变质事件的岩石也同样适应。对于 Rb、Sr 元素在矿物中封闭温度的确定，Dodson（1973）给出了如下方程：

$$T_c=Q/R/\ln[\frac{ART_c^2(D_0/a^2)}{Q(CR)}] \tag{4-21}$$

式中，T_c 为封闭温度（K），D_0、Q 分别为扩散系数和阿仑乌斯参数，R 为气体常数，a 为矿物的有效半径，CR 为冷却速率。A 为扩散的各向异性，对于不同晶体的扩散传输形式取不同的数值：55、27 和 8.7，各自对应的传输方式为：各个方向等时传输（球形晶体）、两个方向传输（柱状晶体）和一个方向上的传输（板状晶体）。

根据老湾花岗岩的 Rb、Sr 同位素分析结果（表 3-21）和显微镜下对钾长石、钠长石矿物颗粒粒度大小分布的统计，结合由 Giletti 实验提供的 Rb、Sr 阿仑乌斯参数以及其计算冷却速度的设计，计算老湾花岗质熔体的平均冷却速率。

表 4-8　Sr 元素阿仑乌斯参数和熔体冷却速率计算结果

矿物	扩散系数 [$\lg D_0$/（cm^2/s）]	活化能/（kJ/mol）	冷却时间/Ma	封闭温度/℃	冷却速度/（℃/Ma）
钾长石	−7	167.20	35.9	724	17.2
钠长石	−1.6	246.62	42.4	612	

（1）由 Rb-Sr 等时线法，用下式分别计算各矿物冷却到封闭温度的时间

$$(^{87}Sr/^{86}Sr)=(^{87}Sr/^{86}Sr)_0+^{87}Rb/^{86}Sr(e^{\lambda t}-1) \quad (4\text{-}22)$$

钠长石为较早从岩浆熔体中结晶出来的矿物，冷却时间可由全岩的 Rb、Sr 同位素年龄代表，钾长石的冷却时间用全岩+钾长石的 Rb、Sr 同位素组成计算。计算结果列于表 4-8 中，由表可知，钠长石、钾长石的冷却到封闭温度的时间分别为：$t_{pl} = 42.4$ Ma、$t_{kf} = 35.9$ Ma。

（2）熔体的冷却速度分别假设为 20℃/Ma、30℃/Ma 和 40℃/Ma；由式（4-21）计算出在不同冷却速度条件下的封闭温度 T_c。计算结果表明钾长石、钠长石的 T_c 值相对稳定，均约为 724℃和 612℃（表 4-8）。计算中所得的模型为 Sr 元素在矿物中的扩散模式，有关 Sr 元素在钾长石、钠长石中的阿仑乌斯参数列于表 4-8 中；A 以球形晶体模式取值，A=55；钾长石、钠长石的有效半径为：$a_{kf} = 0.224\ 7$ cm、$a_{pl} = 0.106\ 1$ cm。

（3）由表 4-8 可知，钾长石、钠长石矿物由熔体冷却到封闭温度的时间差为：

$$\Delta t = t_{pl} - t_{kf} = 6.5 \text{ Ma}$$

Sr 元素在钾长石、钠长石矿物中的封闭温度的差值$\Delta T_c = T_{ckf} - T_{cpl}$=112℃，则熔体的冷却速率 CR 可由温度、时间差值计算得到：

$$CR = \Delta T_c/\Delta t = 17.2℃/Ma$$

此数值与前面假设的熔体冷却速度 20℃/Ma 近似相等。因此确定老湾花岗质熔体的平均冷却速率为 20℃/Ma。

（二）岩浆结晶体的冷却速率

岩浆结晶以后，其冷却主要以热传导即向围岩中散发热量的方式实现。根据受时间控制的热传导方程，当岩体降低到某一指定温度时，所存在的时间与温度函数关系为（Daniel，1993）：

$$T_s=\frac{\left[T_b+(x+a)G\right]}{2}\left\{\operatorname{erf}\left[(2a/2\sqrt{\alpha t})\right]\right\}+(x+a)G \tag{4-23}$$

式中，T_s 为岩体冷却温度；T_b 为岩体结晶温度；x 为岩体中心深度；a 为岩体的半宽度；α 为热传散系数；G 为地热梯度；t 为冷却时间。老湾花岗岩的成岩温度计算表明，岩浆熔体的结晶温度约为 800℃，即 T_b=800℃，当岩体降温至 300℃时，其冷却时间可由式（4-23）求出。计算中岩体中心深度 x 的取值，由假设老湾花岗岩墙的深度为 10 km，得 $x = 5\ 000$ m，岩体半宽 a 值取 1 200 m，热扩散系数取岩浆岩的平均值 $\alpha = 4\times10^{-7}\mathrm{m^2/s}$，$G$ = 30℃/km，将各参数值代入式（4-23）中，得到如下误差函数

$$\operatorname{erf}\frac{1\ 200}{\sqrt{4\times10^{-7}t}}=0.21 \tag{4-24}$$

解此误差函数，可得 $t = 2.6$ Ma。此计算结果说明岩体结晶后自 800℃冷却至 300℃时经历的时间为 2.6 Ma，由此得到结晶后的冷却速率约为 192℃/Ma。

（三）讨论

已有的研究资料表明锶元素在钾长石、钠长石中的扩散封闭温度为 496℃和 506℃（Dodson，1973），$T_{cAb}>T_{ckf}$。但对老湾花岗岩中钾长石、斜长石矿物锶元素、扩散封闭温度的计算结果却为 T_{ckf}（724℃）＞ T_{cpl}（612℃），与 Dodson 的研究成果不一致。据 Giletti（1991）对 Rb、Sr 的扩散封闭温度的研究，在冷却速率较低、钾长石的颗粒粒度大于斜长石的粒度以及封闭温度高于 500℃时，锶元素在钾长石中的封闭温度将高于斜长石的封闭温度。老湾花岗岩中矿物粒度统计结果已证明钾长石的颗粒粒径大于斜长石，以及熔体冷却速率较低等地质现象均与钾长石的封闭温度高于斜长石相吻合。

老湾花岗质熔体的冷却速度较低，约为 20℃/Ma，以此冷却速率降低的熔体

自 930℃冷却至 800℃约需时间 6.5 Ma。如此长的冷却时间，满足以任何生长速度形成晶体所需要的时间。老湾花岗岩体的中粗粒结构以及部分钾长石晶体粒径达 1 cm 以上和长石矿物具有极高的有序度，均证明了矿物在熔体中有充分的结晶生长时间。

当岩体结晶后，元素生成矿物所释放的结晶潜热已不存在，以热传导为主要方式向围岩中传递热能的岩体，其内部不再有热能产生。因此，岩体的冷却速率加快，约为 192℃/Ma，自结晶温度冷却至 300℃，只需 2.6 Ma。结合岩浆演化的两个阶段；熔体相→晶体相、高温阶段→低温阶段，可知老湾花岗岩体的演化时间约为 9.1 Ma。据杰格尔（1957）估计，8 km 厚的花岗岩基由熔体冷却到固相线即熔体全部结晶约需 10 Ma。与此相比，老湾花岗岩的冷却时间是比较合理的。

六、花岗质熔体中水的特征

水存在于包括花岗质岩浆在内的所有铝硅酸盐熔体中，其在岩浆形成与演化方面的重要性早已被认识（如 Tuttle，1958）。存在于任何源岩中的水都对产生的熔体数量有影响，即使存在其他的挥发组分（如 CO_2），熔融开始的温度也明显取决于 H_2O 的活度；水的存在影响熔体的黏度、密度、熔体从源区的分凝以及迁移等，影响着岩浆的动力学特征。已有的研究表明，岩浆熔体中水的含量与成矿作用有着紧密联系，如与安庆月山铜矿有成因联系的闪长岩类岩体的水含量就高于无矿岩体的含水量。因此研究花岗质熔体中水的含量及其随温度、压力条件的改变而表现出的行为特征，对于探讨岩浆演化、动力学特征和与其相关的成矿作用，具有十分重要的意义。

（一）熔体中水的溶解度

在所有的铝硅酸盐熔体中，于一定的温度和压力下加入熔体中的水的含量都存在上限和下限，其上下限取决于熔体的化学组成、与熔体共存的流体相中 H_2O 的活度等条件。考虑一个仅由熔体和 H_2O 组成的体系（即无其他组分，如 CO_2 参加），则该熔体 H_2O 含量的上限相当于给定 P–T 条件下 H_2O 的溶解度，下限则相当于给定 P-T 条件下液相线上熔体的 H_2O 含量。在一与温度呈函数关系的长英质体系中，当达到下列平衡时就得到熔体中最高 H_2O 含量：

$$L（含水熔体）\longleftrightarrow L+V（由 H_2O 组成的气相）$$

达到下列平衡时，熔体得到最低 H_2O 含量：

$$L（含水熔体）\longleftrightarrow L+C_r（晶体）$$

对于岩浆熔体中 H_2O 溶解度的研究，Behrens et al（1992）、Holtz et al（1992，1994）利用了不同的初始物质在不同的 $P-T$ 条件下，用实验方法测定了长英质熔体中 H_2O 的溶解度。利用 Holtz 等在 750～1 150℃，0.5～8 kbar 的 $P-T$ 范围所得到的 H_2O 溶解度资料，可以确定 Q-Ab-Or-H_2O 体系中近共结线任意成分的 H_2O 的溶解度。图 4-3 给出了随 $P-T$ 变化的 H_2O 溶解度曲线，图中不仅反映了众所周知的 H_2O 溶解度与压力的明显正相关性（Tuttle 和 Bowen，1958），还反映出了温度对 H_2O 溶解度的微弱影响，在较高的压力下水的溶解度与温度具有正相关性。由此图给出老湾花岗质熔体在液相线上的温度、压力条件下水的溶解度即含水量（质量分数）的上限值约为 6.0%，含水量（质量分数）的下限值约为 2.2%，在岩浆熔体定位时的温压条件下水的溶解度（质量分数）约为 4.0%。

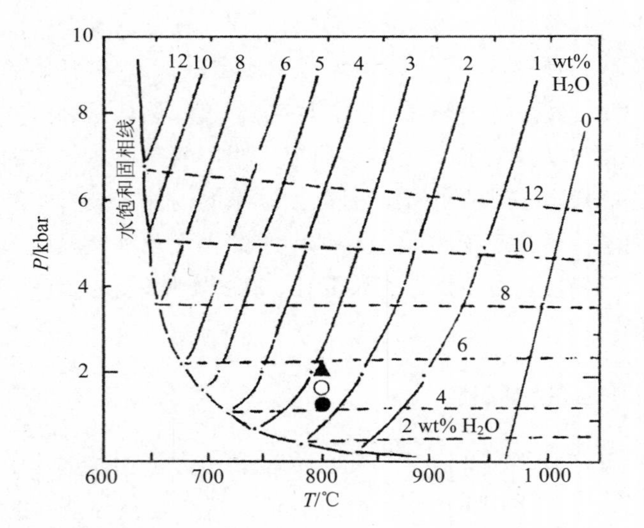

图 4-3　在具最低和共结成分的 Q_2-Ab-O_x 体系中给定 H_2O 数量的液相线曲线（实线）和 H_2O 溶解度曲线（虚线）

●▲老湾花岗质熔体处于定位、液相线时温压条件下的溶解度；○花岗质熔体饱和水时的温压条件

（二）花岗质熔体中水的含量

在硅酸盐熔体冷却结晶过程中，溶解于其中的以 H_2O 为主要组成的挥发分，大部分经不同的方式散失。热力学方法可以用来计算天然硅酸盐熔体中水的含量 H_2O（Burnham，1974；Nicholls，1980；Stolper，1982；马鸿文，1985）。根据老湾花岗质熔体在定位时的温度、压力、水逸度以及无水熔体中主要氧化物的摩尔浓度（表 4-9），按下列有关公式计算熔体中水的含量 X_{H_2O}（Nicholls，1980；马鸿文，1985）：

$$\mu^0/RT + \ln f_{H_20} - A/T - B - \Phi_P = \ln X^2_{H_2O} + (1 - X_{H_2O})^2 \Phi/T \tag{4-25}$$

$$\mu^0/RT - 2.914\,7\ln T - 9.686\,3\times10^{-4}T + 6.859\,3\times10^{-8}T^2 + 77.889\,9T^{-\frac{1}{2}} -28\,954.8/T - 2\,263.27/T^2 - 15.899\,7 \tag{4-26}$$

$$\begin{aligned}\Phi_P = &\left[\left(0.11T^{-1} + 4.432\times10^{-5} + 1.405\times10^{-7}T - 2.394\times10^{-11}T^2\right)P\right] \\ &+\left(7.337\times10^{-8}T^{-1} - 1.170\times10^{-8} - 9.502\times10^{-13}T\right)P^2 \\ &+\left(1.876\times10^{-10}T^{-1} + 4.586\times10^{-13}\right)P^3 - 1.191\times10^{-14}T^{-1}P^4\end{aligned} \tag{4-27}$$

$$\Phi = C_0 + \sum_{i=1}^{10} C_i X_i \tag{4-28}$$

式中，A、B 为常数，C_0 为常数，C_i 为组分 i 的回归系数，X_i 为主要组分 i 在无水熔体中的摩尔分数（mol %），$i = SiO_2$、TiO_2、Fe_2O_3、FeO、MnO、MgO、CaO、Na_2O、K_2O 等。经计算得到的花岗质熔体中水的百分含量列于表 4-10 中，表 4-10 中还列入了其他岩体的含水量以及与岩体相对应的参与成矿作用的能力。如豫西花山岩基之中的万村、嵩坪等岩体、河北峪耳崖岩体等均参与形成岩浆热液金矿床。表 4-10 中的含水量数据反映出以下特征；①老湾花岗质熔体的含水量（质量分数）约为 4.76%，低于熔体在液相线时的温度压力条件下水的溶解度，但高于此时 P–T 条件下水的下限值，表明随着岩浆体系中熔体/晶体的降低，熔体中的含水量能够达到饱和；花岗质熔体中的含水量与岩浆熔体定位时水的溶解度相比，呈过饱和状态。万村、峪耳崖等岩体表现出相同的规律性；②岩浆熔体含水量的高低与参与成矿作用的能力具有一定的联系。如形成岩浆热液矿床的万村、嵩平、峪耳崖等岩体以及具有强的矿化特征的月山岩体等均具有较高的含水量，而成矿能力较差的岩体如五横、总铺等含水量则较低，天堂寨岩体虽有比较高的含水量，但却低于定位时熔体中水的溶解度，即为不饱和水，因此该岩体参与形成岩浆热液矿床的可能性不大。由此可见，熔体中含有较多的水时有利于矿质进入流体中并随之迁移，从而形成含矿岩浆热液。老湾花岗质熔体中较高的含水量表现出了其具备成矿作用的物质基础；③从老湾、花山、天堂寨等岩体或岩基处在造山带的地理位置来看，仅天堂寨处在造山带核部附近；其他岩体或岩基则处在造山带的边或坡上。可能是由于上覆静岩压力过大而使天堂寨岩体定位较深，岩体中的水呈不饱和状态而达不到逸出的条件（高山，1987）；老湾等岩体处于造山带的边、坡上，上覆静岩压力小，使得熔体能够上侵定位较浅，熔体中的水达到饱和状态，从而可以逸出熔体。这也可能为造山带核部缺少岩浆热液矿床的主要原因。

表 4-9　老湾花岗质无水熔体成分（摩尔分数，%）及有关参数

项目＼组分	SiO_2	TiO_2	Al_2O_3	Fe_2O_3	FeO	MnO	MgO	CaO	Na_2O	K_2O
C_i	306.666 8	1 984.717 8	0	−47.246 1	−497.788 2	8 382.561 8	289.637 1	305.922 3	−587.093 2	−560.493 1
X_i	77.72	0.26	9.37	0.39	1.51	0.07	1.18	2.03	4.13	3.34
参数	$c_0 = -16\ 903.129\ 1$									

表 4-10　老湾及邻区部分岩体岩浆含水量（质量分数）　　单位：%

岩体	老湾	万村	嵩坪	天堂寨	峪耳崖	月山	总铺	五横	阿提什
含水量	4.76	5.86	5.52	5.56	4.55	4.05	4.10	3.64	4.90
成矿能力	强	强	强	无	强	强	一般	一般	强

注：除老湾外，其他岩体含水量计算过程中采用的岩石化学成分 T、P、f_{H_2O} 等资料分别来源如下：万村、蒿坪岩体据范宏瑞等（1904），天堂寨据李石等（1991），峪耳崖据邱检生等（1994），月山、总铺、五横以及阿提什含水量分别引自周涛发（1993）、袁峰（1998）的博士论文。

综上所述，对老湾花岗质岩浆的物理学特征、动力学特征的研究表明：

（1）低的成核密度使岩浆熔体中存在较少的结晶中心；较低的晶体生长速度使结晶中心生长成有序度高的晶体。不相容元素包括金等成矿物质在结晶过程中不进入矿物晶格，因此结晶作用造成了成矿物质在熔体中的富集。

（2）熔体的冷却速度较低，冷却时间较长。这得以使熔-流分离进行得较彻底，成矿元素可充分进入流体相中形成含矿热液。足够长的冷却时间可以保证含矿热液在岩浆固结前逸出。

（3）岩浆呈岩墙形式以较快的速度上升，避免了溶解于熔体中的水随温度、压力的改变而过早地达到过饱和状态后自熔体中散失，而水的存在有助于成矿物质迁移出熔体。

（4）岩浆中不存在强烈的、全面的、持久的因热密度差异而导致的热对流，短暂的、微弱的热对流对成矿物质在熔体中的迁移起着有限的作用。以熔体上升或组分扩散等方式发生的成分对流不足以形成“成矿流体”，而熔体中挥发分的迁移则是成矿物质迁移富集的主要机制。

（5）花岗质岩浆的含水量较高。从熔体含水量与成矿的关系上看，较高的含水量具有强的参与成矿作用的能力，而低的含水量则成矿潜力差。该花岗质熔体较高的含水量显示与老湾金矿床的形成具有密切联系。

（6）结合后文对含矿岩浆热液形成的动力学特征研究可知，高的含水量和合适的动力学条件，使岩浆中形成熔体-气泡体系，含矿流体以气泡形式可在较短的时间内逸出熔体而参与成矿作用。

第五章　矿床地质

一、矿区地质

老湾金矿床位于大河菱形断块的南缘，受控于松扒韧性剪切带，赋存在中晚元古界龟山岩组变火山-沉积岩之中。北侧为下元古界秦岭群的角闪斜长片麻岩、斜长角闪岩和大理岩等岩石组合；南侧为泥盆系南湾组的变粒岩、云英片岩、斜长角闪岩的岩石组合（图 5-1）。

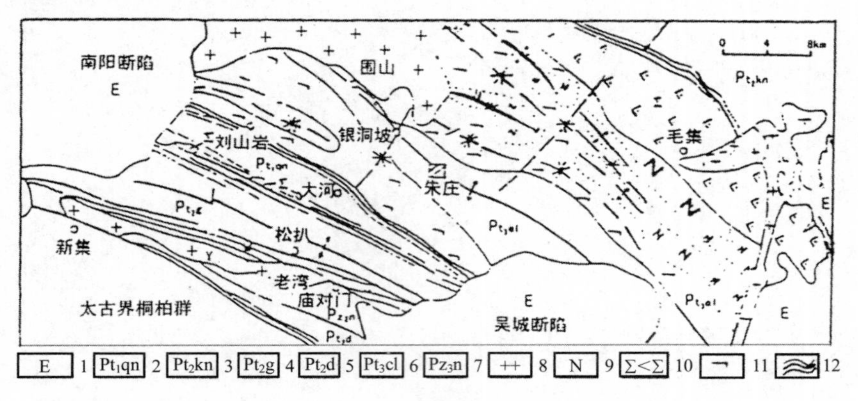

图 5-1　区域地质略图

1. 第三系；2. 秦岭群；3. 宽坪群；4. 龟山岩组；5. 定远组；6. 二郎坪群；7. 南湾组；8. 花岗岩；9. 斜长花岗岩；10. 基性-超基性岩；11. 细碧岩；12. 韧性剪切带

受韧性剪切带的变形、变质、扭裂、滑移、拼贴等作用的龟山岩组，根据其变形变质特征可划分为两个构造岩片和四个高应变带（图 5-2）；①RF_1 高应变带：位于矿区最北部，松扒断裂北侧，秦岭群大理岩南部界面；②RF_2 高应变带：以松扒花岗斑岩脉为北界所组成的宽度 20～60 m 北面向叶理带，位于矿区的中部；

③RF_3高应变带：即花岗岩体侵位带，前期高应变带被花岗岩体侵位；④RF_4主应变带：分布在Ⅱ岩片的二云石英片岩发育部位。其中在RF_1与RF_2两个高应变带之间的强度变形域即为Ⅰ岩片。Ⅰ岩片一般宽200～250 m，东部岩石组合以基性岩浆岩为主体，夹有条带状斜长角闪片岩块体、云母石英片岩层及薄层透镜状白云质大理岩；西部以花岗质糜棱岩为主，应变带内岩石均发生强烈糜棱岩化。Ⅱ岩片分布在松扒韧性剪切带的中部RF_2与RF_3高应变带之间，为通常所称的老湾金矿化带，宽数百米至1 km，呈北西西向展布，总体为一菱形网络组构。根据变形程度和岩石组合分为下列三个变形域：

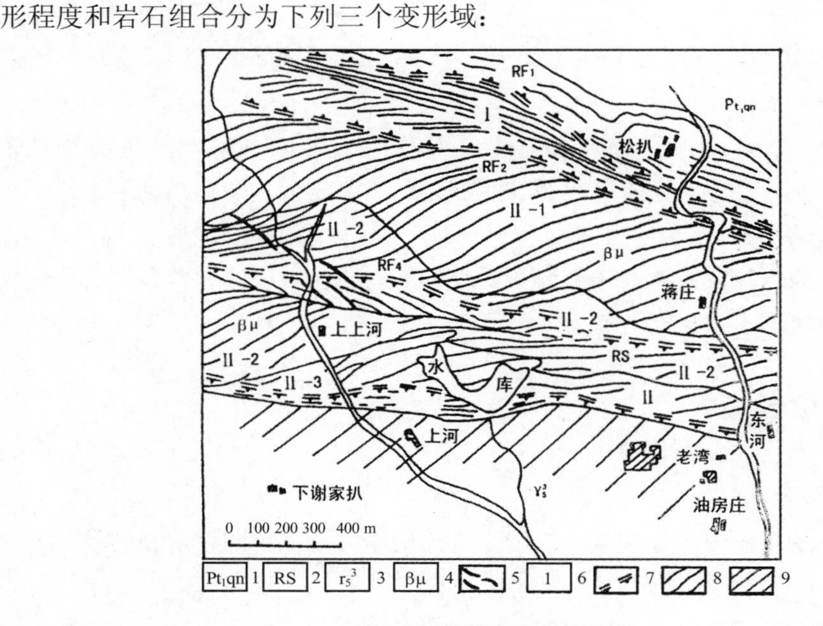

图 5-2 韧性剪切带构造图

1. 元古界秦岭群；2. 二云石英片岩；3. 花岗岩；4. 辉绿-辉长岩；5. 脉状矿体；6. 岩片编号；7. 高应变带及编号；8. 叶理形迹；9. 劈理

Ⅱ-1 北部弱变形域：岩石组合主要为辉绿-辉长岩，只有少量的条带状斜长角闪片岩。变形程度较弱，辉绿-辉长岩仅为初糜棱级。

Ⅱ-2 中部强变形域：分布在该岩片中部，为大小不等的多种岩石菱形块体相互拼贴形成较典型的菱形网络构造，呈近东西向或北西西向展布。该岩片岩石组合较为复杂，主要有二云石英片岩、条带状斜长角闪片岩、辉绿-辉长岩、硅质岩及石英钠长斑岩脉等。二云石英片岩呈层状或不同规模的块体产生，几乎全部成为糜棱级或千糜级糜棱岩，含有大量的斜长石残斑及云母鱼、十字石和蓝晶石；辉绿-辉长岩为早期侵位于上述各岩层的基性岩浆岩，也受到了右型走滑期的剪切作用，总体变形程度较弱，仅在近强应变带的C面理组构带内呈糜棱岩或千糜岩。在RF_4北侧叶理较明显，且含有较多的十字石-蓝晶石。

根据变形域中破裂面的叶理拖拉、透镜体展布和擦痕等现象，判断早期为近南北侧向挤压，晚期为右型剪切。

Ⅱ-3 南部弱变形域：分布在Ⅱ岩片南部，岩石组合以辉绿-辉长岩为主体和少量的斜长角闪片岩、二云石英片岩，总体上具弱变形的特征。在老湾花岗岩体北侧的辉绿-辉长岩体，主要表现为左型剪切，形成北西西向脆性破裂面。这些破裂面控制着一些金的矿化体。

综上所述，Ⅱ岩片具有多层次的变形组构格局，基本反映了松扒韧性剪切带的变形特征。尤其是中、晚期韧性-脆性应变阶段，Ⅱ岩片是剪切活动的中心，它与成矿有着密切的关系。

区内的岩浆岩比较发育，出露有燕山晚期的老湾花岗岩墙和较多的石英钠长斑岩脉、花岗斑岩、煌斑岩等脉岩。

二、矿床地质

1. *矿床分带*

根据矿体的形态、规模和富集地段，老湾矿床分成三个矿化带和老湾、上上河两个矿段：

（1）北部矿化带：分布在韧性剪切带北部RF_2强应变带花岗斑岩脉及其两侧的斑岩多金属叠加金矿化带，由矿化带内破碎的花岗斑岩及其两侧的接触破碎面组成，这些破碎的花岗斑岩及破碎面矿化后成为矿化体，规模较小。

（2）中部矿化带：分布在韧性剪切带中部Ⅱ岩片菱形块体内，由脆性-韧性构造控制的似层状矿体构成，为老湾金矿床的主要组成。矿体以似层状产出，随岩层变化而变化，主要赋矿围岩为二云石英片岩（糜棱岩、千糜岩）。

（3）南部矿化带：分布在韧性剪切带的南部，老湾花岗岩的北侧，由脆性构造控制的脉状矿体组成。围岩以辉绿-辉长岩为主，矿体常为斜列状展布，含金较贫，规模不大。

2. 矿体特征

老湾及上上河矿段的矿体产出特征基本相似，均主要赋存在Ⅱ岩片中部 RF_4 应变带中，由多条平行的矿体组成，主要产在二云石英片岩内和与斜长角闪质岩石的接触带内，很少产在斜长角闪质岩石一侧。总体产状与岩层基本一致，呈近东西向展布，随地层弯曲而在走向或倾向上都随之弯曲。单矿体一般连续性较好，沿走向往往有变薄、尖灭再现，而沿倾向方向较为稳定，呈侧幕式展布（图 5-3、图 5-4），矿床的主要矿体都赋存于倾向褶皱部位（图 5-5）。

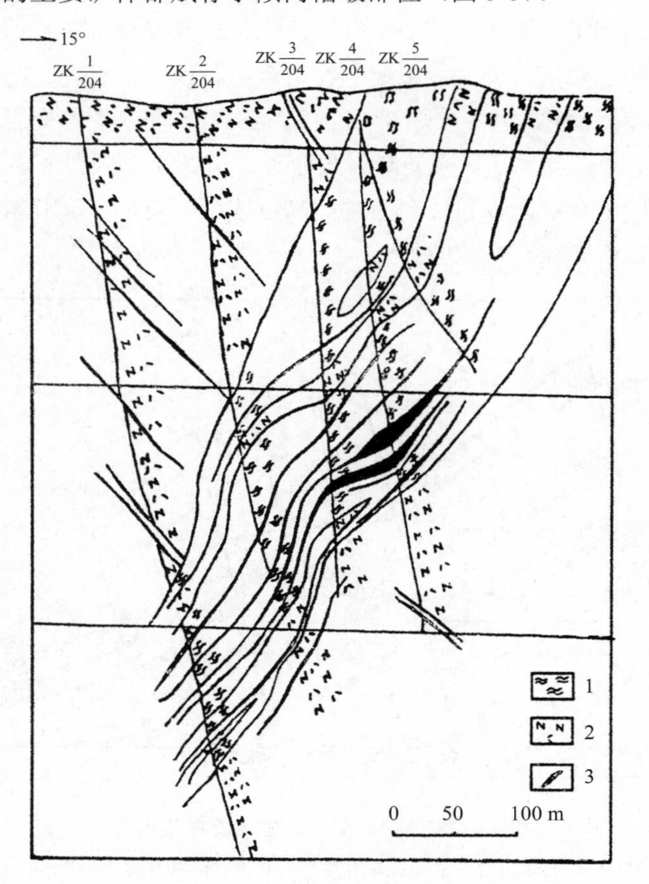

图 5-3　204 线剖面主要矿脉分布

1. 二云石英片岩；2. 斜长角闪片岩；3. 矿体

3. *矿石类型*

按矿石的蚀变类型及结构构造不同，矿石可分为：①片岩型矿石：蚀变矿化中等，矿石基本保持了二云石英片岩、斜长角闪片岩的原岩特征；②蚀变糜棱岩型矿石：蚀变矿化较强，矿石仍残留糜棱岩特征；③蚀变岩型块状矿石：蚀变矿化作用很强，原岩特征不复存在，岩石被完全交代形成黄铁绢英岩，或者黄铁矿呈集合体团块产出；④含金黄铁矿石英脉型矿石：具多期、多阶段矿化特征，常产于蚀变岩型金矿体的内部，由强硅化作用形成的硅化石英团块、石英网脉组成。

按矿石中矿物组合不同，矿石可分为：①含金蚀变岩型矿石：主要为黄铁绢英岩，是区内的主要矿石类型，主要矿物组合为黄铁矿、石英、绢云母、自然金等；②含金多金属硫化物型矿石：是区内富金矿石，多产在蚀变岩型矿体内，主要矿物组合为石英、黄铁矿、黄铜矿、斑铜矿、方铅矿、闪锌矿、自然金等。

矿石中金的赋存状态以自然金为主，以包体金、裂隙金、粒间金三种形态存在于硫化物中或嵌布在矿物粒间。

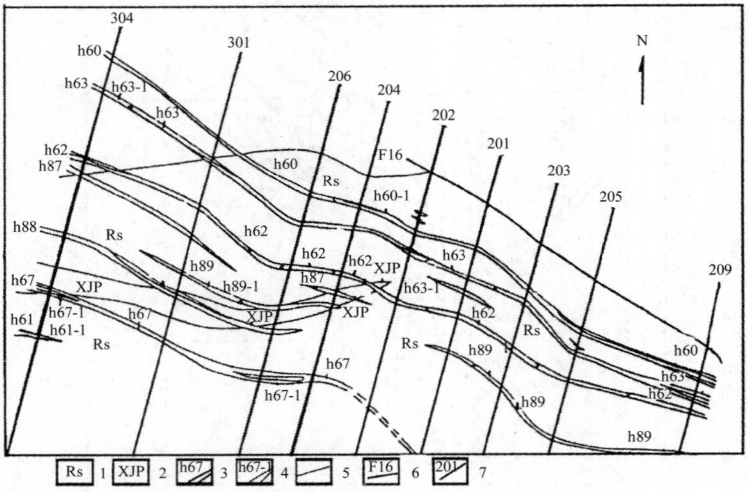

图 5-4 老湾金矿矿脉、矿体展布关系图

1. 二云石英片岩；2. 斜长角闪片岩；3. 蚀变金矿化脉界线推测界线及编号；4. 矿体编号；5. 地质界线；6. 断层及编号；7. 勘探线及编号

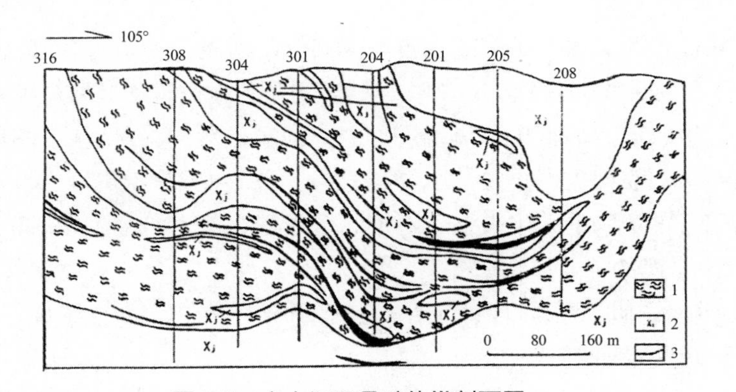

图 5-5　上上河Ⅱ号矿体纵剖面图

1. 糜棱片岩（二云石英片岩）；2. 斜长角闪质岩石；3. 矿体，下凹部位为倾向褶皱向形部位

4. *矿石结构构造*

根据矿石中主要载金矿物黄铁矿的粒度、分布以及黄铁矿与其他硫化物、石英等矿物的组合关系，矿石结构分为自形-半自形晶粒状结构、半自形-它形晶微细粒结构、交代结构、碎裂结构、充填结构、乳滴状结构等；矿石的构造为浸染状构造、细脉-网脉状构造、块状构造、条带状构造、角砾状构造等。

5. *成矿阶段的划分*

老湾金矿床金属矿物种类和脉石矿物种类较多，对于不同产状的矿体，矿物组成略有区别，矿床中矿物成分如表 5-1 所示。

表 5-1　老湾金矿床矿物组成

		似层状矿体	脉状矿体
金属矿物	主要	黄铁矿	黄铁矿
	次要	黄铜矿	黄铜矿、方铅矿、车轮矿、毒砂
	微量	方铅矿、闪锌矿、磁黄铁矿、磁铁矿、黝铜矿、斑铜矿、自然金、自然银、银金矿、碲金矿	闪锌矿、辉铜矿、申黝铜矿、斑铜矿、斜方砷钴矿、自然金、银金矿、辉银矿
	次生	褐铁矿、赤铁矿、铜蓝、白钛石	褐铁矿、白铅矿、铜蓝、黄钾铁矾、针铁矿、孔雀石、白钛石、角银矿、锑砷铅矾
脉石矿物	主要	石英、白云石、绢云母、绿泥石	石英、白云母、绢云母
	次要	斜长石、方解石、绿帘石	微斜长石、斜长石、方解石、绿泥石、绿帘石
	微量	黑云母、蓝晶石、石榴石、角闪石、锆石、金红石、磷灰石、重晶石	黑云母、锆石、蓝晶石、十字石、金红石、磷灰石
	次生	高岭土	高岭土、方解石

似层状矿体为老湾金矿床的主要组成部分，由表 5-1 可见，其金属矿物达十几种，主要金属矿物为黄铁矿，次要金属矿物为黄铜矿，还可见有少量的方铅矿、磁黄铁矿、磁铁矿、黝铜矿、斑铜矿、闪锌矿、自然金、自然银、银金矿、碲金矿等。脉石矿物的种类也较多，主要有石英、白云母、绢云母、绿泥石等。

根据矿石中矿物的共生关系、特征、含量等，将老湾金矿床成矿作用从早至晚分为以下几个阶段：

（1）金-黄铁矿-石英阶段：主要矿物有石英、黄铁矿、自然金、磁铁矿、钛铁矿、绢云母和绿帘石等。

（2）金-多金属硫化物-石英阶段：主要形成矿物有石英、黄铁矿、黄铜矿、自然金、毒砂、斑铜矿、辉钼矿、闪锌矿等。

（3）金-多金属硫化物-石英-碳酸盐阶段：主要形成石英、黄铁矿、黄铜矿、自然金、方解石等矿物。

在上述三个成矿阶段中，早阶段使岩石发生矿化，中、晚阶段为矿床形成的主要阶段。

6. 围岩蚀变

成矿围岩蚀变宽度多在 1 m 至数米，主要蚀变类型有黄铁矿化、硅化、绢云母化、碳酸盐化、绿帘石化。主要的近矿围岩蚀变类型有黄铁绢英岩化和绿帘石化，其中绿帘石化主要发生在以斜长角闪岩、变辉长岩为主的基性岩中。

7. 控矿构造

老湾金矿床在空间上赋存于松扒韧性剪切带内。在区域上表现为韧性剪切带控矿，与典型的韧性剪切带型金矿广东河台金矿类似。同时二者在韧性剪切带的构造特征上也有十分相似之处：面理发育，具有不对称构造，如云母鱼以及碎斑的δ型、σ型等构造均较发育，微观构造上有多晶石英条带、波状消光、亚颗粒、动态重结晶等构造现象；并且断层岩除糜棱岩之外，还有构造熔岩等。但是对比广东河台与老湾金矿床的成矿作用过程，存在显著不同。广东河台金矿床主要成矿作用是金矿质在高温韧性剪切带活动时期、次级深层韧性剪切带形成时所伴随的成矿早阶段的初步富集和成矿中阶段的富集。矿床中的热液活动仅在成矿作用的晚期和后期，成矿能力弱。而老湾金矿的各个成矿阶段均有热液活动，这表明受控于韧性剪切带的老湾金矿床是不同于典型的韧性剪切带型矿床的。

老湾金矿床的各单个矿脉在平面上近平行的雁行排列，总体走向与岩层走向有 25°～35°夹角，穿切不同的岩性层位；矿脉在剖面上的侧幕式展布，总体南倾，倾向上舒缓波状，反映了矿体的分布与控矿构造的紧密关系。从显微镜下观察到的黄铁矿脉与白云母的接触关系（照片 6、照片 9、照片 10），表明成矿作用完成以后，矿床没有经历过强烈的构造活动。对矿床中蚀变岩型矿石在薄片镜下进行观察研究，发现该类型矿石仍然保持原岩的结构构造：石英、白云母、角闪石等均呈定向排列，且石英具有重结晶现象，而无颗粒的破裂、位移。照片 6、照片 9 显示出黄铁矿细脉贯入已形成的面理中，结合矿体的形态、矿体与围岩的接触关系、微观地质现象和矿区存在透入性面理等因素，认为老湾金矿床为折劈理控矿。

三、黄竹园矿区

黄竹园矿区赋存于松扒韧性剪切带内、上上河矿段西 7 km 的黄竹园-余家庄之间。区内出露岩层主要为相互拼贴在一起的斜长角闪质岩石和二云石英片岩，岩层总体走向为北东东西。

黄竹园矿区主要有三个主要矿体，大致相互平行，一般走向 290°左右，北倾。矿体主要赋存于斜长角闪质岩石中，与围岩接触面清楚，在接触面的地表两侧具有强烈的硅化带。控矿构造为韧性剪切带内的北西向脆性破裂面。

黄竹园矿区的矿石基本成分为长英质，含有较多的高岭石。富金的矿石中主要硫化物为黄铁矿、方铅矿、车轮矿。

四、成矿时代确定

关于老湾金矿床的成矿时代存在三种观点，即形成于晚元古代、古生代和燕山期。为了准确地确定该矿床的成矿年龄，排除围岩变质作用对测定成矿年龄的影响，选用了成矿中阶段石英-多金属硫化物阶段的热液成因矿物石英，利用 $^{40}Ar/^{39}Ar$ 法定年。该矿床石英矿物的 $^{40}Ar/^{39}Ar$ 法测试结果如表 5-2 所示，^{40}Ar、^{39}Ar 的释气曲线和年龄谱如图 5-6、图 5-7 所示。

表 5-2 石英矿物 $^{40}Ar/^{39}Ar$ 年龄测定结果

加热阶段	加热温度/℃	$(^{40}Ar/^{39}Ar)_m$	$(^{36}Ar/^{39}Ar)_m$	$(^{37}Ar/^{39}Ar)_m$	$(^{38}Ar/^{39}Ar)_m$	$^{40}Ar_m/10^{-12}mol$	$(^{40}Ar^*/^{39}Ar)_m \pm \sigma$	$^{39}Ar_k$/%	视年龄 $t\pm1\sigma$/Ma
1	460	43.236	0.106 3	0.882 2	0.178 7	0.38	12.0±0.14	4.20	195.5±10.5
2	650	32.685	0.081 7	1.072 3	0.260 7	0.59	8.70±0.11	6.53	143.8±7.2
3	780	19.036	0.045 8	1.136 1	0.231 3	0.96	5.63±0.06	10.6	94.3±3.7
4	860	9.904 8	0.015 2	0.486 9	0.107 6	2.43	5.43±0.03	26.9	91.0±1.5
5	930	10.634	0.018 0	0.523 8	0.105 8	1.99	5.35±0.03	22.0	89.7±2.3
6	1 000	18.684	0.044 7	1.066 0	0.192 1	0.88	5.58±0.05	9.74	93.4±3.1
7	1 100	26.129	0.069 4	1.006 8	0.219 4	0.72	5.78±0.08	7.97	96.7±5.3
8	1 250	37.174	0.095 6	0.952 8	0.247 8	0.53	9.08±0.12	5.85	149.7±9.8
9	1 400	59.589	0.167 8	1.091 6	0.212 3	0.34	10.3±0.18	3.76	168.6±13.4
10	1 600	94.329	0.273 2	1.437 7	0.288 6	0.22	14.1 ± 0.29	2.43	226.7±16.8
年龄=(91.5±1.0)Ma，t=(88.9±2.1)Ma									

根据不含过剩氩且未受扰动、含过剩氩、计时体系受扰动等各种情况下的 ^{40}Ar、^{39}Ar 释气曲线特征（李正华等，1995）和图 5-6 所示的老湾金矿床石英矿物的 ^{40}Ar、^{39}Ar 释气曲线，显示出该样品中的氩具备未受到扰动的过剩氩的特征，并且 $^{40}Ar/^{39}Ar$ 年龄谱的“马鞍型”（图 5-7）也说明了样品的过剩氩特点。从年龄谱中可以看出，在 1 100℃时析出的 ^{39}Ar 总量已接近 90%，在整个“鞍底”（780～1 100℃）析出的 ^{39}Ar 百分数近 70%，“鞍底”各阶段视年龄为 89.9～96.7 Ma，与“马鞍型”年龄谱的底部年龄即坪年龄 91.5 Ma±1.0 Ma 相接近，同时 ^{39}Ar-^{40}Ar 的等时线年龄为 88.9 Ma±2.1 Ma，也与坪年龄一致。因此，该结果是可信的，即成矿年龄为 91.5 Ma±1.0 Ma。而矿区老湾花岗岩的成岩年龄 $^{40}Ar/^{39}Ar$ 法定年结果平均为 105 Ma，成矿年龄与之相近且略小，表现出成矿与成岩之间的紧密成因联系。

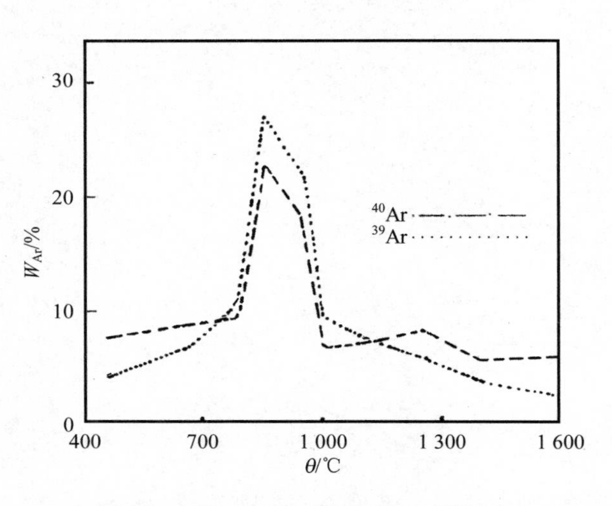

图 5-6 老湾金矿床石英矿物 ^{40}Ar、^{39}Ar 释气曲线

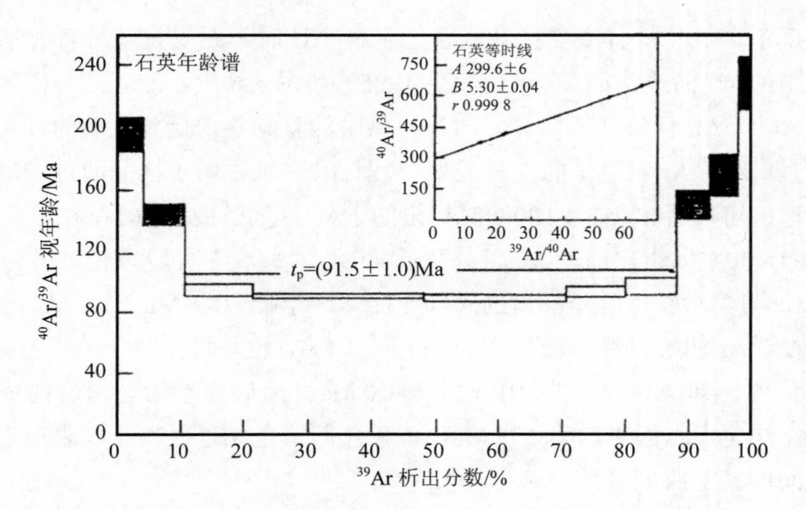

图 5-7　老湾金矿床石英矿物 $^{40}Ar/^{39}Ar$ 年龄谱

第六章　矿床地球化学

一、成矿物理化学条件

（一）成矿温度

对取自老湾金矿床中、晚成矿阶段两类矿石蚀变岩型和石英脉型中的矿物流体包裹体特征的研究证明，在老湾金矿床中存在以下几种流体包裹体：

Ⅰ液体包裹体：寄主矿物为石英，包裹体的气液比在30%以下（照片 11 至照片 13）；

Ⅱ气体包裹体：主要见于石英中（照片 14 至照片 16）；

Ⅲ含子矿物包裹体：子晶矿物为立方体形态的 NaCl（石盐）（照片 17）。

在这三类包裹体中以Ⅰ类最为发育，Ⅱ类较少见，而Ⅲ类则偶见于成矿中阶段的石英矿物中。矿床的流体包裹体以次生包体为主，常呈线性排列（照片 18 至照片 19）；原生包体数量少，常呈椭圆形，大小一般为 2.5～7.5 μm。老湾矿床包裹体所具有的特征显示出：①矿床中各种类型包裹体共存，证明成矿流体曾发生沸腾，但中、晚成矿阶段包裹体以液体为主要类型，反映出沸腾现象主要发生在成矿早阶段，即金-黄铁矿-石英阶段；②流体包裹体中子矿物很少存在，显示出流体包裹体的盐度较低即成矿过程中成矿热液的盐度较低。

老湾金矿床中、晚成矿阶段中石英包裹体的均一温度测量是在 LINKAM-THMS600 型冷热两用台上进行的，仪器误差为±1℃，重复测试相差 2～4℃，测得结果列于表 6-1 中。从表中可见该矿床在成矿中、晚阶段的平均温度约为 250℃和 200℃。

表 6-1　老湾金矿床矿物包裹体均一温度测量结果

样号	矿物组合	成矿阶段	样本	均一温度/℃		
				最低	最高	平均
SH1	Q-Ep-Py	中	Q	220	304	278
LW1	Q-Py	中	Q	240	267	252
LW2	Q-Py	中	Q	228	250	240
LW3	Q-Py-Cc	晚	Q	185	205	194
LW4	Q-Py-Cc	晚	Q	170	230	200

（二）成矿流体的盐度

对矿床流体包裹体的显微观察仅偶见个别包裹体中含有子晶矿物，说明在成矿中、晚阶段成矿流体的盐度较低。该次实验采用了 LINKAM-THMS600 型显微冷热两用台，测定了老湾矿床富液相包裹体的冰点，测试矿物为石英，测试结果如表 6-2 所示。根据下述公式由冰点计算成矿流体的盐度（Bodner，1993）：

$$Sal=0.00+1.78\theta-0.044\ 2\theta^2+0.000\ 557\ \theta^3 \qquad (6\text{-}1)$$

式中，Sal 为盐度（质量分数，%）；θ 为溶液的冰点降低数（℃），计算结果列于表 6-2 中。

表 6-2　老湾金矿床流体包裹体冰点及盐度结果

样号	测试矿物	成矿阶段	冰点温度/℃	盐度/%	盐度取值/%
SH1	石英	中	−4.0～−6.0	6.44～9.21	7.98
LW1	石英	中	−2.2～−4.3	3.71～6.88	5.32
LW3	石英	晚	−1.4～−4.0	2.43～6.45	4.81

由表可见，老湾金矿床的成矿热液盐度较低，在成矿的中、晚阶段平均盐度（质量分数）为 6.65%和 4.81%，这与液相包裹体中少见子矿物的地质现象相一致。

（三）成矿压力

成矿压力的确定常用到 CO_2 包裹体，由于老湾矿床 CO_2 包裹体少见，研究中采用了包裹体盐-水体系的 *P-V-T* 关系来确定其成矿压力。该矿床的流体包裹体主要属于水-盐体系，有液相与气相包裹体及少量的多相包裹体存在。成矿流体密度可由图解法和数值法获得。根据老湾金矿床成矿流体的温度和盐度，采用 Ahamd（1980）$NaCl-H_2O$ 体系的温度、盐度、密度的实验结果（图 6-1）确定矿床的成矿流体密度，分别为 0.84 g/cm^3、0.84 g/cm^3、0.9 g/cm^3。Cramer（1978，1980）对于热卤水的密度与温度和 NaCl 含量之间的关系，给出了下面的经验公式：

$$\rho_{aq}=\rho_w+[0.033\ 78+0.562\ 2\times10^{-5}\exp(T/66.0)]\rho_w m \qquad (6\text{-}2)$$

式中，ρ_{aq}、ρ_w 分别为热液及纯水的密度；T、m 为热液的温度与 NaCl 浓度（mol/kg），各参数值和计算结果如表 9-2 所示，成矿流体的密度分别为 0.8 g/cm^3、0.82 g/cm^3、0.89 g/cm^3，可见由两种方法得到的结果基本一致。

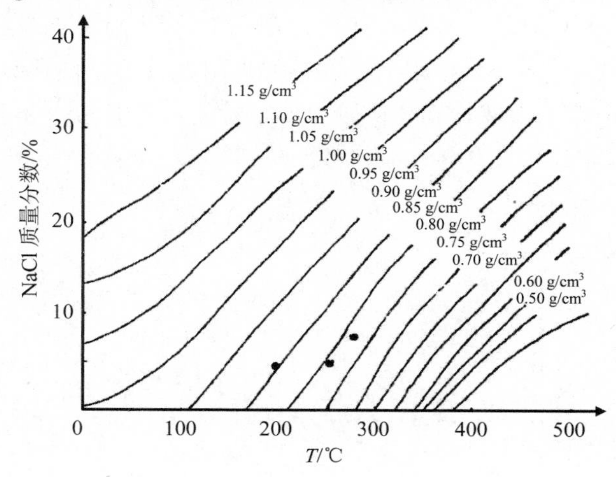

注：原图据 S.N. Ahamd 等，1980。

图 6-1　矿床成矿流体密度与盐度、均一温度关系图解

利用卢焕章（1997）提供的 $NaCl-H_2O$ 体系中温度-压力-密度的关系图解和流体的温度、密度值，确定了矿床的成矿压力为 45～90 MPa，即矿床埋深为 1.6～3 km。

（四）成矿氧逸度

Datterson（1981）等人的研究表明，利用气体之间的平衡关系可以估算成矿时的氧逸度。根据老湾金矿床包裹体中气相成分分析结果（表 6-5）以及取样温度

为 150～500℃，设定气体与共存的液、固相在下列反应中达到了平衡：

$$CO+1/2O_2 = CO_2 \quad (6\text{-}3)$$

$$CH_4+2O_2 = CO_2+2H_2O \quad (6\text{-}4)$$

因此，表述成矿氧逸度的表达式分别为

$$\lg f_{O_2}=-2\lg K_1+2(\lg X_{CO_2}-\lg X_{CO})+2(\lg\gamma_{CO_2}-\lg\gamma_{CO}) \quad (6\text{-}5)$$

$$\lg f_{O_2}=\lg P_{总}-1/2\lg K_2+1/2(\lg X_{CO_2}-\lg X_{CH_4}+2\lg X_{H_2O})+1/2(\lg\gamma_{CO_2}-\lg\gamma_{CH_4}+2\lg\gamma_{H_2O}) \quad (6\text{-}6)$$

式中 K_1、K_2 分别为上述两个方程式的平衡常数，可由热力学方法计算求出；γ 表示气体的逸度系数，可由气体的温度和压力与临界温度、临界压力的比值即对比温度、对比压力与气体逸度系数图上查到（纪饶龙，1979）；X 表示有关气体的摩尔分数（表 6-5）；$P_{总}$为成矿流体总压力，老湾金矿床以 600 bar 计算。由上述参数、方程和矿床流体包裹体的气相成分，得到老湾金矿成矿阶段的 $\lg f_{O_2}$-T 关系图解（图 6-2），结合流体包裹体的显微测温资料，可以得到矿床各成矿阶段的氧逸度值：石英-多金属硫化物成矿阶段（中阶段：250℃）：$\lg f_{O_2}$=−34～−44，平均−39；石英-多金属硫化物-碳酸盐阶段（晚阶段，200℃）：$\lg f_{O_2}$=−38～−50，平均−44。

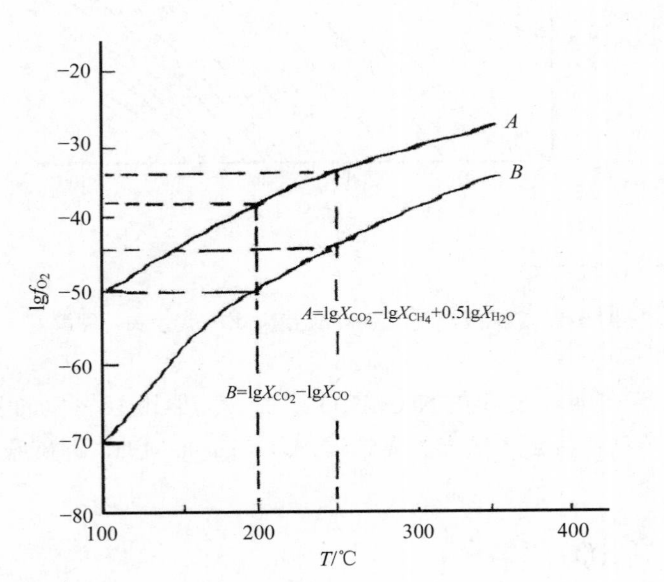

图 6-2 老湾金矿床 $\lg f_{O_2}$-T 关系图解

由两个阶段的氧逸度可知，矿床的氧逸度较低，反映矿床形成于较还原的环境中。

（五）成矿硫逸度

老湾金矿床硫逸度的确定是通过矿物共生组合及热力学计算来实现的。根据老湾金矿床存在黄铁矿、黄铜矿、闪锌矿、方铅矿等硫化物矿物，用下述平衡反应来表达矿物共生组合现象：

$$FeS_{(S)}+1/2\ S_{(g)} = FeS_{2(S)} \qquad (6\text{-}7)$$

$$Pb+1/2S_{2(g)} = PbS \qquad (6\text{-}8)$$

$$Zn+1/2\ S_{2(g)} = ZnS \qquad (6\text{-}9)$$

$$2S_{(l)} = S_{2(g)} \qquad (6\text{-}10)$$

$$5CuFeS_2+S_2 = Cu_5FeS_4+4FeS_2 \qquad (6\text{-}11)$$

$$2FeS+S_2 = 2FeS_2 \qquad (6\text{-}12)$$

假设上述各个反应方程中，固相和液相物质的活度为 1，则得到求取硫逸度的如下表达式：

$$\lg f_{S_2}=-\lg K \qquad (6\text{-}13)$$

K 为各反应方程式的平衡常数，可由热力学方法计算得到。老湾金矿床的硫逸度与矿物组合、温度的关系示于图 6-3 中。根据矿床中共生矿物组合限定成矿硫逸度：石英-多金属硫化物阶段硫逸度 $\lg f_{S_2}=-8.4\sim-13.8$，平均$-11.1$；石英-多金属硫化物-碳酸盐阶段硫逸度 $\lg f_{S_2}=-10.4\sim-16.8$，平均$-13.6$。

由矿床中矿物共生组合关系确定了成矿过程中硫逸度的变化范围，硫逸度从成矿早阶段到晚阶段逐渐降低，但硫逸度总体表现为相对较高，即成矿环境处于较还原环境。

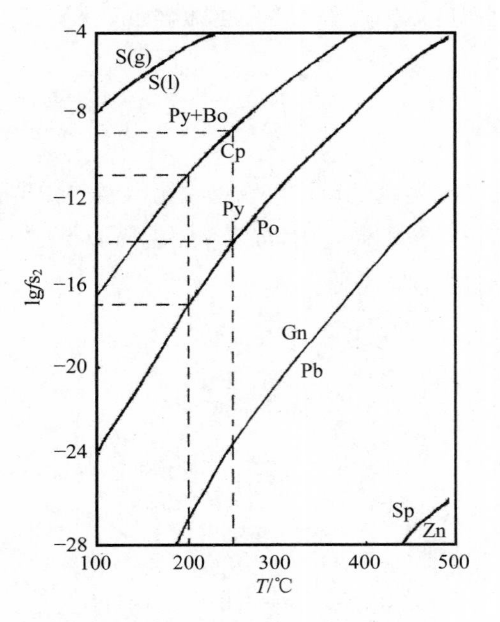

图 6-3　老湾金矿床 $\lg f_{S_2}$-T 关系图解

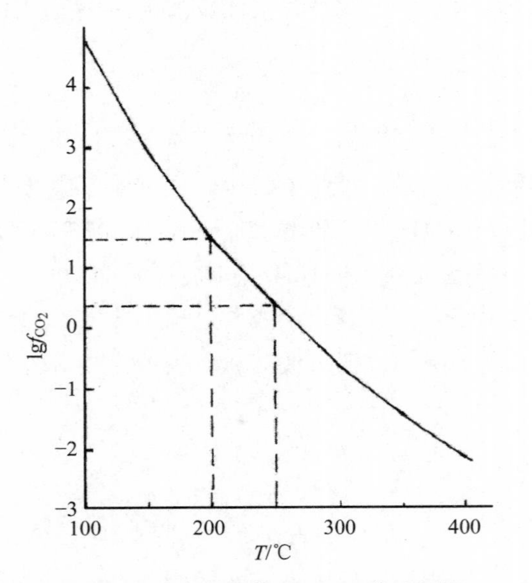

图 6-4　老湾金矿床 $\lg f_{CO_2}$-T 关系图解

（六）成矿的二氧化碳逸度（f_{CO_2}）

在一定的温度和压力条件下，流体中 CH_4、CO_2、H_2O、CO 等组分在成矿过程中达到化学平衡时，存在下列平衡化学方程式：

$$2H_2O+4CO_2 = CH_4+3CO_2 \quad (6\text{-}14)$$

依方程式进行数学变换可推导出二氧化碳逸度（f_{CO_2}）的数学表达式：

$$\lg f_{CO_2}=1/3\lg K-5/3\lg P_{总}+1/3(4\lg\gamma_{CO}-\lg\gamma_{CH_4}+2\lg\gamma_{H_2O})+1/3(4\lg X_{CO}-\lg X_{CH_4}+2\lg X_{H_2O}) \quad (6\text{-}15)$$

根据包裹体气相成分组成和有关热力学数据，可以解得 $\lg f_{CO_2}$-T 关系图解（图 6-4），由此得到老湾金矿床主成矿阶段的二氧化碳逸度，分别为石英-多金属硫化物阶段 $\lg f_{CO_2}=0.38$、石英-多金属硫化物-碳酸盐阶段 $\lg f_{CO_2}=1.51$。可见，随着成矿作用的进行，流体中的二氧化碳逸度逐渐增大，这与成矿晚阶段碳酸盐矿物大量出现相吻合。

（七）成矿 pH 值

根据成矿过程中形成的蚀变矿物组合，可以确定成矿的 pH 值。从矿区中普遍存在绢云母化，但缺乏高岭土化，设计以下反应方程式：

$$3KAlSi_3O_{8(S)}+2H^+ = KAl_3Si_3O_{10}(OH)_{2(S)}+6SiO_{2(L)}+2K^+ \quad (6\text{-}16)$$

$$2KAl_3Si_2O_{10}(OH)_{2(S)}+2H^++3H_2O_{(L)} = 3Al_2Si_2O_5(OH)_{4(S)}+2K^+ \quad 6\text{-}17)$$

假设上述两个方程中固相、液相的活度为 1，则经数学推导得到下式：

$$pH=1/2\lg K-\lg m_{K^+}-\lg\gamma_{K^+} \quad (6\text{-}18)$$

$$pH=1/2\lg K^+-\lg m_{K^+}-\lg\gamma_{K^+} \quad (6\text{-}19)$$

K、K^+为上述方程式的平衡常数，m_{K^+}、γ_{K^+}为溶液中 K^+离子的浓度和活度系数。由热力学数据和包裹体液相成分组成可以计算得到各成矿阶段的 pH 值：成矿中阶段 pH=6.5～7.6；成矿晚阶段 pH=7.0～7.3。可见成矿溶液的酸碱度接近中性或弱碱性。

（八）成矿 Eh 值

氧化-还原环境是矿质沉淀的影响条件之一，依据下列反应式可以得出成矿过程中的 Eh 值：

$$CH_4 + H_2O = CO + 6H^+ + 6e^- \quad (6\text{-}20)$$

$$CH_4 + 2H_2O = CO_2 + 8H^+ + 8e^- \quad (6\text{-}21)$$

则有

$$Eh_1 = E_1^0 + 3.3\times10^{-5}T\lg(f_{CO}/f_{CH_4}) - \lg f_{H_2O} - 6pH \quad (6\text{-}22)$$

$$Eh_2 = E_2^0 + 2.48\times10^{-5}T\lg(f_{CO_2}/f_{CH_4}) - 2\lg f_{H_2O} - 8pH \quad (6\text{-}23)$$

式中，E_1^0、E_2^0为各反应的标准电位值。计算结果为老湾矿段：矿区 Eh= −0.77～−0.91，平均−0.82，近矿围岩平均−0.81，矿体−0.82；上上河矿段：矿区 Eh= −0.62～−0.80，平均−0.72，矿体平均−0.70，近矿围岩−0.79。

计算结果表明，老湾矿带在成矿过程中无论是矿区、近矿围岩还是矿体，较低的 Eh 值反映了成矿时处在一种较弱的还原环境。

（九）成矿热液中 H_2S 浓度和总硫浓度的确定

根据热液系统化学性质的研究，在低温、低压和常见 pH 值（3～9）条件下，水溶液中含硫原子团主要类型有 H_2S、HS^-、SO_4^{2-}、HSO_4^-等。当热液体系的物理化学条件确定以后，热液中的各种硫离子溶解类型的含量也随之确定。在热液体系中，各类型含硫原子团存在如下平衡关系：

$$H_2S = H^+ + HS^- \quad (6\text{-}24)$$

$$2H^+ + 2SO_4^{2-} = H_2S + 2O_2 \quad (6\text{-}25)$$

$$HSO_4^- = H^+ + SO_4^{2-} \quad (6\text{-}26)$$

$$H_2S + 1/2O_2 = H_2O + 1/2S_2 \quad (6\text{-}27)$$

根据各个成矿阶段的物理化学条件，由质量平衡自理依据上述化学平衡关系式可以计算各成矿阶段成矿热液中各种硫溶解类型的摩尔系数和含硫原子团浓度、总硫浓度，计算结果列于表 6-3 中。结果表明，在各成矿阶段热液流体中硫的溶解类型以还原态的 H_2S 和 HS^-为主，在中阶段即石英-多金属硫化物阶段以 H_2S 占绝对优势，但在成矿的晚阶段 HS^-也起着较重要的作用。

表 6-3　老湾矿床成矿热液中水溶含硫原子团含量

成矿	摩尔分数					摩尔浓度				总硫浓度
阶段	C	X_{H_2S}	X_{HS^-}	$X_{SO_4^{2-}}$	$X_{HSO_4^-}$	$\lg m_{H_2S}$	$\lg m_{HS}$	$\lg m_{SO_4^{2-}}$	$\lg m_{HSO_4^-}$	$\lg m_{\Sigma s}$
中	1.050 9	0.951 6	0.022 8	0.019 9	5.7×10^{-3}	−2.161 2	−3.779 9	−3.841 6	−4.379 9	−2.139 7
晚	1.64	0.609 8	0.390 2	0	0	−1.638 2	−1.823 9			−1.420 2

二、流体包裹体地球化学

（一）包裹体液相成分特征

老湾金矿带各地质体的矿物包裹体液相分析结果及计算的有关参数列于表6-4中。由表中数据可以看出老湾金矿带中液相包裹体的成分具有如下特点：

表6-4　老湾矿带包裹体液相成分组成及参数　　单位：10^{-6}

矿床	样号	测试矿物	Na^+	K^+	Ca^{2+}	Mg^{2+}	F^-	Cl^-	SO_4^{2-}	K/Na	F/Cl
老湾	LW1	石英	9.53	17.00		0.07	0.95	27.75	4.14	1.05	0.076
	LW2	石英	12.00	6.24		0.08	1.99	6.90	11.88	0.31	0.56
	LW3	石英	22.20	30.40		0.30	2.09	42.80	12.42	0.80	0.096
	LW4	石英	14.00	15.67		0.07	0.87	29.12	4.32	0.66	0.059
黄竹园	H54	石英	4.68	8.57		0.06	1.54	6.71	5.09	1.07	0.45
凉亭	LT	石英	2.29	8.86		0.06	1.79	4.84	3.39	2.28	0.73
老湾花岗岩	LW32	石英	10.43	17.13	1.30	0.32	0.38	3.01	6.78	0.97	0.25

（1）岩浆热液成分特点：老湾花岗岩矿物包裹体液相成分分析结果显示流体高K^+、Na^+含量、低Ca^{2+}、Mg^{2+}含量的特点，K^+/Na^+、F^-/Cl^-分别为0.97、0.25，岩浆热液离子组合为Na^+-K^+-Cl^-型。与邻区花岗岩岩浆热液的离子组合一致，如豫西花山花岗岩矿物包裹体液相成分也以高Na^+、K^+含量，低Ca^{2+}、Mg^{2+}含量为特征。

（2）老湾金矿床热液成分特点：从表中包裹体液相成分组成可以看出，成矿流体中K^+、Na^+含量远高于Ca^{2+}、Mg^{2+}的含量，其中K^+的最高含量达30×10^{-6}，Na^+的最高含量达到22.2×10^{-6}，流体中K^+的浓度低于Na^+的浓度，K^+/Na^+一般都小于1，平均0.71。流体中阴离子以Cl^-占优势，显示Cl^-在成矿过程中对成矿物质的迁移起着重要作用。液相组成分析表明了成矿流体离子组合为Na^+-K^+-Cl^-型。在主要成矿阶段流体成分表现出随时间的演化，Na^+、Cl^-离子增加的趋势（图6-5），但SO_4^{2-}在流体演化中没有表现出显著的变化趋势。

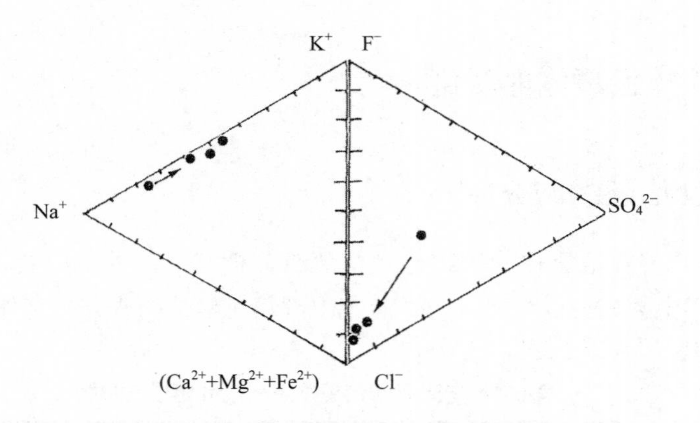

图 6-5 矿床流体包裹体液相成分特征图解

（3）黄竹园矿床包裹体液相成分分析结果表明其成矿流体离子组合类型为K^+-Na^+-Cl^-型。液相成分中的K^+/Na^+为 1.07，F^-/Cl^-为 0.45；凉亭金矿流体包裹体液相成分中，Na^+、K^+、Cl^-、F^-为优势离子，流体的离子组合类型为K^+-Na^+-Cl^--F^-型。K^+/Na^+为 1.08，F^-/Cl^-为 0.73。

（4）根据老湾金矿带各矿床成矿流体组分特征，成矿热液的离子组合类型均为 K^+-Na^+-Cl^--(F^-)型，反映了整个矿带成矿流体的形成具有一定的相似性，流体的成分对研究矿床的成因有一定的指示作用，即常通过流体的成分来探讨其来源。如大气降水演化成的成矿热液中离子比值分别为 Na^+/K^+=1～7.5、Ca^{2+}/Mg^{2+}=9.96～45、F^-/Cl^-=0.03～0.12，以高的Ca^{2+}/Mg^{2+}为主要特征；石油卤水或盆地卤水演化成的成矿热液以高的 Ca^{2+}/Mg^{2+}、低的 K^+/Na^+和较大的变化范围为特征，如 K^+/Na^+=0.033～1.82、Ca^{2+}/Mg^{2+}=2.84～66.78；而岩浆热液以较高的K^+/Na^+和低的 Ca^{2+}/Mg^{2+}区别于其他来源的成矿热液：K^+/Na^+=0.66～1.33、Ca^{2+}/Mg^{2+}=0.57～8.85（胡受奚等，1998）。F^-/Cl^-同样也对热液来源具有指示意义，当 F^-/Cl^-很小时，反映热液为原生沉积或地下热卤水成因，如河北小营盘矿床变质热液中的F^-/Cl^-仅为 0.006。由老湾矿带成矿流体中 K^+/Na^+、F^-/Cl^-可知，老湾矿床中的K^+/Na^+、F^-/Cl^-平均为 0.81、0.2，黄竹园金矿床的K^+/Na^+、F^-/Cl^-为 1.07、0.45，并且由于包裹体中Ca^{2+}离子含量极低，所以Ca^{2+}/Mg^{2+}也就很低，与上述各种成因的成矿热液中的 K^+/Na^+、F^-/Cl^-相比较，显示了老湾矿床和黄竹园矿床的成矿热液具有岩浆热液的性质。由老湾矿床与老湾花岗岩中包裹体液相成分离子组合类型、K^+/Na^+、F^-/Cl^-等方面进行比较，可以发现它们之间是相似的，也说明了成矿流体的岩浆热液成因。

（5）如果成矿热液源自花岗质岩浆，则由于花岗质岩浆富钾、钠和贫钙，在其结晶过程中钙易于富集于早期结晶的斜长石和暗色矿物中，所以岩浆热液应是富钾、钠和贫钙，即岩浆结晶不可能产生富钙的热液。大气降水转化而成的地热水或热卤水常常具有高钙（Ca＞Na＞K）或钙含量较高（Na＞Ca＞K）的特征（Backob，1989）。老湾矿床、黄竹园矿床包裹体的液相成分组成以高 Na^+、K^+含量，贫 Ca^{2+}、Mg^{2+}含量为特征，表明了该成矿热液的离子组合与岩浆热液是一致的。

综上所述，老湾矿床，包括黄竹园矿床矿物包裹体液相成分所具有的高 Na^+、K^+，低 Ca^{2+}、Mg^{2+}含量，低的 Ca^{2+}/Mg^{2+}和成矿热液的离子组合类型（K^+-Na^+-Cl^-型）、K^+/Na^+、F^-/Cl^-相似等特征，均反映了成矿流体主要来源为岩浆热液。

（二）包裹体气相成分特征

表 6-5 列出了老湾矿床、黄竹园矿床以及凉亭矿床的矿物包裹体气相组成和相关参数，从表中可以看出，如果不计气相中水的组成，则各矿床包裹体的气相成分中均是以 CO_2 为主。气相成分测定表明，石油卤水热液体系中气相成分以 CH_4 和 CO 为主，CH_4/CO_2 为 2.5～8.64，CO/CO_2 为 1.1～11.5；变质热液体系中的 CO_2/H_2O 为 0.1～1.8。老湾矿床、黄竹园、凉亭等金矿床的包裹体气相成分中 CH_4/CO_2、CO/CO_2 很低，并且 CO_2/H_2O（0.007～0.068）也远低于变质热液，与岩浆热液中气相成分 CH_4/CO_2、CO/CO_2 和 CO_2/H_2O（胡受奚等，1998；黎世美等，1993）相一致。

表 6-5　老湾矿带矿物包裹体气相成分　　单位：10^{-6}mol/g

矿床	样号	测试矿物	H_2O	CO_2	CH_4	CO	N_2	CH_4/CO_2	CO/CO_2	CO_2/H_2O
老湾	LWI	石英	30.466	2.083	0.013	0.024	0.047	0.006 2	0.012	0.068
	LW2	石英	49.918	0.682	0.019	0.016	0.016	0.028	0.023	0.014
	LW3	石英	73.147	1.887	0.087	0.140	0.044	0.046	0.074	0.026
	LW4	石英	54.817	0.802	0.004	0.054	0.011	0.005	0.067	0.015
黄竹园	H54	石英	29.433	2.373	0.000	0.107	0.000		0.045	0.081
凉亭	LT	石英	33.392	0.221	0.000	0.135	0.000		0.61	0.007

三、常量元素地球化学

（一）韧性剪切带糜棱岩质量平衡研究

老湾金矿床赋存于龟山岩组中，矿床围岩主要为二云石英片岩和斜长角闪片岩，原岩恢复表明它们的原岩分别为沉积岩和火山岩。

龟山岩组在扬子板块和华北板块多次碰撞中，构造运动使变火山岩和变沉积岩发生动力变形变质形成千糜岩、糜棱岩或超糜棱岩，运用质量平衡分析，确定龟山岩组在变形变质过程中岩石物质组分的迁移变化程度和物质迁入、迁出的方向。表 6-6 列出了韧性剪切带中糜棱岩类及原岩的岩石化学成分。原岩化学成分的确定通常采用两种方法：一是在野外露头上确定出糜棱岩标本的具体原岩，这样可以准确地研究糜棱岩化前后物质的迁移情况；二是虽然可以确定原岩类型，但原岩的化学成分已发生一定范围的变化，这样可以采用平均化学成分方法加以确定。由于该韧性剪切带的多次活动已使原岩遭到多次变形，原岩的化学成分不可避免地发生了变化，因此在该次研究中采用第二种方法来确定原岩成分。

确定物质的迁移有以下四类限制条件（Olsen et al，1991）：①假设糜棱岩化前后质量守恒；②体积守恒；③某种组分守恒（常用 Al_2O_3 或氧守恒）；④一些元素迁移量很小，在糜棱岩化前后这些元素间的比例保持不变，它们可以构成一条质量等比线，用来确定物质的迁移（Grant，1986）。在该次研究龟山岩组糜棱岩带物质组分的迁入、迁出时，采用组分守恒即采用 Al_2O_3 守恒的限制条件。

设一块质量为 m_0 的原岩，糜棱岩化后质量变为 m_A，新增加质量 $\Delta m=m_A-m_0$，对某种组分则增加量为 Δm_i。组分 i 糜棱岩化前后的浓度存在如下关系：

$$C_i = \frac{m_0}{m_A}\left(C_i^0 + \Delta C_i\right) \tag{6-27}$$

式中，C_i 为糜棱岩化后该组分 i 的浓度，C_i^0 为原岩中 i 组分的浓度，ΔC_i 为组分 i 新增加的浓度，$\Delta C_i=\Delta m_i/m_0$。当上述条件①满足时，$m_0=m_A$，则 $C_i = C_i^0 + \Delta C_i$；当条件②满足时，则有 $C_i = \frac{d_0}{d_A}\left(C_i^0 + \Delta C_i\right)$，$d$ 为密度；当条件③满足时 $C_{Al_2O_3} = \frac{m_0}{m_A} C_{Al_2O_3}^0$，对其他组分则存在下列关系：$C_i = \frac{C_{Al_2O_3}}{C_{Al_2O_3}^0}\left(C_i^0 + \Delta C\right)$；当条件④

满足时，某些不迁移元素$\Delta C=0$，则有$C_i=\frac{m_0}{m_A}C_i^0$。很明显，在上述各种条件下这些组分位于（C_i、C_i^0）直角坐标系中过原点、斜率为m_0/m_A的质量等比线上。利用这条等比线可以确定其他迁移元素的迁移量，其迁移量用$\Delta C_i/C_i^0$来描述。

表 6-6　龟山岩组二云石英片岩原岩和糜棱岩主量元素平均成分

岩石类型	SiO_2	TiO_2	Al_2O_3	CaO	MgO	Fe_2O_3	FeO	K_2O	Na_2O	MnO	P_2O_5	Σ
原岩	64.38	0.73	15.06	1.25	2.25	3.57	3.66	3.4	0.51	0.081	0.14	95.03
初糜棱岩	73.11	0.57	13.29	0.50	2.07	4.15	0.86	2.72	2.45	0.11	0.15	99.98
糜棱岩	65.61	0.75	16.95	1.25	2.71	3.31	4.06	3.53	1.61	0.07	0.14	99.99
超糜棱岩	68.80	0.63	14.25	1.84	2.02	5.23	2.05	3.84	1.06	0.13	0.12	99.97

按照以下两个方面研究糜棱岩类物质组分的迁移情况：①糜棱岩类相对于片岩原岩的组分迁移；②糜棱岩类之间的成分变化。由于缺乏微量元素化学成分资料，所以仅讨论岩石的常量元素。以Al_2O_3守恒为条件，判断松扒韧性剪切带原岩与糜棱岩类之间的物质迁移变化，依据质量等比线。一般规定，对质量分数低于10%的组分，$\Delta C/C_i^0\leqslant 0.1$时都认为无明显迁移，反之则为有明显迁移；质量分数大于10%的组分，如Al_2O_3、SiO_2等，$\Delta C/C_i^0\leqslant 0.5$也认为无明显迁移。根据各岩石类型之间的质量平衡研究，得到剪切带的物质迁移存在如下特征：

（1）由原岩经动力变质变形至糜棱岩类：由原岩变质变形为初糜棱岩，物质组分迁移的质量等比线为$C_i=0.88C_i^0$，迁入的物质组分有Na_2O、MgO、P_2O_5、MnO、SiO_2，迁出的组分有K_2O、TFeO、TiO_2、CaO，其中明显迁入、迁出的组分为SiO_2、Na_2O和CaO、TFeO、K_2O等，总迁入质量为16.32%；由原岩变形变质为糜棱岩，质量等比线为$C_i=1.13C_i^0$，明显迁入、迁出的物质组分为MgO、Na_2O和SiO_2、TFeO、K_2O、CaO，总迁出质量为7.32%；由原岩变形变质为超糜棱岩，质量等比线为$C_i=0.95C_i^0$，明显迁入、迁出的物质组分有SiO_2、CaO、K_2O、Na_2O和MgO、TiO_2等，总迁入质量为9.75%。

（2）糜棱岩类之间的质量迁移：以初糜棱岩为原岩、变形变质为糜棱岩，质量等比线为$C_i=1.28C_i^0$，明显迁入、迁出的物质组分为CaO、TFeO、K_2O和SiO_2、MgO、NaO等，总迁出质量为8.65%；在糜棱岩-超糜棱岩中，以糜棱岩为原岩，构成的质量等比线为 $C_i=0.84C_i^0$，明显迁入、迁出的物质组分为 SiO_2、CaO、TFeO、K_2O 和 MgO、Na_2O 等，总迁入质量为 15.96%。

（3）质量平衡分析表明，松扒韧性剪切带在整个形成过程中，不存在明显质量和体积损失，损失量大约为 1.86%。但在由原岩变形变质为糜棱岩类过程中，发生了大规模的物质迁入，其中 SiO_2 迁入量达 17.2%、Na_2O 迁入量达 3.61%；迁出的组分中以 Ca、Fe 为主，迁出程度分别为 9%、24%。金等成矿物质在此过程中也趋于糜棱岩类岩石中富集。根据矿带内外龟山岩组中 Au、As、Cu、Ag 等主要成矿元素平均含量的比较，带内强烈变质变形的岩石中各元素的含量均高于未明显变质变形带外岩石，其中 Au 元素平均含量增高 64%，其他元素提高 44%～254%。因此，尽管在韧性剪切过程中剪切带的质量和体积基本守恒，而 Au 及相关伴生元素则得到了进一步富集。如对广东新洲剪切带 Au 等微量元素在韧性剪切过程中的行为研究结果就与此相一致：从剪切带的边缘到中央，由云母石英片岩-云母石英初糜棱岩-云母石英糜棱岩-超糜棱岩，全岩的金含量明显增加。

在秦岭造山带中，有较多的金银矿床与韧性剪切带有密切关系（王相等，1996），扬子地台北缘的银洞沟银金矿床就赋存在武当群变火山岩组与变沉积岩组间的韧性剪切带中。研究表明韧性变形变质作用促使原岩中银金等贵金属活化迁移，随剪切变形变质热液在强应变带中沉淀，形成初始矿源层（雷世和等，1998）。从该区韧性剪切带的变形变质过程与成矿元素 Au 的富集方向来看，Au 也趋向于强变形变质岩石中富集，二者是很相似的。这可能反映了韧性剪切带与矿床形成的内在联系。

（二）成矿作用过程中的质量平衡研究

老湾金矿的围岩经过成矿作用后，两类主要岩石类型所形成的矿石分别为硅化的二云石英片岩和绿帘石化的斜长角闪片岩，研究在成矿作用过程中各岩石类型从远矿围岩（区域岩层）→近矿围岩（矿区）→蚀变岩→矿体的范围内，其组成成分表现出的地球化学行为，有利于确定成矿物质的来源和研究矿床成因。各类型岩石、矿石化学组成如表 6-7 所示。

表 6-7 老湾金矿区岩石、矿石化学含量

	二云石英片岩				斜长角闪片岩			
	远矿围岩	近矿围岩	蚀变岩	矿体	远矿围岩	近矿围岩	蚀变岩	矿体
SiO_2	64.09	64.38	67.12	67.28	44.61	52.92	57.5	55.8
TiO_2	14.85	15.06	15.89	15.04	0.48	0.75	0.67	0.40
$A1_2O_3$	14.85	15.06	15.89	15.04	14.41	15.72	18.20	10.91
Fe_2O_3	3.86	3.57	3.01	6.87	3.63	3.43	4.20	10.41
FeO	3.39	3.66	4.01	1.58	4.35	5.20	4.97	1.97
MnO	0.08	0.08	0.07	0.08	0.16	0.10	0.13	0.15
MgO	2.41	2.25	2.6	2.70	6.34	5.29	4.15	2.22
CaO	1.33	1.25	1.19	1.42	13.68	6.14	5.35	4.32
Na_2O	1.47	0.51	1.57	1.42	2.47	2.73	3.67	0.96
K_2O	3.53	3.40	3.38	4.00	1.43	1.87	2.04	2.67
Au	3.7	4	860	2 090	4.0	3.1	640	95 600
Cu	42	98	120	4	62	55	94	2 600
As	4.8	11	38	38	2.4	4.4	188	331
Co	15	13.2	59	43	31	36	42	22
Ni	15	13.2	59	43	83	123	77	7
Ba	38	25	23	＜4	397	324	349	109
∑REE	0	219.96	196.98	20.17	0	91.9	89.17	16.51

注：常量元素单位为%；微量元素单位为 10^{-9}。

Maclan 和 Kranidiotis（1981）提出了用不活动元素计算蚀变岩体系质量变化的方法。所谓不活动元素，指的是不易溶于流体相且不易被其携带运移的元素。在地球化学作用过程中，元素的活动能力与它们的熔点和沸点有关，熔点、沸点愈高，迁移能力愈弱；反之，迁移能力愈强。如 Hf、Zr、Ti 和 Ta 等高熔点元素稳定性强、迁移能力低，而熔点低的元素 Rb、Cs、K、Na 等则易于迁移；对于金属离子，电价和半径影响着元素的迁移，一价碱金属的化合物通常是易溶解的，二价碱土金属则形成较难溶解的化合物，三价金属铝以及更高价的 Nb、Ta 等金属化合物更难溶解。一般离子键矿物溶解度随离子半径的减小和电价增大而减小，所以它们的迁移能力也就小。离子电价（z）和离子半径（r）的比值就被用来确定活动和非活动元素，$z/r>3$ 的元素具高离子电位和低离子场强，为非活动元素；

$z/r<3$ 的元素具低离子电位和高离子场强，为活动元素。解庆林等（1997）根据对蚀变岩体系质量变化的研究，对一系列原岩-蚀变岩对的元素分析数据作 C_0–C_A 散点图，认为不活动组分含量散点的轨迹即蚀变线应为通过原点的直线。但由于采样、分析误差的存在和组分不可能完全不活动，所以不活动组分在蚀变趋势图上，蚀变线也有可能略偏离原点，而且不同的不活动组分蚀变线的斜率也会不同。根据老湾金矿床远矿围岩-蚀变岩样品分析数据（表 6-7），分析各元素的蚀变趋向，得到近于通过原点的直线的蚀变线的组分为 MgO、Na_2O、K_2O，回归方程分别为：

$$C_A=0.83+0.67\,C_0 \tag{6-29}$$

$$C_A=0.32+C_0 \tag{6-30}$$

$$C_A=0.68+0.78C_0 \tag{6-31}$$

相关系数分别为 0.98、0.74、1。Mg 为亲石元素，熔点、沸点较高，氧化物的溶解度较小，z/r 为 3.03，属非活动元素；Na、K 元素的各种化合物均具较大溶解度，z/r 分别为 1.03 和 0.75，属活动元素，在各类地质作用中均具较大活动性，所以选取 Mg 作为不活动组分。

以 MgO 回归方程作为质量等比线，得到在成矿过程中各组分的迁移特征如下：①从远矿围岩至近矿围岩、由围岩蚀变为蚀变岩的过程中，全部表现为迁入的组分有 SiO_2、Al_2O_3、TFeO、K_2O、Cu、Co、Ba、REE，全部表现为迁出的组分有 TiO_2、CaO；②变化复杂的组分有 Na_2O、Ni、Au 等元素或化合物，其中 Na_2O、Ni 在二云石英片岩中由远矿围岩至近矿围岩表现为迁出，Au 在斜长角闪片岩中表现为由远矿围岩至近矿围岩的迁出，在其他阶段各组分均为迁入。

以 MgO 为不活动组分分析蚀变岩的质量平衡分析表明，成矿过程中金在两种岩石类型中表现出的不同迁移特征反映了成矿物质的来源。二云石英片岩在韧性剪切动力变形变质过程中，Au 由原岩向强烈变形的糜棱岩类中迁移即趋向于强应变带中富集，在成矿作用中金的迁入，说明在成矿过程中二云石英片岩提供了部分成矿物质，同时又是利于物质沉淀、富集的岩石类型；斜长角闪片岩由远矿围岩-近矿围岩-蚀变岩，金的含量变化趋势较复杂，即由远矿围岩至近矿围岩金的含量降低、迁出，由近矿围岩至蚀变岩金迁入、含量增高，呈鞍形变化形式显示出斜长角闪片岩也为矿床的形成提供了成矿物质。

四、硅质岩地球化学意义

在老湾矿区Ⅱ岩片中分布有硅质岩，岩石主要呈捕虏体分布在辉绿-辉长岩中或在二云石英片岩中呈不连续的板片状、薄层状分布。岩石主要矿物成分为石英（85%～98%），含少量白云母、黑云母、石榴石、磁铁矿、重晶石等。地质产状表明其与二云石英片岩、斜长角闪片岩等岩石同时形成。因此，研究老湾矿区硅质岩的地球化学特征，有助于了解老湾金矿的成矿地质背景。

现代海底热液成矿作用研究已经证明，古代海底硫化物矿床与现代正在进行的海底成矿作用无论是成矿过程、成矿机制还是成矿类型等均表现出明显的一致性，因而可以利用现代海洋所取得的研究成果来探讨古代矿床的成矿特征。老湾矿区硅质岩的常量元素含量列于表 6-8 中。为了便于对比，同表列出了陕西柞水银洞子银铅矿区的硅质岩岩石化学成分，地质学、岩石学及地球化学研究证明了此硅质岩为海底热液沉积成因（薛春纪，1991）。从表 6-8 中所列各成因类型硅质岩的常量元素含量可以看出：①生物成因以及与海底热泉有关的硅质岩均具有高硅低铝的特征，SiO_2 的含量高于 90%；与海相火山作用有关的硅质岩则 SiO_2 含量较低，Al_2O_3 较高；②铁、镁质含量在三者之间存在显著的差别，产于块状硫化物矿床中的硅质岩富铁、镁，而其他成因的硅质岩相对贫铁、镁。从表中可见，生物成因和与海底热泉有关的硅质岩的含铁量仅分别为 0.51%和 1.37%，生物成因的硅质岩 MgO 含量甚至仅为 0.02%，远低于产于块状硫化物矿床中的硅质岩；③由于海相火山气液矿床的成矿作用在海底或接近海底的条件下，火山气液或海水渗透淋滤出矿质并在热对流机制作用下流入海中，与海水作用形成块状硫化物矿床。其成矿原理决定了与其相关的硅质岩应具有高 Ti 含量的特点，表 6-8 中数据反映出了这一特征；④老湾矿区的硅质岩、银洞子硅质岩中的常量元素含量均为低硅、高铝、高铁镁质、高钛的特点。老湾矿区硅质岩中 SiO_2 含量为 85.22%，高于银洞子，但低于生物成因、与海底热泉有关的硅质岩；铁质含量也较高，镁质含量与铜洞子相近，Ti 的含量也较高，在 TiO_2-Al_2O_3 关系图解中的投点（图 6-6）落入火山或海底热水成因硅质岩区。由此表明老湾矿区出露的硅质岩应与海相火山成矿作用有关。

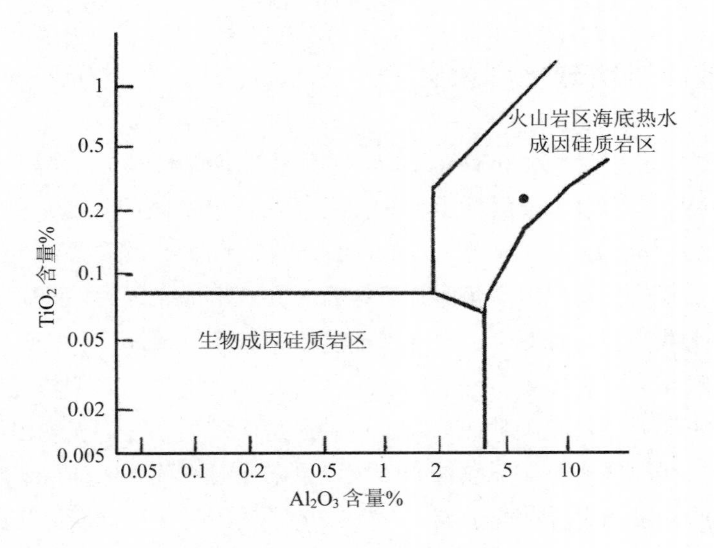

注：底图引自陈振强等，1998。

• 老湾硅质岩

图 6-6　硅质岩的 $TiO_2-Al_2O_3$ 投影图

表 6-8　不同成因类型硅质岩的化学成分　　单位：%

成因类型	SiO_2	TiO_2	Al_2O_3	Fe_2O_3	FeO	CaO	MgO	MnO	K_2O	Na_2O	P_2O_5
生物成因	95.96	0.03	0.71	0.43	0.08	0.30	0.02	0.02	0.05	0.18	0.03
产于块状硫化物矿床中	65.40	0.50	15.90	1.35	4.75	0.88	0.98	0.10	1.90	7.86	0.08
	71.10	0.45	12.10	0.50	4.90	0.25	1.84	0.13	1.69	2.97	0.07
	52.6	1.15	15.50	3.00	11.90	1.37	3.68	0.14	3.09	3.78	0.31
与海底热泉有关	92.31	0.23	2.89	0.43	0.94	0.47	0.95	0.25	0.45	0.33	0.05
银洞子硅质岩	52.48	0.44	17.13	1.70	3.21	2.19	0.76	0.17	2.59	3.81	0.20
老湾硅质岩	85.22	0.33	6.17	2.58	0.38	0.22	0.69	0.15	0.93	0.53	0.11

常量元素的比值有助于判别硅质岩的成因，表 6-9 中列出了不同成因类型的硅质岩常量元素间的含量比值，和已经研究证明其为火山沉积型硅质岩的凤太矿田（张复新等，1988）、银洞子矿田的硅质岩元素比值，同表列入老湾矿区硅质岩相应元素比值。从表中可以看出，凤太矿田、银洞子矿田的硅质岩常量元素比值均与火山沉积型硅质岩相似，与其他研究者得出的结论相符，而老湾矿区硅质岩

的两个主要指标 SiO_2/Al_2O_3、$SiO_2/(K_2O+Na_2O)$ 比凤太、银洞子更接近于火山沉积型硅质岩，Fe_2O_3/FeO 较大可能是后期遭氧化所致。

表 6-9　不同类型硅质岩常量元素比值

成因类型	SiO_2/Al_2O_3	$SiO_2/(K_2O+Na_2O)$	SiO_2/MgO	Fe_2O_3/FeO
正常生物化学沉积硅质岩	107	235	346	4.4
火山沉积型硅质岩	13.7	36	69.5	0.46
海底热泉型燧石岩	31.9	183	79.2	0.51
凤太矿田硅质岩	57.3	155	42.8	0.06
银洞子矿田硅质岩	3.06	8.2	69	0.53
老湾矿区硅质岩	13.8	58	123	6.79

综上所述，老湾矿区硅质岩的地球化学特征，反映出其成因应与海底火山喷溢作用有关。

海底喷溢成矿作用是在拉张环境中如大洋中脊、海沟、弧后盆地和大陆裂谷等进行的，在不同的构造演化环境中可以产生不同类型和特征的喷流产物（Fouquet，1991）。现有的资料显示，在秦岭-桐柏造山带广泛存在着与海相火山作用相联系的块状硫化物矿床的成矿机制，如凤太铅锌矿、碧口铜及多金属硫化物矿床、刘山崖铜矿、围山城金银矿、位于华北板块南缘熊耳地体中的金矿如半宽金矿以及研究区域内的老湾金矿（元古代时的初始富集过程）等成矿物质均来源于海底火山喷发，成矿时间或矿源层形成时间为中晚元古代和早-中古生代，与扬子板块、华北板块的俯冲碰撞以及其后已拼合成一体的两大板块的裂解时间相对应。在板块的俯冲碰撞或裂解过程中形成了弧后盆地或大陆裂谷等有利于块状硫化物矿床形成的构造环境，海水的深循环最终形成了矿床或矿源层。如果这作为一种成矿模式，应对扬子板块的北缘和秦岭-大别造山带的大别山段寻找金属或金矿床具有指示意义。多数研究者视大别山的地质构造演化历史与秦岭-桐柏相一致；扬子板块北缘的地球化学研究也表明其存在与华北板块南缘相似的构造发展历史（凌文黎等，1996），因此，大别山与扬子板块的北缘均已具备了形成块状硫化物矿床的地质条件。

五、微量元素和稀土元素地球化学

（一）微量元素地球化学

1. *矿物微量元素*

老湾金矿床中主要的金属硫化物矿物为黄铁矿，它出现在各个成矿阶段。矿物赋存形态以粗粒、细粒或细脉状为主。黄铁矿的微量元素电子探针分析结果如表 6-10 所示，对黄铁矿的微量元素分析反映出：①在粗粒、细粒黄铁矿中均普遍含有深源元素 Co、Ni、Mo 和低温元素 As、Pb；②细粒黄铁矿中 Au、As 的含量高于粗粒黄铁矿，Co 含量低于粗粒黄铁矿；③Co/Ni 以粗粒黄铁矿数值较大，二者均大于 1。

微量元素及其比值对矿床的物质来源与成因有一定的指示作用。Co、Ni 是常见的以类质同象方式存在于黄铁矿晶格中的微量元素，一般认为沉积成因和层控型黄铁矿中 Ni＞Co，Co/Ni＜0.6；沉积成因黄铁矿中 Co 含量小于 1×10^{-6}；热液成因黄铁矿中的 Co/Ni=1～3，Co 含量为 4×10^{-6}～24×10^{-6}；火山成因黄铁矿中 Co/Ni 为 2.57～8.42（周学武，1994）。典型岩浆热液形成的黄铁矿平均 Co 含量为 60.6×10^{-6}，Ni 含量为 22.6×10^{-6}，Co/Ni＞1，Se 含量为 20～50×10^{-6}；典型火山热液成因的黄铁矿 Co 含量大于 $1\,000\times10^{-6}$，Se 含量大于 56×10^{-6}，Co/Ni 远大于 5（徐国风，1982）。对比该区黄铁矿中的 Co、Ni 平均含量与 Co/Ni 分别为 $1\,600\times10^{-6}$、290×10^{-6} 和 2.92，Se 的平均含量为 570×10^{-6}，可以看出该区黄铁矿与沉积成因黄铁矿 Co、Ni 元素地球化学指标相差甚远，其形成应与沉积成因无关，而应为岩浆热液、火山热液形成。

表 6-10　老湾矿床黄铁矿电子探针分析结果　　单位：%

粒度	样号	Au	Ag	As	Sb	Pb	Cu	Mo	Co	Ni	Te	Se	Co/Ni
粗粒	电 1	0.096		0.028	0.013		0.042	0.477	0.96		0.029	0.029	
	电 17		0.036	0.055		0.576	0.017	0.563	0.037	0.017		0.047	2.18
	电 18	0.007	0.056	0.116	0.033	0.428		0.468	0.032				
	电 23	0.004		0.062	0.004	0.434	0.014	0.464	0.057	0.011	0.011		5.18
	平均	0.036	0.046	0.065	0.007	0.479	0.024	0.493	0.272	0.014	0.02	0.038	3.68

粒度	样号	Au	Ag	As	Sb	Pb	Cu	Mo	Co	Ni	Te	Se	Co/Ni
细粒	电 2			0.094		0.267		0.566	0.059	0.088	0.003		
	电 17	0.072		0.034		0.577	0.055	0.014	0.036		3.93		
	电 18	0.065		0.13		0.735		0.492	0.008		0.036	0.145	
	电 21	0.212	0.017	0.34		1.008		0.578	0.073	0.051		0.008	1.43
	电 23	0.036		0.084		0.655	0.013	0.496	0.047	0.018			2.61
	平均	0.096	0.017	0.136		0.666	0.013	0.542	0.048	0.043	0.024	0.077	2.16

2. 岩石、矿石微量元素

老湾矿床矿石、岩石微量元素含量如表 6-11 所示。由表可见微量元素在围岩、蚀变岩、矿石间存在如下特征：①在两类岩石、矿石中，元素含量自围岩-蚀变岩-矿石表现为升高的元素有 As、Au，降低的元素有 Cr、Ni、Sc；②由围岩至蚀变岩含量升高的元素有 Rb、Zr、Cu、Co 等，由蚀变岩至矿石降低的元素有 Rb、Sr、Nb、Zr、Th、Cr、Ta；③如果以 C_A=0.83+0.67C_0 为质量等比线，则得到在成矿过程中带入的元素有 Rb、Ba、Nb、Zr、Th、As、Cu、Co、Au 等，由围岩至蚀变岩含量升高的元素带入程度更高于含量降低的元素。

在成矿作用过程中，元素的迁移、带入与带出，不仅与元素具有的地球化学特征有关，而且与流体介质的温度、pH、Eh 值、阴离子种类、浓度等均有关，当存在合适的硅酸盐矿物与硫化物时，离子以类质同象或补充电价的形式进入矿物晶格。假设老湾矿区流体在成矿过程中保持稳定的地球化学条件，则具相似地球化学性质的元素可以指示成矿物质来源。表 6-12 列出了矿床中各类岩石、矿石微量元素比值和老湾花岗岩的相应元素比值。因为蚀变岩为成矿流体与围岩相互作用的产物，其中的硅酸盐矿物和硫化物含量处于围岩的硅酸盐含量和矿石的硫化物含量之间，它的特征应是围岩和流体（携带成矿物质）的地球化学特征的综合反映。从表中可以看出，各类岩石所形成的蚀变岩 Co/Ni、Sr/Ba 均处在围岩与花岗岩各元素对比值之间，这可能不仅反映了成矿物质源自围岩和花岗岩，而且还反映了成矿流体的岩浆热液性质。在老湾矿区中矿石不含或少量含有硅酸盐矿物，占优势的矿物为石英和金属硫化物，因此高的 Co/Ni 和低的 Sr/Ba 反映了成矿热液的岩浆热液性质。

表 6-11 老湾矿床岩石、矿石微量元素

单位：10^{-6}

岩石、矿石类型	二云石英片岩、矿石			斜长角闪片岩、矿石		
	围岩	蚀变岩	矿石	围岩	蚀变岩	矿石
Rb	122	199	179	28	255	60
Sr	66	67	36	262	66	42
Ba	565	460	482	324	340	109
Nb	15	14	3	5	6	3
Zr	175	206	＜2	7	31	＜2
Th	16	16	＜5	10	11	＜5
As	11	38	38	4.4	188	331
Cu	99	120	49	56	94	2 600
Cr	74	62	5.5	425	268	90
CO	13.2	59	43	36.5	42	122
Ni	25	23	＜4	123.5	77	74
Sc	19	11	2	27.5	16	9
Ta	0.6	0.6	＜0.2	0.25	＜0.2	＜0.2
Hf	0.4					
Au	4.6	860	2 090	17.4	640	95 600

表 6-12 老湾矿区岩石、矿石微量元素比值

岩石、矿石类型	二云石英片岩、矿石			斜长角闪片岩、矿石			花岗岩
	围岩	蚀变岩	矿石	围岩	蚀变岩	矿石	
Co/Ni	0.53	2.56	＞10	0.30	0.55	1.65	5.23
Sr/Ba	0.12	0.15	0.07	0.81	0.19	0.69	0.19

综上所述，黄铁矿、围岩、蚀变岩、矿石中微量元素的地球化学特征表明了形成老湾金矿的物质来源于花岗岩和围岩龟山岩组，并且成矿热液具有岩浆热液的性质。

（二）稀土元素地球化学

可以通过研究老湾矿区的两种类型围岩及矿石、蚀变岩、花岗岩等稀土元素的组成与特征，进而探讨矿床的物质来源和热液来源。矿区围岩、蚀变岩、矿石的稀土元素含量及特征值如表 6-13 所示。稀土元素配分模型如图 6-7 所示。

表 6-13 老湾矿床岩石、矿石稀土元素含量及特征参数 单位：10^{-6}

岩石、矿石类型	二云石英片岩、矿石			斜长角闪片岩、矿石		
	围岩	蚀变岩	矿石	围岩	蚀变岩	矿石
La	40.61	41.91	4.79	10.00	17.96	3.28
Ce	81.37	69.86	7.95	22.44	29.85	5.56
Pr	9.75	8.07	0.80	3.04	3.31	0.58
Nd	33.35	28.46	2.78	12.11	12.66	2.12
Sm	6.70	6.40	0.62	2.90	2.96	0.54
Eu	1.26	1.20	0.18	0.87	0.67	0.19
Gd	5.39	6.20	0.49	2.91	3.72	0.54
Tb	0.93	0.77	0.06	0.54	0.43	0.08
Dy	5.18	4.34	0.53	3	2.22	0.41
Ho	1.02	0.88	0.06	0.62	0.43	0.08
Er	2.91	2.33	0.19	1.78	1.25	0.26
Tm	0.49	0.34	0.03	0.30	0.15	0.04
Yb	2.91	2.27	0.23	1.81	1.27	0.26
Lu	0.45	0.35	0.04	0.30	0.12	0.04
Y	27.64	23.60	1.96	16.82	12.17	2.53
∑REE	219.96	196.98	20.17	79.44	85.17	16.51
LREE	173.04	155.9	17.12	51.36	67.41	12.27
HREE	46.92	41.08	3.59	28.08	21.76	4.24
$\frac{LREE}{REE}$	3.69	3.80	4.77	1.83	3.10	2.89
La_N/Yb_N	9.19	12.16	13.72	3.64	9.32	8.31
La_N/Lu_N	9.24	12.26	12.26	3.41	15.32	8.40
Ce_N/Yb_N	7.13	7.85	8.82	3.16	4.21	5.46
δEu	0.63	0.58	0.97	0.91	0.62	1.07
δCe	0.93	0.84	0.88	0.94	0.85	0.88
La_N/Sm_N	3.69	3.98	4.7	2.10	3.69	3.70
Tb_N/Yb_N	1.35	1.43	1.10	1.26	1.43	1.30

由图 6-7 及表 6-13 可以看出老湾矿床蚀变岩稀土元素配分模型为弱铕、铈异常、轻稀土富集的右倾曲线，蚀变岩的稀土元素配分模型不完全类似于原岩，各特征参数与原岩均有较大差别，与蚀变岩的形成过程和流体中的稀土元素组成有关。Hopf（1993）和 Bau（1991）研究认为，运用热液蚀变样品相对于未蚀变样品的稀土元素标准化图解，可以判断成矿或蚀变过程中稀土元素的地球化学行为，

图 6-8、图 6-9 为矿床中两类蚀变的岩石相对于相应的未蚀变岩石的稀土元素标准化曲线。从表 6-13、图 6-8、图 6-9 中可以看出：①二云石英片岩为轻稀土富集、标准化曲线右倾的稀土配分模型，La_N/Lu_N=9.24，δEu=0.63，轻稀土分馏程度强于重稀土（La_N/Sm_N=3.69，Tb_N/Yb_N=1.35）；与原岩相比，蚀变岩的轻重稀土分馏较原岩强烈，La_N/Lu_N=12.26，轻稀土元素与重稀土元素内部的分馏程度与原岩相当，负铕异常明显，δEu=0.58。蚀变岩石对未蚀变原岩的标准化曲线显示在蚀变过程中轻、重稀土元素之间存在较强烈的分馏（La_N/Lu_N=1.32＞1）；②斜长角闪片岩稀土元素配分曲线右倾，弱负铕异常、轻稀土富集，蚀变岩较其存在强烈的轻、重稀土分馏（La_N/Lu_N=1.53）和明显的负铕异常δEu=0.62。蚀变岩相对原岩的稀土标准化曲线显示出在蚀变过程中轻稀土、重稀上元素之间和内部均存在强烈的分馏。

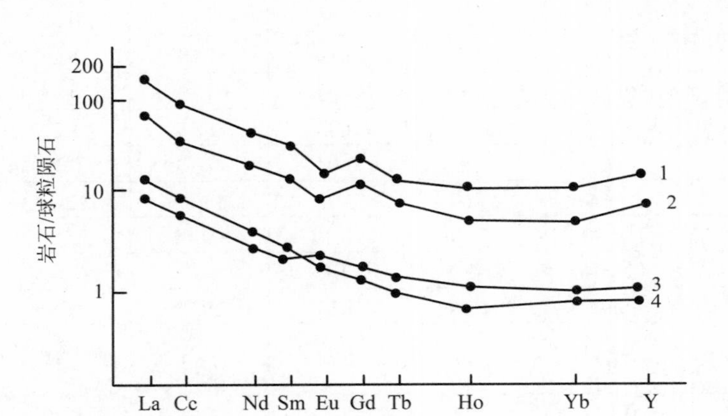

图 6-7 蚀变岩石和矿石的球粒陨石标准化稀土模型

1. 二云石英片岩蚀变岩；2. 斜长角闪片岩蚀变岩；3. 二云石英片岩矿石；4. 斜长角闪片岩矿石

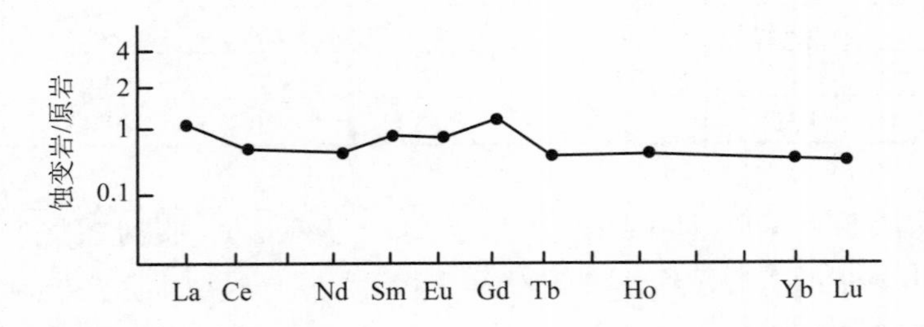

图 6-8 老湾矿区二云石英岩片蚀变岩相对于未蚀变岩石的稀土元素标准化曲线

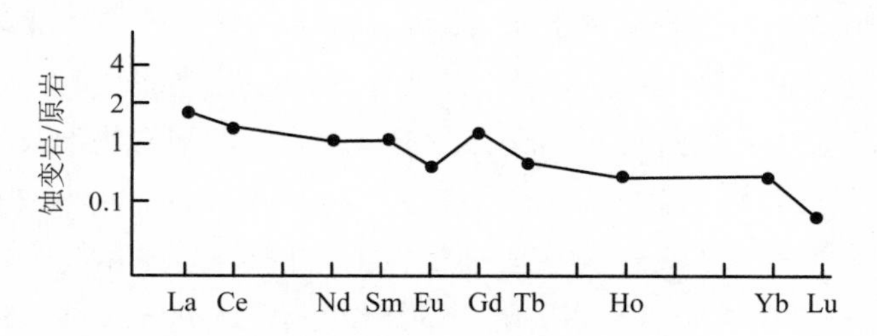

图 6-9　老湾矿区斜长角闪片岩蚀变岩相对于未蚀变岩石的稀土元素标准化曲线

Hopf（1993）研究表明，在热液蚀变过程中形成的蚀变岩石稀土配分模型受流体-岩石比值、蚀变程度和所形成的次生矿物类型的控制。当蚀变程度低和次生矿物种类较少即流体/岩石比值较低时，产生与原岩近于平行的稀土模型；当流体/岩石比值高或蚀变矿物与原岩成分差别较大时，产生与原岩“不协调”的稀土模型。蚀变岩为成矿热液与围岩矿物发生化学反应形成，在矿物-溶液相互作用过程中稀土元素也存在着矿物与溶液间的分配。研究表明在相同溶液成分和物理化学条件下，不同矿物的分配系数（K_{REE}）明显不同，K_{REE}的大小取决于矿物成分、结构特点，当硅酸盐矿物结构发生变化时，如自架状→层状→链状→岛状硅酸盐，K_{REE}逐渐增大，铕异常由正转向负；当矿物中含 K、Na、Sr、Ba、Th 时，$K_{LREE}>K_{HREF}$；矿物含 Ca、U 时，$K_{MREE}>K_{LREE}$、$K_{MREE}>K_{HREE}$；当矿物含 Zr、Hf、Sc、Ti、Nb、Ta、Fe、Mg 时，$K_{LREE}<K_{HREE}$（干国梁，1988）。由于矿物的结构决定了矿物容纳 REE 的能力，而矿物的成分决定了其所能容纳 REE 的种类，因此，根据蚀变前后矿物成分、矿物结构的变化可以判断岩石、矿物蚀变过程中 REE 的活动性。当架状硅酸盐蚀变为层状或岛状硅酸盐矿物时，REE（Eu 除外）含量不变或有所增加，而 Eu/Eu*明显减小。老湾矿床的两类蚀变岩的稀土元素配分曲线类似于原岩的特点，可知在成矿作用过程中是具有相对低的流体/岩石比值，蚀变矿物中绿帘石的存在是低渗透率、低流体/岩石比值的标志。原岩与蚀变岩之间存在的稀土元素分馏、铕异常的差异，与热液蚀变过程中稀土的带入、轻重稀土在矿物-溶液间的分配等有关。该地区内两种岩石类型中广泛存在的蚀变类型为绢英岩化和青盘岩化，长石常蚀变为绿帘石、绿泥石、绢云母等矿物，角闪石也多表现出绿泥石化现象。因此，蚀变过程将导致 LREE 和 REE 总量的增加，δEu 值减小，即轻、重稀土分馏程度增大和负铕异常明显。

后文对成矿流体的同位素组成研究证明成矿流体的主要组成为岩浆热液，因此，由水-岩作用形成的蚀变岩的稀土元素组成应综合反映其不同的来源。表6-13中蚀变岩稀土元素特征参数（除δEu外）均处于围岩与花岗岩之间，就表明了这一点。稀土元素在水/岩作用过程中的迁移，常呈氟或氯的配合物形式。老湾矿床成矿流体源于花岗质熔体，实验已经证明在钠长花岗岩-H_2O-HF 体系中氟在流体与熔体间的分配系数小于 1，氟优先进入熔体相，并且在岩浆结晶晚期仍保持富氟特征，表明其作为流体相元素迁移的配合剂作用是有限的（熊小林，1998）。Flynn 和 Burnham（1978）研究认为稀土元素在熔体与溶液中的分配系数取决于氯的摩尔浓度和平衡压力，因此在稀土元素的迁移过程中氯离子起着主要作用。该矿床矿物包裹体的液相成分组成中 Cl^-为主要阴离子，因此在温度、压力等物理化学条件和氯离子活度确定后，溶液中的稀土元素浓度即稀土元素组成也随之确定。考虑到该矿床的矿石类型为石英-多金属硫化物型，稀土元素不可能以类质同象混入物形式进入石英晶格中，且由于其亲氧性不形成硫化物或硫酸盐矿物，所以矿石的稀土元素配分模型可近似代替成矿流体的稀土元素模型特征。由表6-13和图6-7可知矿石的稀土元素配分模型为轻稀土富集、极弱的铕异常和弱的负 Ce 异常的右倾曲线。对于稀土元素在岩浆体系中的固相-熔体相总分配系数的研究显示，LREE/HREE 的比值随结晶作用的进行在熔体中越来越大，则有可能在熔体-流体分离流体相中的 LREE/HREE 的比值更大。有关稀土元素熔体相-流体相中分配系数的资料较少，Marchand 等（1976）曾用实验方法研究稀土元素在矿物和溶液中的分配系数（K_D），结果表明稀土元素强烈富集于矿物中，并且 $K^D_{HREE} > K^D_{LREE}$；干国梁（1988）在研究元素的熔体-溶液分配系数时发现，不同的挥发组分与 REE 的络合能力明显不同，其中 Cl^-对 LREE 的络合能力较强。由此可知，源自岩浆熔体的热液稀土元素 LREE/HREE 比值肯定大于岩浆岩，而表6-13中矿石稀土元素 LREE/HREE 与花岗岩中的稀土比值相比要小得多，各特征参数值也均处于花岗岩和围岩之间，可知成矿流体应含有源自围岩的稀土元素组成，并且成矿流体的稀土元素组成也不完全相似于源自岩浆分异的流体（王京彬等，1991）：轻稀土高度富集、弱负 Eu 异常和较明显负 Ce 异常的稀土配分模型。显然矿石稀土元素并不完全源自花岗质熔体。

综上所述，对蚀变岩和矿石的稀土元素特征研究表明，在成矿作用过程中流体/岩石的比值较低，蚀变岩、矿石的稀土元素组成为花岗岩和龟山岩组各岩石类型稀土模型的综合反映，即成矿物质来自花岗岩浆和龟山岩组。

第七章　同位素体系

一、氢、氧同位素

（一）初始岩浆水的δD-$\delta^{18}O$组成

老湾花岗岩初始岩浆水的氢、氧同位素组成，可由花岗岩的δD与$\delta^{18}O$组成确定。老湾花岗岩的全岩及矿物的同位素分析测定结果列于表 7-1 中。由表可见，斜长石、全岩的$\delta^{18}O$和石英的$\delta^{18}O$的平均差值分别为 3.4‰和 2.5‰，比正常花岗岩的全岩-石英、斜长石-石英间的差值大得多，表明岩浆岩已经过一定程度的蚀变作用而导致了全岩、斜长岩发生氧同位素偏离。石英往往是最易保存原始信息的矿物，由此根据石英的$\delta^{18}O$值推测本区花岗岩全岩$\delta^{18}O$值为 6.4‰～7.7‰。由花岗岩成岩物理化学条件研究结果可知，老湾花岗岩的平均结晶温度为 800℃，在此高温下，花岗质岩浆与水之间的氧同位素分馏作用微弱，可忽略不计，因此在岩浆结晶时，岩浆热液的$\delta^{18}O$值应为 6.4‰～7.7‰。

表 7-1　老湾花岗岩氢、氧同位素组成　　单位：‰

测定对象	$\delta^{18}O$	$\delta^{18}O_{矿}$	$\delta D_{矿}$	$\delta^{18}O_{H_2O}$	δD_{H_2O}
全岩	5.6				
斜长石		4.7			
石英（1）		8.9		7.7	
石英（2）		7.6		6.4	
石英（3）		7.8		6.6	
石英			−68		−68
黑云母			−85		−64

初始岩浆水的氢同位素组成由测定石英包裹体中水的氢同位素组成和含氢矿物黑云母的氢同位素组成的两种途径加以确定。氢同位素分析结果如表 7-1 所示。根据黑云母-水的氢同位素分馏方程（Suzuoki 等，1976）：

$$1\,000\ln\alpha_{\text{黑云母-水}}=-21.3\times10^6/T^2-2.8 \tag{7-1}$$

求出与黑云母平衡的岩浆水δD 值为−64‰。因此岩浆水的氢同位素组成范围为−64‰～−68‰。老湾花岗岩初始岩浆水的氢、氧同位素组成范围为δD=−64‰～68‰、δ^{18}O=6.4‰～7.7‰，与 I 型侵入岩或磁铁矿型侵入岩相平衡的正常岩浆水的氢、氧同位素：δD=−40‰～80‰、δ^{18}O=5.5‰～9.5‰相比，属于正常的岩浆水同位素组成，而与张理刚（1989）确定的华南含钨矿的花岗岩岩浆水的氢、氧同位素组成：δD=−60‰～−80‰、δ^{18}O=9.5‰～11.5‰相比，则有明显的区别。

（二）成矿流体的δD-δ^{18}O 演化模式

成矿流体的氢氧同位素组成由构成成矿流体的成因水限定，不同的成因水与所流经的岩石发生氢、氧同位素的动力分馏，其流经区域、反应温度、水-岩交换作用和水/岩比等均可改变流体的氢、氧同位素组成。因此，研究成矿流体的氢、氧同位素组成特征和确定其来源，必须研究相关成因水的同位素组成及其演化。

根据老湾矿床的成矿地质背景，应探讨下列几种流体的氢、氧同位素演化特征：

（1）岩浆热液：当成矿流体由岩浆热液形成时，其氢、氧同位素组成应由岩浆水限定。

（2）大气降水与岩浆热液的混合：由此二者混合而成的成矿流体氢、氧同位素组成应在二者的同位素组成构成的范围之内。其组成受下列方程限定：

$$x\delta D_{\text{岩浆水}}+(1-x)\,\delta D_{\text{大气降水}}=\delta D_{\text{成矿热液}} \tag{7-2}$$

$$x\delta^{18}O_{\text{岩浆水}}+(1-x)\,\delta^{18}O_{\text{大气降水}}=\delta^{18}O_{\text{成矿热液}} \tag{7-3}$$

式中 x 为成矿流体中岩浆水所占的比例。中生代大气降水的δD、δ^{18}O 值取中生代东秦岭地区大气降水的氢、氧同位素组成：δD=−80‰、δ^{18}O=−11.25‰。

（3）岩浆水与花岗岩体氢、氧同位素交换作用——演化岩浆水：岩浆水与花岗岩体发生水-岩交换作用形成“演化岩浆水”，演化岩浆水的氢、氧同位素组成受水/岩比值和温度的控制（Zhou Taofa et al，1992），由下列方程式表示：

$$WC^0_{i水}\delta^{18}O_{i水}+RC^0_{i岩}\delta^{18}O_{i岩}=WC^0_{f水}\delta^{18}O_{f水}+RC^0_{f岩}\delta^{18}O_{f岩} \tag{7-4}$$

$$WC^1_{i水}\delta D_{i水}+RC^1_{i岩}\delta D_{i岩}=WC^1_{f水}\delta D_{f水}+RC^1_{f岩}\delta D_{f岩} \tag{7-5}$$

式中 C^0、C^1 表示水或岩石中氧原子、氢原子的含量，i、f 代表交换的前、后，W、R 分别代表发生同位素交换作用的水和岩石的重量百分数。由老湾花岗岩和岩浆水的氢、氧同位素组成，结合包裹体显微测温得到的成矿温度范围，据上述方程组可求出不同温度（如 300℃）和不同水/岩（W/R）比值时的演化岩浆水的氢、氧同位素组成，并示于图 7-1 中。

由图可见，同位素发生水-岩交换作用时，低的水-岩比值对氢的同位素分馏影响显著，而高的水-岩比值则对氧同位素的分馏显著。

（4）岩浆水与龟山岩组变质体之间的氢、氧同位素交换作用：当岩浆水从岩浆熔体中逸出后，与流经区域的龟山岩组变质体发生水/岩变换作用，形成的成矿热液氢、氧同位素组成的限定，可用类似于式（7-4）、式（7-5）的方程组表述。龟山岩组的氢、氧同位素组成如表 7-2 所示。

表 7-2　老湾矿区变质岩氢、氧同位素组成　　单位：‰

测定对象	$\delta^{18}O$	δD
十字石	+10.7	
白云母		−59

龟山岩组经受变质程度为低角闪岩相的十字石-蓝晶石带的变质作用，特征变质矿物为十字石、蓝晶石等。Kohn（1990）研究认为，即使变质程度达到角闪岩相，十字石矿物也能保持在进变质条件下所具有的氧同位素组成；在龟山岩组的两种主要岩石类型中，含氢矿物有云母类和角闪石，研究表明在这类含氢矿物中白云母的氢含量最高，并且与水之间的氢同位素交换速率最低（Graham，1980，1981），因此，变质岩的氧、氢同位素组成近似地以十字石、白云母矿物的氧、氢同位素组成来代替。岩浆水与变质体发生交换作用后，流体的氢、氧同素变化趋势如图 7-2 所示。在温度为 300℃和不同的水-岩比值条件下，流体的氢同位素组成在低水-岩比时随水-岩比的变化而强烈改变，而流体的氧同位素组成变化幅度较小。

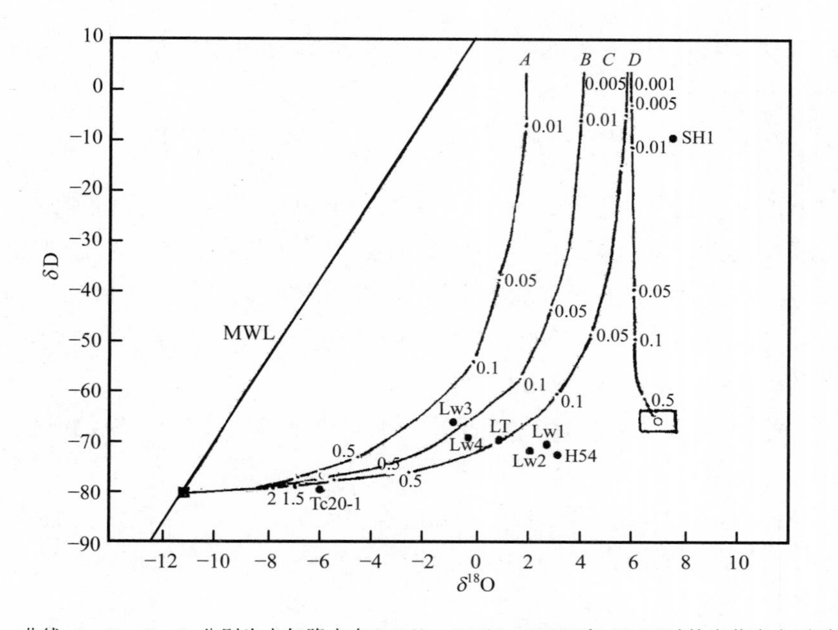

注：曲线 A、B、C、D 分别为大气降水在 200℃、250℃、300℃和 350℃时的岩浆水水-岩交换过程中的演化曲线；曲线上对应黑点的数字为水/岩；MWL 为大气降水线。□初始岩浆水同位素组成；■大气降水同位素组成

图 7-1　大气降水和岩浆水与花岗岩交换过程中的氢、氧同位素演化

（5）大气降水与花岗岩体的氢、氧同位素交换作用——演化大气降水：大气降水与花岗岩体发生水-岩交换作用后形成演化大气降水，其氢、氧同位素组成由类似于式（7-4）、式（7-5）的方程组来表达。不同温度和水/岩条件下计算得到的演化大气降水的氢、氧同位素组成示于图 7-1 中。经过同位素交换作用后的大气降水的氢、氧同位素δD、δ^{18}O，随水-岩比值、温度的变化表现出不同程度的升高。

（6）大气降水与变质岩之间的氢、氧同位素交换作用：大气降水与变质岩之间的氢、氧同位素交换作用亦可用式（7-4）、式（7-5）方程限定，经在不同温度和不同的水/岩比值条件下交换作用后的大气降水，其氢、氧同位素组成如图 7-2 所示：流体的氢、氧同位素组成随温度和水/岩比值的变化而表现不同程度的升高。

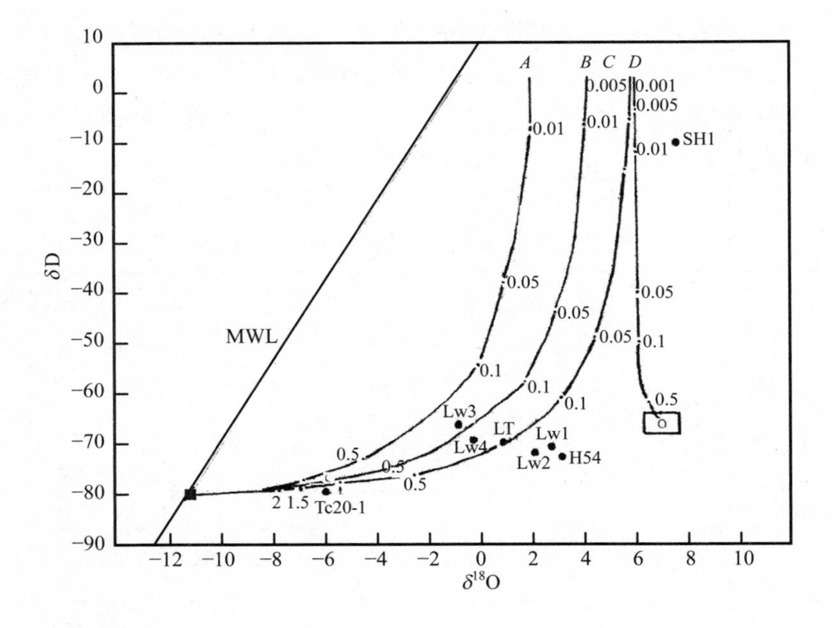

注：图例同图 7-1。

图 7-2　大气降水和岩浆水分别与变质岩交换过程中的氢氧同位素演化

（三）成矿流体的性质

老湾矿带的部分金矿床的氢、氧同位素分析测定结果列于表 7-3 中，成矿流体的$\delta^{18}O$或δD值是由矿物如绿帘石、石英与水之间的同位素分馏方程和包裹体均一温度测定结果经计算而得到，或由分析矿物中流体包裹体的氢同位素组成而得到。石英与 H_2O 之间的氧同位素分馏方程、绿帘石与水之间的氢氧同位素分馏方程如下所示：

石英：

$$1\,000\ln\alpha_{Q\text{-}H_2O}=3.306\times10^6/T^2-2.71$$ （张理刚等，1990）（7-6）

绿帘石：

$\delta^{18}O$：$$1\,000\ln\alpha_{Ep\text{-}H_2O}=4.05\times10^6/T^2-7.81\times10^3/T+2.29$$ （ZhengY F，1992）（7-7）

δD：$$1\,000\ln\alpha_{Ep\text{-}H_2O}=29.2\times10^6/T^2-138.8$$ （Graham C. M et al，1980）（7-8）

（1）由成矿流体的氢、氧同位素组成投点于$\delta^{18}O-\delta D$模式图（图 7-1、图 7-2）

上，除 SH1 外所有的点均偏离大气降水与岩浆岩、大气降水与变质岩的发生同位素交换作用的演化线，而处于演化线与岩浆热液的氢、氧同位素组成之间，表明了成矿流体不可能由单一的大气降水以及大气降水与岩浆岩、变质岩发生同位素变换作用后的流体构成。

表 7-3 老湾矿带部分金矿床氢氧同位素组成 单位：‰

矿床	样号	测定对象	均一温度/℃	$\delta^{18}O_{矿物}$	$\delta D_{矿物}$	$\delta^{18}O_{H_2O}$	δD_{H_2O}	成矿阶段
老湾矿床	SH1	绿帘石	278	9.2	−52	7.7	−9.4	早
	LW1	石英	252	12.2		2.9	−71	中
	LW2	石英	240	12.0		2.2	−72	
	LW3	石英	194	11.7		−0.7	−67	晚
	LW4	石英	200	11.9		−0.2	−69	
黄竹园矿床	H54	石英	250	12.6		3.24	−72	
凉亭金矿床	LT	石英	270	9.4		0.9	−70	
	TC20-1	石英		3.5		−6.6	−79	

（2）根据成矿流体同位素组成在图 7-2 中投点反映出的水/岩比值，可以排除成矿流体是大气降水与变质岩发生氢、氧同位素交换后而形成的考虑。蚀变岩、原岩的稀土元素组成的“协调”现象已表明成矿作用是在低水/岩比值条件下进行的，卢焕章（1997）实验验证了玄武岩在不同水/岩比值条件下的蚀变结果，当最小的海水/玄武岩比值为 1∶30 时，玄武岩的蚀变矿物组合中会出现绿帘石和阳起石，当海水的流量增加时，绿帘石先于阳起石消失（Mottle，1982）。而对该矿床的蚀变岩石的薄片镜下观察没有发现阳起石矿物，因此，如果存在由大气降水与变质岩发生氢、氧同位素交换作用而形成的成矿流体，则水/岩（*W*/*R*）比小于 1∶30。翟建平等（1996）认为 $W/R \leq 0.01$ 时，成矿作用即处于低的水/岩比值条件下。但从图 7-2 中不同成矿阶段的成矿流体δD、$\delta^{18}O$ 投点与演化线的关系，可以发现水/岩比值均大于 0.1（$W/R > 0.1$），由此可见，成矿流体组成中可以排除与变质岩发生同位素交换作用的大气降水。

（3）对蚀变岩型矿石中矿物包裹体的均一测温结果为最高温度 304℃、平均 278℃，因此以与蚀变矿物绿帘石（SH1）相平衡的氢、氧同位素组成代替成矿早阶段流体的氢、氧同位素组成，并投点于$\delta^{18}O$–δD 模式图中。从图 7-1、图 7-2 和表 7-3 中可以看出，成矿早阶段的流体氧同位素组成落在岩浆水范围之内，

$\delta^{18}O$=+7.7‰，而δD值却远高于岩浆水的氢同位素组成。合理的解释应是岩浆水与变质岩在低水/岩比值下同位素发生交换的结果。陈振胜等（1992）认为由于岩浆水量少，岩浆水成因矿床的 *W/R* 均很小；而矿床的微量元素、稀土元素和硫同位素等研究均证明部分成矿物质源自龟山岩组变质岩，显然，岩浆热液流经围岩淋滤出矿质时，不可避免地发生氢、氧同位素的交换作用。

（4）老湾金矿中、晚成矿阶段流体的氢、氧同位素组成如表 7-3 所示，各阶段的同位素组成投点于$\delta^{18}O$-δD 模式图 7-1 中，偏离各阶段的演化大气降水δD、$\delta^{18}O$ 组成曲线，介于大气降水与岩浆热液之间。在 250℃时，由石英的$\delta^{18}O$ 值计算得到成矿中阶段的$\delta^{18}O_{H_2O}$的值为+2.2‰～+2.9‰，均值为+2.55%，低于岩浆水的氧同位素组成，但在$\delta^{18}O$−δD 模式图中，偏离 250℃演化大气降水曲线而接近岩浆水分布范围，结合以下的地球化学资料：流体包裹体的离子组合类型 K^+-Na^+-Cl^-属岩浆热液性质、高的氦同位素比值（$^3He/^4He$=4.09Ra），可以认为在该成矿阶段成矿流体的主体部分仍为岩浆热液，大气降水占的比例较低。

成矿晚阶段的成矿流体的$\delta^{18}O$ 值为−0.7‰～−0.2‰，平均为−0.45‰，投点于$\delta^{18}O$-δD 模式图（图 7-1）中落在 200℃大气降水演化曲线附近。从$\delta^{18}O$-δD 模式图中表现出的成矿各阶段流体的氢、氧同位素组成的演变趋势，可知成矿晚阶段流体中大气降水占有较大的比例。

（5）黄竹园金矿床流体的氢、氧同位素组成在$\delta^{18}O$-δD 模式图（图 7-1）上的投点（H54）落在演化大气降水与岩浆水之间，且比老湾金矿床成矿中阶段流体的$\delta^{18}O$、δD 更接近于岩浆水。因此黄竹园金矿床的成矿流体主要由岩浆水组成。

（6）凉亭金矿床成矿流体的氢、氧同位素组成在图 7-1 中的投点（LT、TC20-1）落入岩浆水与大气降水之间，即成矿流体应由岩浆水和大气降水混合而成。

讨论：老湾金矿成矿流体的氢、氧同位素组成研究表明，岩浆水为成矿流体的主要组成部分，老湾金矿床其他的地球化学证据证明了部分成矿物质源自围岩，因此岩浆水在淋滤出矿质同时也与围岩发生氢、氧同位素交换，而形成了具有“漂移”性质的岩浆水；参与成矿作用的大气降水，应为演化大气降水。从表 7-1 中可知花岗岩全岩$\delta^{18}O$ 值为 5.6‰，而当蚀变的花岗岩全岩$\delta^{18}O$ 值低于 5.0‰时，则可能为大气降水对岩石产生的蚀变作用，老湾花岗全岩$\delta^{18}O$ 值稍大于 5.0‰值，但与石英的$\delta^{18}O$ 差值达 2.5‰；对于正常的花岗岩，石英的$\delta^{18}O$ 通常比长石的$\delta^{18}O$ 值高 1.5‰左右，由于长石易于导致氧同位素发生偏离，当与贫 ^{18}O 的大气降水发生交换反应时会产生 ^{18}O 的贫化。从表 7-1 中石英、长石等矿物的$\delta^{18}O$ 值可知，石英与长石的$\delta^{18}O$ 值相差达 3.4‰。由此可见，参与成矿作用的大气降水存在与花岗岩的氢、氧同位素交换作用，即参与成矿作用的流体为演化大气降水。当然，这种氧同位素发生偏离的现象也可能说明了演化岩浆水的存在。

综上所述，老湾矿区成矿流体应由岩浆水与部分大气降水混合而成。

二、氦同位素

氦同位素成分以 ^{3}He 为主，主要集中在地球内部。^{4}He 由 U 和 Th 等放射性元素衰变产生：

$$^{238}U \rightarrow {}^{206}Pb + 8\,{}^{4}He \quad (7\text{-}9)$$

$$^{235}U \rightarrow {}^{207}Pb + 7\,{}^{4}He \quad (7\text{-}10)$$

$$^{232}U \rightarrow {}^{208}Pb + 6\,{}^{4}He \quad (7\text{-}11)$$

由于在地球的各个端元中氦同位素之间的比值 $^{3}He/^{4}He$ 具有不同的特征值，彼此间 $^{3}He/^{4}He$ 比值相差较大，因而氦同位素比值成为判断流体来源较直观的地球化学证据。研究表明氦同位素比值在各个地质端元中相对稳定，大气中的 $^{3}He/^{4}He$ 比值为 1.4×10^{-6}（Ra）（Mamgria et al，1969），地幔中的 $^{3}He/^{4}He$ 比值为（8±1）Ra（Craig and Lupton，1976），由于地壳中存在着 U 和 Th 元素，其衰变产生大量的 ^{4}He，所以地壳中的 $^{3}He/^{4}He$ 比值较低，为 0.01 Ra。Marty 等（1993）研究了盆地中热水的 $^{3}He/^{4}He$ 比值为 0.12～0.14 Ra，我国羊八井地热水中的 $^{3}He/^{4}He$ 的比值在 0.14～0.46 Ra 范围内。由此可见，不同来源的流体应具有不同的 $^{3}He/^{4}He$ 的比值。

为研究老湾金矿床成矿流体的来源，分析了该矿床成矿流体的氦同位素组成。所用测试氦同位素的样品，选自石英-多金属硫化物阶段和石英-多金属硫化物-碳酸盐阶段的石英单矿物，单矿物纯度在 98%以上，样品的重量大于 2 g。同位素测试结果及同位素比值列于表 7-4 中。由表 7-4 可见，在石英-多金属硫化物成矿阶段流体中 ^{4}He 含量为 $0.01\times10^{-6}cm^{3}$ STP/g，氦同位素比值 $^{3}He/^{4}He$ 为 5.72×10^{-6}，相当于 4.09 倍大气降水的氦同位素比值（Ra）；在石英-多金属硫化物-碳酸盐阶段，流体中 ^{4}He 的含量为 $0.04\times10^{-6}cm^{3}$ STP/g，$^{3}He/^{4}He$ 比值为 1.22×10^{-6}，相当于 0.87 Ra。从成矿的中阶段至晚阶段流体含量升高，而 $^{3}He/^{4}He$ 比值降低。

表 7-4　老湾金矿成矿流体氦同位素组成

成矿阶段	测试矿物	$^{4}He/10^{-6}cm^{3}STP/g$	$^{4}He/^{3}He$	R/Ra
石英-多金属硫化物阶段（Ⅰ）	石英	0.01	5.72×10^{-6}	4.09
石英-多金属硫化物-碳酸盐阶段（Ⅱ）	石英	0.04	1.22×10^{-6}	0.87

根据老湾金矿两个成矿阶段的 $^{3}He/^{4}He$ 比值和地球各端元的 $^{3}He/^{4}He$ 研究成果，结合老湾地区的区域地质背景，从以下几个方面讨论老湾金矿的流体来源：

（1）根据区域地质资料可知，在大河菱形断块的东端吴城盆地存在油气田。假设在成矿过程中油气混入成矿流体中，取其与羊八井地热相当的 $^{3}He/^{4}He$ 比值，则有可能与地幔流体混合而形成成矿流体。但老湾金矿床、黄竹园金矿床的成矿流体包裹体成分特征：低 Ca/Mg 比值和 K^{+}-Na^{+}-Cl^{-}离子组合类型明显区别于石油卤水。老湾金矿床、黄竹园金矿床各成矿阶段的包裹体显微研究结果也说明在矿床中不存在有机包裹体：①有机包裹体气相一般为黑色、液相无色或成淡色，在相同温度下气液比相差较大，在加热过程中气液比随温度变化小，最终以突然爆裂（变黑）为特征；而无机包裹体气相、液相一般均为无色，在相同温度下气液比相差不大，在加热过程中气液比变化明显，最终均一为一相；②有机包裹体气相可呈圆形、（不规则）椭圆形，表明液相黏度较大，可能为液态烃类，而无机包裹体气相一般为圆形（表面张力最小）；③有机包裹体体积较大，一般为无色包裹体的两倍以上；④在镜下三相有机包裹体有时类似于具液相 CO_2 的无机包裹体，但后者的 CO_2 气相与液相约在 31℃以上均一为气相，而三相有机包裹体在此温度以上的一段温度区间内基本无变化（张志坚，1995）。对老湾金矿床的气液包裹体的镜下观察研究表明，该矿床不具备上述有机包裹体的任何特征。由此可以排除油气参与成矿的可能性。

（2）成矿流体不可能为单一的大气降水构成。研究认为大气降水的 $^{3}He/^{4}He$ 比值稳定，并且稀有气体化学性质稳定，不参与流体-矿物反应，只受溶解、吸附、核反应等物理过程制约，因此，与花岗岩发生水/岩作用的大气降水，即使有岩体中的 He 同位素溶解进入其中，也将由于花岗岩中 U、Th 元素衰变产生 ^{4}He 而使 $^{3}He/^{4}He$ 比值降低（如王登红等（1998）测得阿尔泰造山带印支-燕山期的将军山花岗岩 $^{3}He/^{4}He\approx0.015$ Ra），进而使演化大气降水比值低于 Ra。由表 7-4 可知，老湾成矿中阶段成矿流体的 $^{3}He/^{4}He$ 比值达 4.09 Ra，显然，成矿流体不可能由单纯的大气降水组成。

（3）成矿流体的 He 同位素组成表明了成矿流体的岩浆热液性质。研究测试 He 同位素组成所用的样品为石英（包裹体），而石英矿物中基本不含 U、Th 元素，与石英共生的金属硫化物如黄铁矿中的 U 含量也很低（测得两个黄铁矿中 U 含量仅分别为 0.05×10^{-6}、0.51×10^{-6}），因此成矿流体的 He 同位素组成不应存在 ^4He 的年代积累效应，Giggenbach（1992）对世界各地的地热流体和火山气体的 $^3He/^4He$ 比值测定结果，表明当 $^3He/^4He>4$ Ra 时 He 是来自岩浆的。老湾金矿石英-多金属硫化物阶段中的 $^3He/^4He$ 比值为 4.09 Ra，应指示出 He 来自老湾花岗岩浆，即成矿流体来自岩浆热液。在石英-多金属硫化物-碳酸盐阶段，流体的 $^3He/^4He$ 比值为 0.87 Ra，小于大气降水的 $^3He/^4He$ 比值 Ra。对现代海底块状硫化物矿床海底喷流热液的 $^3He/^4He$ 比值研究资料显示，热液中的 $^3He/^4He$ 比值与大气降水一致（Damm，1990），推定老湾金矿在初始富集后 $^3He/^4He$ 比值基本保持恒定，则在成矿晚阶段的流体中必定有低 $^3He/^4He$ 比值的流体参与。由表 7-4 可见，从成矿的中阶段至晚阶段，^4He 浓度增度，$^3He/^4He$ 比值降低，该流体源应具有放射性元素的存在，并且放射性元素逐渐趋向于富集，在老湾矿区具备这种特征的流体源只有花岗质熔体。随着源岩的部分熔融和岩浆熔体的结晶演化，放射性元素倾向于进入熔体并随结晶作用的进行在熔体中逐渐富集。因此低的 $^3He/^4He$ 比值反映了成矿晚阶段流体中岩浆热液成分的存在。

（4）高的 $^3He/^4He$ 比值说明成矿流体中有地幔流体参与的可能：①成矿中阶段的 $^3He/^4He$ 比值接近地幔值；②燕山晚期北淮阳处于拉张伸展构造体制下，北淮阳地体中产出有富集地幔熔融的产物橄榄安粗岩系；③形成老湾花岗岩的部分熔融受到地幔热对流的影响。考虑到上述地质、地球化学证据，区域上存在着地幔挥发分沿超壳断裂上升参与成矿作用的可能性。

综合成矿流体的氢、氧、氦同位素组成研究结果，得出如下结论：

（1）老湾矿带中老湾金矿、黄竹园金矿、凉亭金矿的成矿流体均由岩浆热液和大气降水组成；成矿的早、中阶段流体为岩浆热液或以岩浆热液为主，成矿晚阶段的流体中大气降水成分增加。

（2）成矿流体的氢、氧同位素组成指示出成矿过程中低的水/岩比值，表现出了流体为岩浆热液以及岩浆热液与变质岩发生氢氧同位素交换作用而使岩浆热液具备“漂移”性质。

（3）成矿流体的氦同位素组成显示可能有地幔挥发分参与成矿作用。

（4）许多学者强调大气降水成矿作用的重要性（季克俭，1991；张理刚等，

1994；翟建平，1996）。如果成矿热液为大气降水，则矿床应形成于有大气降水转化而成的地下水存在的地区，而淮阳地区处于无水岩石区（季克俭，1994）。笔者通过对老湾矿带及老湾矿床成矿流体的 H、O、He 同位素的研究，指出在老湾矿带中成矿流体以岩浆热液占主导地位。因此推测在整个北淮阳地区参与成矿作用的流体应主要为岩浆热液。

三、硫同位素

老湾金矿床金属硫化物矿物的硫同位素组成分析结果列于表 7-5 中，同表列出老湾花岗岩及龟山岩组全岩的硫同位素组成。从表中数据可以看出，老湾金矿床硫的同位素组成变化不大，$\delta^{34}S$＝+1.4‰～+5.78‰，均值为+4.13‰。所有样品的$\delta^{34}S$ 均为正值，接近陨石和幔源物质的$\delta^{34}S$ 值（陨石：$\delta^{34}S$＝0～±2‰，超基性岩：$\delta^{34}S$＝−1.3‰～+5.5‰）。

据 Ohmoto（1979）研究，硫化物-H_2S 之间的硫同位素平衡分馏方程为：

$$1\,000\ln\alpha_{\text{硫化物-}H_2S}=A\times10^6/T^2+B\times10^3/T+C \qquad (7\text{-}12)$$

式中，A、B、C 分别为不同硫化物的特定系数。

当硫同位素所在的热液体系中发生硫同位素的平衡分馏作用，即在热液中硫化物-H_2S 达到平衡时，由热液中形成的硫化物应具有$\delta^{34}S_{Py}>\delta^{34}S_{Sp}>\delta^{34}S_{Cp}>\delta^{34}S_{Gn}$的规律。在该矿床中，黄铁矿的$\delta^{34}S$ 平均值为 4.12‰，闪锌矿的$\delta^{34}S$ 值为 3.33‰，黄铜矿、方铅矿的$\delta^{34}S$ 值分别为 4.89‰和 4.43‰，不具备上述平衡规律。如果用共生矿物对之间的硫同位素分馏方程计算“平衡”温度，仅得到黄铁矿-闪锌矿间的 T_{eq}=104℃，另一矿物对黄铁矿-方铅矿之间$\delta^{34}S_{Gn}>\delta^{34}S_{Py}$而无法计算“平衡”温度，这种现象反映了矿床中硫同位素的不平衡性。这种硫同位素的不平衡表现出在矿物形成过程中，热液总硫的同位素组成是变化的。

表 7-5 老湾金矿床硫同位素组成及花岗岩、围岩硫同位素组成 单位：‰

样号	矿物	$\delta^{34}S$	样号	矿物	$\delta^{34}S$
老湾 1 号	黄铁矿	+1.4	Tz-8201	黄铁矿	+5.59
老湾 2 号	黄铁矿	+3.0	Tz-8204	黄铁矿	+4.01
老湾 3 号	黄铁矿	+3.8	Tz-8206	黄铁矿	+4.23

样号	矿物	$\delta^{34}S$	样号	矿物	$\delta^{34}S$
老湾 4 号	黄铁矿	+3.6	S-15（3）	黄铁矿	+5.27
SH	黄铁矿	+4.5	S-16	黄铁矿	+3.53
S-11（2）	黄铁矿	+5.44	S-17	黄铁矿	+2.90
S-12（2）	黄铁矿	+5.78	S-18	黄铁矿	+4.56
S-11（1）	闪锌矿	+3.33	S-16（1）	方铅矿	+4.43
S-19（1）	黄铜矿	+4.89	花岗岩	全岩	+3.7
			龟山岩组	全岩	+2.5

从理论上看，下列因素可以导致热液的$\delta^{34}S_{H_2S}$发生变化：

（1）成矿过程中热液的f_{O_2}变化，会导致热液中的 SO_2或SO_4^{2-}与 H_2S 比值的变化，使热液体系中形成的硫化物矿物的$\delta^{34}S$ 出现两种情况：①不发生明显变化，共生矿物间基本保持硫同位素平衡；②从成矿的早阶段到晚阶段明显升高或明显降低。

（2）硫源同位素组成变化：如成矿热液来自花岗质熔体，当花岗质熔体的氧逸度发生有规律的变化时，成矿热液的$\delta^{34}S_{H_2S}$也会发生规律变化，从而使形成的硫化物矿物自早阶段至晚阶段$\delta^{34}S$ 发生规律变化。

（3）不同来源的硫的混合：当具有不同$\delta^{34}S$ 值的流体混合后，不同的混合比例，岩石渗透率、孔隙度在时间和空间上的变化，都将影响混合后的流体硫同位素组成。所以从混合热液中形成的硫化物矿物的$\delta^{34}S$ 值在不同的时间和空间将发生变化。

老湾金矿床成矿物理化学条件研究已经表明，在成矿过程中，虽然体系的f_{O_2}自成矿早阶段至晚阶段降低，但溶液中硫种仍以 H_2S（HS^-）占优势，矿床中硫化物矿物的$\delta^{34}S$ 并未显示出规律性的变化，因此（1）、（2）不是引起热液$\delta^{34}S_{H_2S}$变化的主要原因。结合稀土元素、微量元素和铅同位素资料，认为来自不同硫源的硫的混合应是造成矿床中金属硫化物矿物硫同位素不平衡的主要因素。

已有资料显示，当岩浆热液自熔体中分离出来时，热液中含有的硫以 H_2S 或 SO_2 的形式为主，取决于体系的氧化状态：当氧逸度（f_{O_2}）低时，溶液中的硫以 H_2S 为主，此时溶液的硫同位素组成与熔体的硫同位素组成相当，即$\delta^{34}S_{流体} \approx \delta^{34}S_{熔体}$；当体系氧逸度较高时，则分离出来的溶液中的硫以 SO_2 形式为主，此时溶液的硫同位素组成取决于自熔体中分离出的溶液质量。如果有大量溶液分离，则有$\delta^{34}S_{流体} = \delta^{34}S_{SO_2} \approx \delta^{34}S_{熔体}$，如果分离出来的液体质量比熔体少得多，则有

$\delta^{34}S_{流体} > \delta^{34}S_{熔体}$，$\Delta = \delta^{34}S_{流体} - \delta^{34}S_{熔体} \approx 4‰$。对老湾花岗岩的形成、演化过程中熔体的含水量研究已经表明，花岗岩的熔融是源岩在缺乏流体的状态下由含水矿物脱水引起，岩浆熔体在定位时的含水量与其溶解度相差仅 0.76%，并且在成矿过程中水/岩的比值较低，从花岗质熔体分离出来的液体质量肯定比熔体小得多，同时，花岗质熔体的氧逸度计算结果也说明其具有较高的氧逸度。因此，由该区花岗岩浆发生熔体-流体分离而形成的岩浆水应具有比熔体高的硫间位素组成。以现今测得的花岗岩全岩的硫同位素组成来代替熔体的硫同位素组成，则得到岩浆热液的$\delta^{34}S$值：$\delta^{34}S_{流体} = 4‰ + \delta^{34}S_{熔体} = 7.7‰$。当富 SO_2 流体中的全部硫在硫化物沉淀以前已被还原成 H_2S 时，与成矿有关的硫化物矿物的$\delta^{34}S$值应在由此硫源与地层硫源限定的范围内。

对老湾矿区地层的质量平衡分析结果证实，在成矿过程中，以岩浆水占主导的成矿流体与周围地层存在着物质交换，此过程会导致岩浆水与地层岩石之间发生硫同位素交换反应。根据同位素交换反应原理，假定同位素交换反应达到平衡，则热液中的硫同位素组成由下式表达（周涛发，1993）：

$$\delta^{34}S_{H_2S热液} = \frac{W/R \cdot Z \cdot \delta^{34}S_{初始岩浆水} - \Delta + \delta^{34}S_{初始地层}}{1 + Z \cdot W/R} \qquad (7\text{-}13)$$

式中 W/R 表示水/岩比值；$Z = C_{初始岩浆水}/C_{初始地层}$，C 为硫的浓度。岩浆热液与地层发生水/岩作用后成矿热液体系的硫同位素组成$\delta^{34}S_{H_2S}$的演化如图 7-3 所示。计算中，温度分别取 300℃、250℃、200℃，$\delta^{34}S_{初始岩浆水} = +7.7‰$，$\delta^{34}S_{初始地层} = +2.5‰$，$\Delta = \Delta_{H_2S}^{FeS_2}$。根据图 7-3 表示的岩浆水与地层岩石初始含硫量之间关系的三种情况下（Z=100，1，0.01），由温度和水/岩比控制成矿热液体系中硫同位素组成$\delta^{34}S$，可见在不同温度和水/岩比值条件下，成矿热液的硫同位素组成限定在+0.71‰～+7.7‰的范围内，则由此热液中沉淀形成的金属硫化物的硫同位素组成也应在此范围内。从老湾矿床金属硫化物的$\delta^{34}S$测定结果来看，这种硫源的混合方式和演化机理不仅证明了该矿床的成矿流体源自岩浆热液，而且也完善地解释了矿床中所出现的硫的不平衡性：在确定的温度下，矿床中某一区域的硫同位素组成受所处环境中岩石的渗透率、孔隙度、流体流量、水-岩比和流体与岩石中的相对含硫量制约。

来自混合硫源的成矿热液的硫同位素，常用到二元混合模式来表述体系中各硫源所占的比例（赵瑞，1985；周涛发，1993）：设两种硫源在体系中所占摩尔分

数分别为 x_A、x_B，则有：

$$\begin{cases} x_A + x_B = 1 \\ x_A \cdot \delta^{34}S_A + x_B \cdot \delta^{34}S_B = \delta^{34}S_{热液} \end{cases} \tag{7-14}$$

由该式计算成矿流体中源自岩浆熔体和源自地层的硫所占的比例，取岩浆热液$\delta^{34}S_A = +7.7‰$，地层岩石$\delta^{34}S_B = +2.5‰$，$\delta^{34}S_{热液}$取矿床金属硫化物矿物的硫同位素平均值$\delta^{34}S_{热液} = +4.13‰$，得到 x_A=31.3%，x_B=68.7%。矿床中来自花岗质熔体的硫占 31.3%，地层岩石中的硫占 68.7%，来自地层岩石中的硫占主导地位。

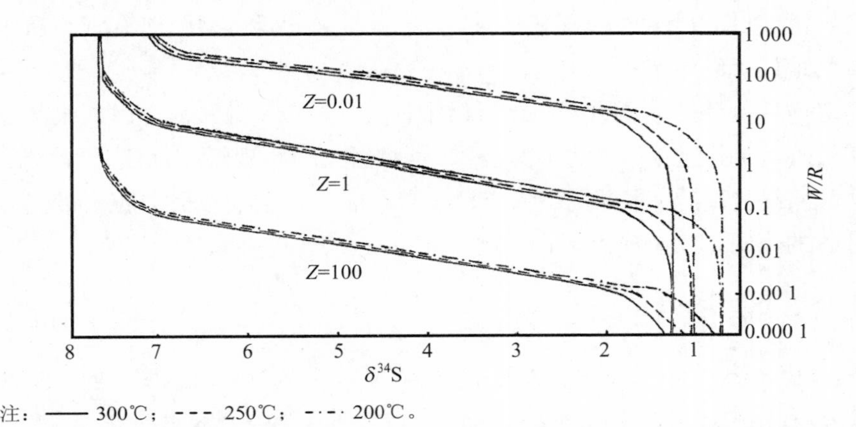

注：—— 300℃；--- 250℃；-·-· 200℃。

图 7-3 岩浆水与地层岩石发生水/岩交换后成矿热液$\delta^{34}S_{H_2S}$演化曲线

四、铅同位素

（一）铅同位素特征

老湾金矿带部分金矿床铅同位素组成如表 7-6 及图 7-4 所示，并且将与这些矿床产出密切相关的花岗岩体的岩石铅、长石铅和龟山岩组变火山-变沉积岩石的铅同位素组成也投入图 7-4 中。铅同位素组成具有以下特征：

（1）老湾矿床、黄竹园矿床的铅同位素比值较高，并且老湾金矿的铅同位素组成变化范围较大，$^{206}Pb/^{204}Pb$＝17.408～18.693、$^{208}Pb/^{204}Pb$＝37.206～39.855；黄竹园金矿的铅同位素变化范围较小，并且处在老湾金矿的铅同位素构成的范围之内，表明两个矿床铅的来源基本相同；凉亭金矿的铅同位素组成范围较小，比值较低：$^{206}Pb/^{204}Pb = 16.734 \sim 17.179$、$^{208}Pb/^{204}Pb = 37.488 \sim 37.846$。

（2）与相关岩体的铅同位素组成相比，老湾金矿的铅同位素组成大于花岗岩体的铅同位素（长石铅和岩石铅）组成范围（表 3-18），但在岩体与龟山岩组变火山-变沉积岩限定的铅同位素组成区间内。黄竹园矿床的铅同位素组成也落入这一区间，但很接近于花岗岩体的铅同位素组成。这表明了老湾、黄竹园矿床的铅源与龟山岩组、花岗岩的亲缘关系。图 7-4 中所示的各矿床、岩体与龟山岩组的铅的分布也说明了这一点。

（3）将老湾金矿、黄竹园金矿和凉亭金矿的铅同位素投点于 $^{206}Pb/^{204}Pb$-$^{207}Pb/^{204}Pb$ 坐标图上（图 7-5），投点位于地壳演化线和上地幔演化线之间，并且多数点位于上地幔演化线附近，显示出铅的深部来源信息。根据铅的同位素组成计算得出的老湾金矿床模式年龄为 380～510 Ma，而成矿的年龄为 90 Ma 左右，因此矿床的模式年龄反映出铅的来源与演化均较复杂，非单一来源的铅不再遵循单阶段的演化模式。

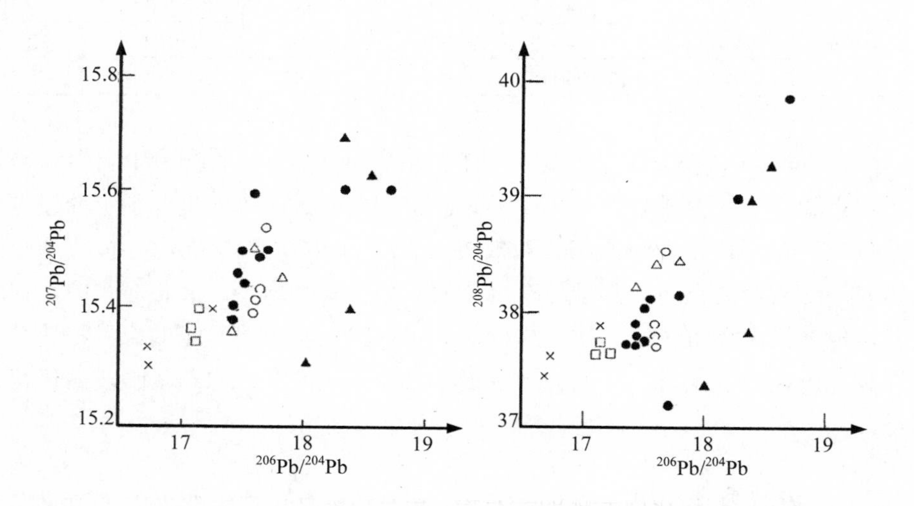

图 7-4 老湾矿区矿石铅与长石铅、全岩铅同位素组成对比图

●老湾金矿 Py、Gn；○黄竹园金矿 Py、Gn；×凉亭金矿 Py；Δ花岗岩石铅；□花岗岩长石铅；▲龟山岩组岩石铅

表 7-6 老湾矿带分矿床铅同位素组成

矿床	测试矿物	$^{206}Pb/^{204}Pb$	$^{207}Pb/^{204}Pb$	$^{205}Pb/^{204}Pb$	模式年龄/Ma	μ
老湾金矿床	黄铁矿	17.765	15.493	38.178	210	8.66
	黄铁矿	18.330	15.613	39.032	−85	8.82
	黄铁矿	18.693	15.614	39.855	−380	8.79
	黄铁矿	17.469	15.463	37.908	400	8.63
	黄铁矿	17.523	15.497	38.059	400	8.69
	黄铁矿	17.553	15.605	38.098	510	8.89
	黄铁矿	17.559	15.438	37.741	300	8.57
	方铅矿	17.463	15.397	37.722	320	8.50
	方铅矿	17.442	15.381	37.759	310	8.47
	方铅矿	17.702	15.497	37.206	260	8.66
	方铅矿	17.408	15.378	37.725	340	8.48
黄竹园矿床	黄铁矿	17.686	15.540	38.540	330	8.75
	黄铁矿	17.590	15.404	37.752	230	8.51
	方铅矿	17.591	15.417	37.810	240	8.52
	方铅矿	17.606	15.433	37.847	250	8.55
凉亭金矿	黄铁矿	16.734	15.330	37.488	760	8.39
	黄铁矿	16.734	15.330	37.598	810	8.48
	黄铁矿	17.179	15.399	37.846	550	8.55

V. Koppel（1976）研究认为矿床中铅同位素在 $^{206}Pb/^{204}Pb$-$^{207}Pb/^{204}Pb$ 坐标图上的投点如果呈线性排列，则铅属于异常铅。老湾矿床等在坐标图上的投点均呈线性排列，铅同位素之间的相关系数较大（$r = 0.76$），因此老湾、黄竹园金矿床的铅属于异常铅的范畴。由于凉亭金矿的铅同位素数据少，又相对集中，代表性较差，但其投点仍呈较好的线性排列，已有资料表明，该矿床的成矿物质来自于围岩和燕山期的岩浆岩，矿床的异常铅组成应为铅的多来源和多阶段演化特征的体现。

（二）铅的来源分析

为了研究金属硫化物矿物从热液中结晶沉淀以后，硫化物的铅同位素组成是否因矿物中含 U、Th 等放射性元素的衰变而引起变化，在研究工作中测试了老湾金矿黄铁矿单矿物中的 U 含量，两个样品的 U 含量分别为 0.05×10^{-6}、0.5×10^{-6}，含量很低。对中生代的矿石铅而言，其校正数在实验误差范围内（张理刚，1992）。

因此，硫化物矿物结晶时从热液中捕获的放射性元素 U 的衰变结果不会对矿石铅的同位素组成造成后期变化。

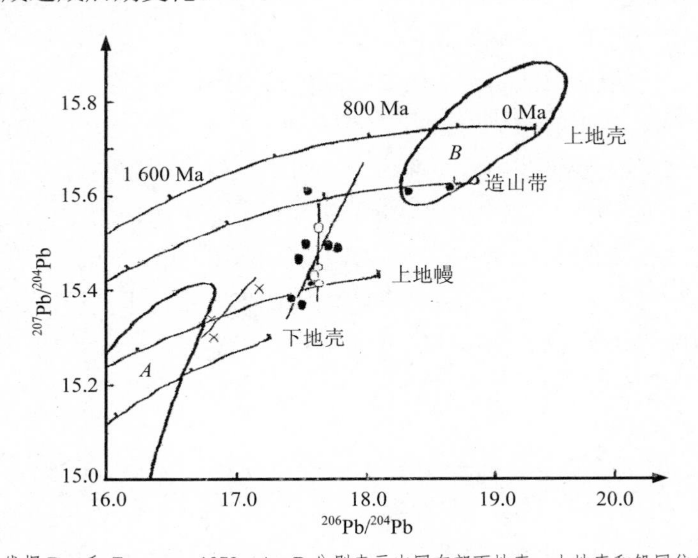

注：图中铅构造线据 Doe 和 Zartman，1979。A、B 分别表示中国东部下地壳、上地壳和铅同位素组成。

图 7-5 老湾矿区金矿床矿石铅同位素组成

• 老湾金矿；○黄竹园金矿；×凉亭金矿

根据矿床产出的地质背景，以及对矿床微量元素、稀土元素等地球化学特征研究结果，结合图 7-4 中所示的矿石铅、花岗岩石铅、龟山岩组变火山-变沉积岩铅的分布，矿石铅的可能来源应是龟山岩组和花岗岩：

（1）龟山岩组：龟山岩组变质岩的铅同位素组成具有较大的离散性，二云石英片岩具有较高的铅同位素比值，而斜长角闪片岩的铅同位素比值 $^{207}Pb/^{204}Pb$、$^{208}Pb/^{204}Pb$ 较低。如果矿石铅仅来源于变火山-变沉积岩，则其铅同位素点应位于变火山-变沉积岩铅同位素演化线上或处于变火山-变沉积岩同位素所构筑的区间内。

（2）花岗岩：老湾花岗岩体的长石、全岩铅同位素组成范围变化较小，$^{206}Pb/^{204}Pb$ 比值小于龟山岩组变火山-变沉积岩。如果矿石铅仅为岩浆热液直接从花岗质熔体中带出的铅组成，则矿石铅应处于初始岩石铅变化范围内；如矿石铅是由成矿流体从已固结的花岗岩中淋滤出来的铅组成，则矿石铅的变化应处于全岩铅同位素范围之内。

考察老湾金矿、黄竹园金矿铅同位素组成在图 7-4 中的分布，可以发现，老湾金矿床铅同位素组成变化较大、投点几乎全部落入花岗岩长石铅和龟山岩组铅所构成的范围内，因此可以确定该矿床矿石铅为龟山岩组提供的铅和岩浆热液从花岗质熔体带出的铅所组成。在 J.C.安特威尔的铅同位素图解中（图 7-6），矿石铅与花岗岩石铅、龟山岩组铅等三者的铅同位素组成构成一条很好的直线，也反映出了矿石铅主要来源于花岗岩浆和龟山岩组。从图 7-4 中还可看出老湾矿床铅同位素投点分布主要位于花岗岩铅同位素区间，说明矿床铅的主要部分应来自花岗岩浆。图 7-7 所示的为花岗岩、龟山岩组变火山-变沉积岩（二云石英片岩、斜长角闪片岩）的铅转换模式，矿石铅平均的同位素组成位于花岗岩、二云石英片岩、斜长角闪片岩构成的三角图中，且靠近花岗岩端元，不仅表明了铅的来源，而且还表明了铅主要来源于花岗岩浆。

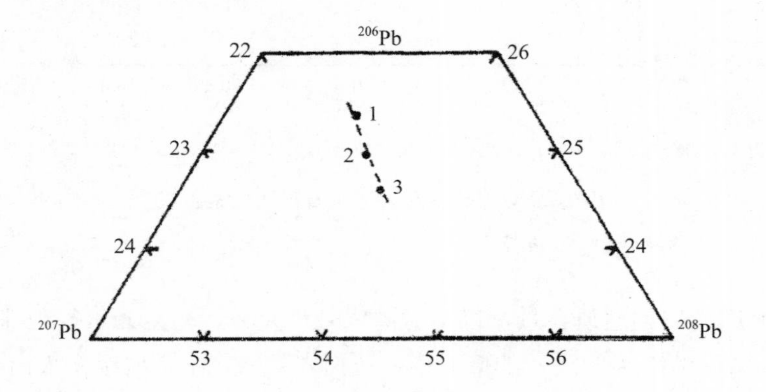

图 7-6　老湾矿床 J.C.安特威尔图解（铅同位素平均组成）

1. 龟山岩组；2. 矿石；3. 花岗岩

黄竹园金矿铅同位素组成变化较小，在图 7-4 中投点的分布基本处于花岗岩铅范围内，说明了其与老湾金矿存在共同的铅来源：花岗岩浆和龟山岩组，并且花岗岩浆为主要的铅源。但从铅转换模式图（图 7-7）中，可以看出黄竹园矿床还应有另一个铅源，该铅源应具备低 $^{206}Pb/^{204}Pb$ 和 $^{208}Pb/^{204}Pb$ 比值的铅同位素组成，即该源区应是低 U、Th 含量的，结合华北岩石圈壳幔混合区域铅同位素组成的研究结果，另一个铅源可能为低级下地壳（LLC）（张理刚，1993；徐国风等，1987），与花岗岩、龟山岩组相比，该铅源所占比例较小。

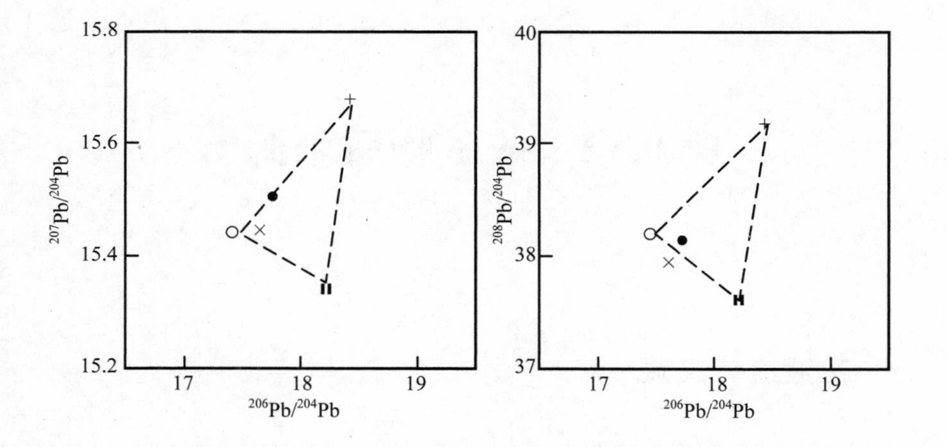

图 7-7　老湾矿床铅同位素转换模式（铅同位素平均组成）

•矿石；○花岗岩；+龟山岩组二云石英片岩；Ⅱ龟山岩组斜长角闪片岩；×黄竹园矿石

第八章　成矿物质来源

一、热液流体来源

老湾金矿床成矿物理化学条件和包裹体成分研究表明，老湾金矿的成矿温度为200～300℃，成矿中阶段至晚阶段流体包裹体中少见子晶矿物，盐度较低，为4.81%～7.89%，成矿溶液的K^+/Na^+、F^-/Cl^-比值分别为0.66～1.05和0.059～0.56，气相成分CH_4/CO_2、CO_2/H_2O的比值分别为0.005～0.028、0.014～0.068，流体的离子组合类型为 K^+-Na^+-Cl^-型。具有这种特征的流体成分指示热液流体来源于岩浆分离作用形成的岩浆热液。

原岩-蚀变岩-矿石的稀土元素的组成和稀土元素地球化学体系的演化特点表明，与原岩发生作用形成蚀变岩以及形成矿石的成矿流体具有岩浆热液性质。

老湾金矿成矿中、晚阶段热液流体的氢、氧同位素组成分别为：石英-多金属硫化物阶段，$\delta^{18}O=+2.2‰～+2.9‰$、$\delta D=-71‰～-72‰$；石英-多金属硫化物-碳酸盐阶段，$\delta^{18}O=-0.7‰～-0.2‰$、$\delta D=-67‰～-69‰$。对成矿流体的氢、氧同位素组成与不同来源的流体以及与岩浆岩、变质岩发生同位素交换作用后的流体氢、氧同位素组成研究结果，结合矿区地质、地球化学研究，可知成矿流体为岩浆热液，在成矿作用的晚阶段，混入成矿热液中的大气降水占有较高比例。

中、晚成矿阶段的成矿流体中氦同位素组成的测定结果显示，石英-多金属硫化物阶段流体中的 $^3He/^4He$ 比值为 4.09 Ra，石英-多金属硫化物-碳酸盐阶段的$^3He/^4He$ 比值为 0.87 Ra。对各种可能来源流体的氦同位素组成的研究，认为成矿流体源于岩浆熔体的分离作用。^4He 的含量变化也指示出成矿流体中岩浆热液的存在。成矿中阶段至晚阶段 ^4He 含量的增加，意味着流体源必定有放射性元素的存在并趋向于晚期富集，在该区有这种演化方式的地质体仅有老湾花岗岩。但根据区域地质演化特征和北淮阳地体中有幔源岩浆岩的产出，高的 $^3He/^4He$ 比值还说明了有幔源挥发分在拉张环境中沿超壳断裂上升参与成矿的可能。

矿床硫同位素组成和成矿热液系统中硫的转换模型研究结果表明，矿床硫同位素在不同硫化物矿物间的不平衡和成矿过程中硫同位素组成的无规律性变化，是由不同来源的硫混合引起的。其混合机制为岩浆热液（含硫）与龟山岩组变质岩在一定的温度和水/岩比（W/R）范围内发生水-岩交换作用形成的。

综上所述，老湾金矿的成矿流体为岩浆热液，成矿晚阶段混入成矿流体中的大气降水比例增加；在成矿作用过程中可能存在地幔挥发分的参与。

二、成矿物质来源

1. *花岗质岩浆熔-流分离作用*

根据老湾金矿床的氢、氧、氦等同位素资料以及矿石稀土元素特征等研究结果证实，老湾金矿的成矿流体以岩浆热液为主要组成，间接地证明了有成矿物质源自岩浆岩。矿石的硫、铅同位素提供了重要的矿源信息，铅同位素组成显示矿石铅主要源于花岗岩；由硫同位素组成计算出约有30%的硫来自花岗岩浆。

微量元素及稀土元素的研究结果也表明了有成矿物质源自花岗岩。矿石中Co/Ni、Sr/Ba 比值和稀土元素特征参数等与花岗岩相接近或呈过渡趋势，表现出与花岗岩具有一定的“亲缘关系”。从图 2-4、图 2-5、图 3-13、图 6-7 中所示的围岩、蚀变岩及花岗岩的稀土元素配分模型，可以看出稀土元素配分曲线均为右倾、轻稀土富集、弱负铕、负铈异常等特征。质量平衡分析表明，由于成矿作用从各类型的围岩-蚀变岩转变过程中，稀土元素总量表现为带入，很明显带入的稀土部分应来自花岗岩浆。将围岩、蚀变岩及花岗岩浆（以现今测得的花岗岩代替）的稀土元素特征参数相对比，可以发现蚀变岩的（La/Yb）$_N$、（La/Lu）$_N$、（Ce/Yb）$_N$以及（La/Sm）$_N$、（Tb/Yb）$_N$等所有参数值均处于围岩和花岗岩浆参数值之间，具有二者混合而成的特点，说明了蚀变岩的稀土元素配分模型是由于岩浆热液携带了从熔体中分离出来的稀土元素，在与围岩的水-岩作用中，围岩中原有的部分矿物遭蚀变而形成新的矿物，热液中的稀土元素与围岩中的稀土元素重新分配而形成的。

矿物成因学研究认为，不同成因的黄铁矿中 Co、Ni、Se 的含量及 Co/Ni 比值均有很大的差别，对矿床的成因具有指示意义。老湾金矿床的黄铁矿微量元素含量的电子探针分析显示，Co、Ni、Se 的含量分别为 420×10^{-6}、330×10^{-6} 和

450×10^{-6}，Co/Ni 比值平均为 2.67，表明本区矿床具有岩浆热液成因的特点。

表6-11为老湾矿床中两类主要岩石类型及各类型的蚀变岩和矿石的微量元素含量。利用 Taylor（1964）的地壳丰度值对围岩、蚀变岩、矿石、花岗岩的微量元素标准化，微量元素分布模式如图 8-1 所示。对比花岗岩与矿石的微量元素分配模式，二者基本相似。

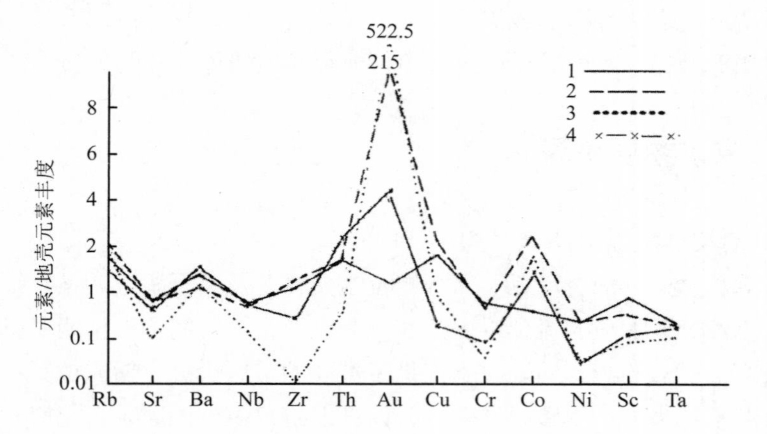

二云石英片岩原岩、蚀变岩、矿石、花岗岩中微量元素分布模式
1. 原岩；2. 蚀变岩；3. 矿石；4. 花岗岩

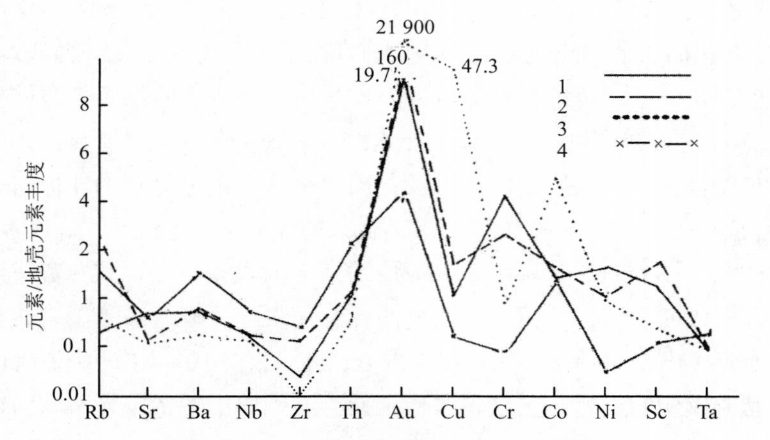

斜长角闪片岩原岩、蚀变岩、矿石、花岗岩中微量元素分布模式（图例同上）

图 8-1　老湾矿区微量元素分布模式

有关岩浆与矿床之间的成因关系，已有学者作过详细的研究（Taylor，1990），

对世界各地现代火山喷气成分的测量发现，岩浆在其喷气作用过程中能向地表释放出大量的金属元素 Cu、Mo、Au 等，如新西兰的 White 岛火山在过去大约 1 万年的活动历史时间内，每年就向地表排放出约 350 kg 的金。岩浆热液能否成矿，取决于三个前提：①岩浆中含有相当数量的水，在岩浆结晶过程中水被释放；②释放出的热液含有足够的金属元素以形成矿床；③温度、压力的降低及热液与围岩的反应导致矿石矿物的沉淀。

（1）已有研究表明，岩浆熔体中的水可能以分子水和羟基水两种形式存在。形成岩浆热液流体的水只能来自分子水，这是因为分子水在熔体结构中仅以分子键或氢键与其他元素结合，其间的结合力弱而易被破坏，从而使分子水析出进入岩浆热液流体中。这种能够自岩浆熔体中析出而成为流体的分子水通过以下两种主要机制溶解于花岗质熔体中（Burnham，1975；Mysen，1988）：

①置换聚合熔体中的桥氧（O°）

$$\left[\begin{array}{ccccccccc} & & O & & & & O & & \\ & & | & & & & | & & \\ O & — & Si & — & O & — & Si & — & O \\ & & | & & & & | & & \\ & & O & & & & O & & \end{array}\right] + H_2O_V = 2\left[\begin{array}{ccccccc} & & O & & & & \\ & & | & & & & \\ O & — & Si & — & O & — & H \\ & & | & & & & \\ & & O & & & & \end{array}\right]_l \tag{8-1}$$

②质子-阳离子交换反应

$$\left[\begin{array}{ccccc} & & O & & \\ & & | & & \\ O & — & Si & — & O - \frac{1}{n}Me^{n+} \\ & & | & & \\ & & O & & \end{array}\right] + H^+ = \left[\begin{array}{ccccccc} & & O & & & & \\ & & | & & & & \\ O & — & Si & — & O & — & H \\ & & | & & & & \\ & & O & & & & \end{array}\right]_l + \frac{1}{n}Me^{n+} \tag{8-2}$$

羟基水在熔体结构中一般与其他元素以共价键形式结合而不易从熔体结构中析出并进入流体。但当分子水从熔体中逸出较完全时，羟基水也可转化为分子水（朱永峰，1997）。前文对老湾花岗质岩浆处于定位状态下溶解于其中水量的计算，说明了溶解于熔体中的水呈过饱和状态，并且从花岗岩中含羟基水的暗色矿物角闪石、黑云母所占比例较低（约 5%）可知，该矿床应有部分羟基水参与成矿流体。

许多岩浆在其上升穿过中上地壳时已含有分异出的自由流体。很多学者研究表明，来自中下地壳的岩浆在深处饱和 CO_2 或 SO_2 流体，相对于 CO_2，H_2O 在岩浆熔体中的溶解度较高，因而 H_2O 在地壳深处从硅酸盐熔体中分离出来并形成自由流体的可能性较小，即在地壳深处形成的岩浆流体中 H_2O 所占的比例较小。Holtz 等（1990）通过实验研究得出的 H_2O 在岩浆熔体中的溶解度与温度、压力的关系图解（图 4-3）表明，水在硅酸盐熔体中的溶解度主要受压力影响，温度一定时，压力越高即岩浆处于地下深度越深，水在硅酸盐熔体中的溶解度也就越高；随着压力的降低，水的溶解度逐渐变小。因此，随着岩浆熔体的上侵，压力逐渐降低，水不断从硅酸盐熔体中分离而进入流体相，流体的主要组成也从以 CO_2、CO、H_2 等为主转变成以 H_2O 为主。

（2）当岩浆流体自熔体中逸出时，如具有成矿能力，则流体中必定含有足够的金属元素。成矿元素进入流体，存在着两个过程的富集机制：岩浆结晶过程中，成矿元素趋于残余熔浆中富集；在发生熔-流分离作用时，成矿元素易于进入流体相。

①成矿元素在岩浆中的富集：结晶作用是岩浆中成矿元素富集的重要途径。岩浆中晶出的矿物主要是硅酸盐及氧化物，一些不相容元素在结晶过程中不能进入这些矿物相中，使得其在熔体中的含量不断富集。在影响元素不相容性的众多复杂因素中，以元素地球化学亲合性、熔体结构、流体成分及矿物结晶时的物理化学条件等最为重要。从元素的地球化学亲合性来看，金元素以及 Co、Ni、Cu 等微量元素，表现出较强的亲铁性或亲硫性，主要倾向于在部分熔融的残留体中富集（翟建平，1996），而 Sr、Ba 等亲氧元素，随岩浆结晶作用的进行在残余熔体中则逐渐贫化。硅酸盐熔体的结构影响成矿元素的富集，主要体现在熔体的聚合程度上，聚合程度的高低直接影响熔体容纳不同价态阳离子的能力。实验证明，硅酸盐熔体同硅酸盐晶体一样，基本结构单元为 Si-O 四面体，可能的形式为单聚体$[SiO_4]^{4-}$、二聚体$[Si_2O_7]^{6-}$、链$[Si_2O_6]^{4-}$、层$[Si_2O_5]^{2-}$、三维网络$[SiO_2]$等。在一定的温度和压力范围内，化学成分一定的熔体中聚合体间会发生一定的反应，使熔体中存在不同的结构单位且平衡共存，从而使整个熔体具有特定的结构。当由于熔体的结构限定了岩浆具有较高的聚合程度时，将导致熔体容纳阳离子的能力降低，为此在固体-熔体相的分异过程中阳离子表现出不相容性而滞留在熔体中。利用袁万明（1990）、程小林（1986）等介绍的计算表征岩浆聚合程度的熔体解聚参数 NBO/T 的方法，结合前文计算的老湾花岗质熔体中含水量及岩石化学资料，

计算出了老湾花岗质岩浆的熔体解聚参数值 NBO/T＝0.113 9。Mysen et al（1983）曾在不考虑 H_2O、CO_2 等挥发分对岩浆结构的影响下，计算出花岗质岩浆的 NBO/T 值在 0.2～0.05 范围内，与此相比，老湾花岗岩浆的 NBO/T 较低。

熔体解聚参数 NBO/T 值的具体地质意义是表征硅酸盐熔体中非桥氧所占的比例。熔体 NBO/T 值越小，则非桥氧比例越小，熔体中 Si-O-M（M 代表非四次配位金属阳离子）键减少，熔体中的硅氧四面体连接成较大络阴离子的可能性越大，整个熔体的聚合程度增高。老湾花岗质熔体的较低 NBO/T 值表明了花岗质熔浆具有较高的聚合程度，具备了成矿物质在固-熔分离时向残余熔体中富集的岩浆结构条件。老湾花岗岩的主要组成矿物为长石和石英，黑云母的含量较少，而这两类主要组成矿物则为研究者证实在成岩作用中为“清洁矿物”，即基本不含金。由此可见，矿物的结晶造成了金在熔体中的富集。

②熔体-流体相的分离是成矿元素富集的另一重要机制。随着岩浆结晶作用的进行，熔体中的 SiO_2 含量越来越高，因此在岩浆结晶作用的晚期，熔体的聚合程度增高，将导致具较强不相容性的元素在流体相中聚集。实验表明，在花岗质熔体与氯化物溶液平衡的体系中，亲硫成矿元素在熔体-溶液体系中的分配系数 $K_p^{m/v}$ <1，说明这些元素易于分配进入与熔体平衡的溶液中。如 Cu、Pb、Zn 等元素在花岗岩类熔体-流体中的 $K_p^{m/v}<1$，较易富集于溶液相中（Candela et al，1984；Chevychelov，1995），甚至可能在岩浆体系中成矿元素和挥发性组分形成与熔体相分离的、独立的成矿熔体（朱永峰，1995）。Малинин 等（1984）研究了成矿元素在花岗质成分的熔浆与超临界流体平衡体系中的分配问题，大多数具亲硫性质的金属元素的 $K_p^{m/v}<1$，即易于富集在流体相中。即使从元素含量仅为克拉克值的岩浆中分离出来的流体相，亲硫元素的浓度也能超过热液成矿作用发生所需的最低浓度（Barmes，1979）。Holland（1972）通过实验研究认为在花岗岩结晶期间，水的饱和蒸汽分离过程的多次重复可有效地从熔体中移出部分元素进入流体。Bezmen et al（1994）实验验证了金在硫化物溶液与硅酸盐熔体之间的分配系数高达$(1.6\pm0.4)\times10^4$。金在熔-流分离中应该向流体相中聚集，但是金的聚集可能与其他元素不同，具有一定的特殊性。由 Cu 在熔-流分离时的资料可知，铜在流体中的分配系数很高（13～83）（Keppler et al，1991），在岩浆结晶过程中流体一达到饱和铜便强烈地向流体中分离。而金则不同，通过金在花岗质熔体与不同成分流体之间的分配系数的实验研究（曲晓明等，1998），金在熔体以及与熔体相平衡的 NaCl 溶液之间随 NaCl 浓度的不同，表现出不同程度的在流体中的富集，并且这

种富集主要来源于流体数量上的积累。相当大的流体量可以由两种途径实现：一是花岗质熔体本身含有较多的水，二是水饱和蒸汽的多次重复。当花岗质岩浆结晶得越彻底，熔体与残留相分离得越彻底，就越有条件分离出富 Na^+、Cl^-的溶液，而使得金不断向流体中富集，形成含矿热液。如在拓平成矿带上，与阜山、台上、玲珑、尹格庄等岩浆热液成因的特大型金矿床形成密切相关的栾家河花岗岩体，其中粗粒结构表明了岩浆经过较长时间结晶和结晶分异作用进行得较彻底，释放出了较多的、富含矿质的岩浆热液。从老湾矿床矿物包裹体的液相成分分析结果可知，岩浆热液中的成分是以 Cl^-、Na^+为主，花岗岩的主要组成矿物钾长石、斜长石较大的粒径、较完整的晶形以及对其结晶过程的研究都表明老湾花岗岩经历了较彻底的结晶作用。因此该地区花岗质岩浆中的金具备了向流体富集的物理化学条件和岩浆动力学条件。

岩浆中的 F^-也影响着金元素向流体相的转移。研究表明，F^-在花岗岩浆的熔体-流体体系中，优先进入熔体相。而 F^-的加入使熔体中的 SiO_2 向含水相转移，使流体中含有一定浓度的 SiO_2 组分。Manning（1981）通过实验研究 F^-对 Q-Ab-Or 体系的影响后提出在岩浆与热液之间可存在着连续性，王声远等（1994）、樊文苓等（1995）也通过实验研究认为 Au 与 SiO_2 的络合体 $AuH_3SiO_4^0$ 是金组分迁移的一种重要配合物形式。因此，岩浆中的 F^-组分通过对熔体相的影响，促使岩浆中的金与 SiO_2 配合而在流体相中富集。

综上所述，可以认为岩浆熔体中的金能否在流体相中富集，取决于岩浆中的含水量、熔体结构、岩浆结晶动力学以及元素在矿物-熔体、熔体-流体之间的分配系数和流体组分等因素。老湾花岗质岩浆中的金能够进入岩浆热液，并成为成矿岩浆热液，除受控于元素本身所固有的地球化学性质之外，岩浆中合适的含水量、熔体较高的聚合程度和岩浆的结晶动力学过程，是造成金在流体中富集的主导因素。根据元素在岩浆体系中的地球化学行为，Au、Cu、Co、Ni、Rb 等元素较易从熔体相中转入流体相，而 Sr、Ba、Nb、Zr、Th、Ta、Cr 等元素则易富集在熔体相中，只能通过水-岩作用进入流体中。因此图 8-1 所示的原岩、蚀变岩、矿石、花岗岩的微量元素标准化曲线、图 6-7 的稀土模型和矿床的同位素特征不但反映了花岗质岩浆提供了成矿物质，同时还显示了有成矿物质源自龟山岩组变火山-变沉积岩。

2. 岩浆热液与龟山岩组的水-岩作用

由图 8-1 中所示的微量元素标准化曲线，将原岩（二云石英片岩、斜长角闪片岩）与矿石相比，Sr、Ba 等相容元素位于原岩标准化曲线下方，而 Cr、Sc 等铁族元素在斜长石角闪岩类矿石中则处于花岗岩的上方，并且蚀变岩的标准化曲线均表现为原岩为花岗岩共同作用的结果，如不相容元素处于原岩和花岗岩的上方，而相容元素则处于原岩和花岗岩的下方或之间。因此图 8-1 显示出了围岩在与热液的水/岩作用过程中有成矿物质进入热液中。

表 6-13、图 2-4、图 2-5、图 3-13、图 6-7 所示的原岩、蚀变岩、矿石、花岗岩的稀土模型，也反映出成矿物质源自花岗岩和龟山岩组的特征。矿床的硫、铅同位素研究也表明了地层为成矿物质来源的一个端元，由硫同位素组成计算约有 70%的硫来自地层。

对矿带内、外地层（二云石英片岩）中金的丰度研究可知，地层中 Au 的含量低于克拉克值，并且 Au 的含量由矿带外（2.2×10^{-9}）→远矿围岩（3.4×10^{-9}）→近矿围岩（41.7×10^{-9}）→蚀变岩（750×10^{-9}）呈现逐渐升高的趋势，不具备“矿源层”的高的成矿元素含量和自远矿→近矿地层中金含量变化为“鞍状”模式的特点，因此老湾矿区地层中金的演化与迁移具有特殊性，表现在如下几个方面：

（1）龟山岩组形成于中晚元古代，后期韧性剪切活动作用于龟山岩组，地层的韧性变形不可避免地影响着地层中 Au 的活动。质量平衡分析已表明韧性变形可引起 Au 向应变带迁移而得到富集。这一点与其他相似地质条件的金矿研究结果相一致。如广东河台金矿、鄂西北银洞沟银金矿、江西金山金矿等与韧性剪切带有关的矿床研究认为，韧性剪切活动是造成成矿物质向应变带迁移富集的条件。邱小平（1993）构造动力成岩成矿模拟实验证实了构造变形同步引起物质成分调整变化，使成矿物质迁移富集。

表 8-1 现代海底块状硫化物中的微量元素含量

地区	主体岩石	W(Cu)/%	W(Pb)/%	W(Zn)/%	W(Ag)/10^{-6}	W(Au)/10^{-6}	W(bs)/10^{-6}	W(Ba)/%
21 N East Pacific Rises	玄武岩	0.6	0.21	19.8	98	0.15	296	0.15
13 N East Pacific Rises		7.8	0.05	8.2	49	0.42	154	0.40
11 N East Pacific Rises		1.9	0.07	28.0	38	0.15	399	0.06
Exlorer Ridge		3.2	0.11	5.3	97	0.63	544	7.40
Galapagos Rift		4.5	0.04	4.0	46	0.35	139	0.04
South Fuande Fuce		0.2	0.26	36.7	178	0.11	359	0.06

变质作用过程也与 Au 的富集有关，变质作用中 Au 往往随变质作用程度的增加而迁出。因为随着区域变质作用的加强，温度和压力也随之升高，这不仅导致岩石结构和矿物成分的改变，而且更重要的是导致岩石一系列化学成分的变化。如活动组分 K、Na、SiO_2、H_2O、CO_2、Cl、F 等在此过程中将发生明显的活化转移，活动组分的迁移将导致一系列金属元素发生不同程度的活化转移。在压力为（4～6）$\times10^8$ Pa、温度为 400～600℃的条件下，Cl、S 易与 Au 结合成络合物迁移。对小秦岭地区的太华群变质岩和峪山地区的早前寒武纪地层的变质程度与金丰度的关系研究表明，随着岩石变质程度的加深，岩石的含金量明显降低，即变质作用程度的增加，促使岩石中的金活化迁移。处于松扒韧性剪切带中的龟山岩组，变质程度达低角闪岩相，变质条件适合 Au 的迁移。因此，该韧性剪切带的变形变质作用促使 Au 向剪切带内迁移，富集了地层中的金。

（2）自与金富集有关的岩石遭受变形变质作用始，至金发生富集矿化止，很长的一段时内金已发生了不同程度的流失。Glasson 和 Keays（1978）等对 Victoria 地区劈理发育的浅变质岩的研究认为，在变质作用中约有 10.5%的金被释放。Keays 和 Scott（1976）对经过水/岩作用后的玄武岩金含量变化研究显示，蚀变作用极易造成金的流失。因此用代表了若干次地质作用过程以后的变质岩的 Au 的丰度，来建立丰度与矿化的关系是毫无意义的。Keays et al（1976，1978）曾利用元素 Pd 在变质作用过程中的惰性行为和西格陵兰 Disko 岛、哥伦比亚 Gorgona 岛上的三叠纪和白垩纪苦橄岩中的 Au 和 Pd 的比值为标准，来恢复变质岩原岩中的金含量。但是该方法可能不适应于老湾地区遭受了动力变形的变质岩的初始金含量恢复。

对矿区的成矿地质背景和地球化学资料分析可知，该矿床在中晚元古代曾经历了块状硫化物矿床类型成矿作用的初始富集过程。假设地幔能够相对稳定地提供成矿物质，则可用现代海底块状硫化物中成矿元素含量来近似代表前寒武纪相应类型矿床的微量元素含量，如表 8-1 所示。可见块状硫化物中金的含量是相当高的，即使以其中最低的金含量（0.11×10^{-6}）来表征老湾矿床块状硫化物时期的金含量，也可为该矿床的形成提供很大的物质来源。以现在地层中所测得的金含量和以 1 m^3 为单位来计算，每立方米的原岩就可释放出 0.3 g 的金参与成矿。由此可见，该矿床在元古代应存在的块状硫化物类型的成矿作用，为老湾矿床的最终形成提供了部分成矿物质。

（3）变形变质过程中变质流体的存在是金富集的流体动力学机制。

金动力迁移的构造地球化学实验研究（杨元根等，1996）表明硅和铁在 Au 的迁移中起了重要作用，在缺乏大规模流体活动的情况下，金的迁移与含硅、铁的粒间流体有关。在变质岩地区，这种粒间溶液的产生必定与变质作用有关。龟山岩组的区域变质作用达到以出现十字石、蓝晶石特征变质矿物为标志的十字石-蓝晶石带，在 400～600℃的变质条件下，变质矿物的形成总是伴随脱水（气）反应的发生。下列反应式可用来表征龟山岩组的脱水反应：

$$KAl_2(AlSi_3)O_{10}(OH)_2 + SiO_2 = KAlSi_3O_8 + Al_2SiO_3 + H_2O \qquad (8\text{-}3)$$

（Mus）　（Q）　（Kf）　（Kya）

当这种以 H_2O 为主要组成的变质流体形成以后，出现在各种矿物的边界。矿物与溶液之间的反应由于变质流体的自由流动或弥散而达不到平衡。成矿物质在固-液反应中可以通过两种途径进入溶液：一是通过成矿物质的扩散作用进入溶液，二是随载体矿物的溶解一同进入溶液。这两种方式均受控于水/岩反应——界面控制的反应（Dibble et al，1981）。对矿物晶体的生长和溶解过程的研究表明，许多表面过程是由总界面不饱和度驱动的，但只有那些促进分离的过程才对溶解有贡献。受界面反应控制的溶解过程中元素在流体中的含量，用下列动力学方程式表述：

$$\mathrm{d}\mu_{if}^{\infty} / \mathrm{d}t = \frac{RTSv_i}{v_f \cdot v} \cdot \frac{V_T}{C_i^{\infty}} \qquad (8\text{-}4)$$

式中，R 为摩尔气体常数，T 为热力学温度，S 为固体的表面积，v_f 为流体体积，v_i 表示溶解反应中各组分 i 的化学计量系数，V_T 为与溶液接触的、溶解着的固体表平面位置 x 的变化速度：$V_T = \mathrm{d}x/\mathrm{d}t$，$\mu_{if}^{\infty}$ 为总流体中组分 i 在等位置时的化学势，C_i^{∞} 为总流体中组分 i 的浓度。

对于一个非自由流动的流体而言，矿物的溶解作用会由于固-液之间化学势平衡而终止，成矿物质通过流体而得不到富集；当成矿元素进入一个可自由流动的流体中，溶解于其中的组成随流体迁移，因此作用于固体表面的水-岩作用由于组分 i 在固液之间的化学势不平衡而不断进行。老湾地区韧性剪切带的存在，不仅为流体的运移提供了通道，温度、压力梯度为流体迁移提供了动力，而且还为流体的聚集提供了空间。韧性剪切过程中的变形变质作用，形成了携带矿质的变质流体而进入韧性剪切带中，物理化学条件或流体动力学条件的变化，促使成矿物质晶出、沉淀，使韧性剪切带中地层岩石富集成矿物质。

有关金从变质流体中晶出或沉淀后存在的形式研究资料较少，Sewond（1972，1982）据实验资料指出，成矿热液中金主要以金的硫化络合物形式迁移，以及黄铁矿是金的主要载体或地层中金的丰度主要受其中的黄铁矿控制。Bonnemaison（1986）指出金以两种方式存在于韧性剪切带内：一是赋存在硫化物内，二是赋存在微砂糖状石英内。杨元根等（1996）的实验证明了在构造变形过程中以离子状态存在的金被还原成自然金，析出的金颗粒主要分布在形变产生的微裂隙中或造岩矿物周围；另一个研究剪切带中金富集的实验结果表明了在长期的剪应力作用下，含金的黄铁矿从岩石中分离出来，并在剪应力作用下富集在剪裂面上，而从矿物的物理性质出发，伴随韧性剪切作用全过程的石英压电效应是导致金在微砂糖状石英及剪切带内富集的主要原因。根据老湾矿床的成矿地质背景，金的原始富集是以火山喷流沉积的形式存在的，因此推测金从变质流体中晶出的方式可能还是富集在黄铁矿或其他硫化物矿物中，即以易释放金的形式存在。

燕山晚期以岩浆热液为主要组成的成矿流体流经龟山岩组，龟山岩组中富集的金能否活化、迁移进入成矿流体，取决于金在岩石中的赋存形式。Keays（1984）把岩石中的金分成两部分，一是赋存在硫化物或矿物颗粒边缘的金，称为易释放金；另一部分则是存在于氧化物和硅酸盐晶格中的不易释放金。该区的初始富集金在韧性剪切过程中的变形变质作用下所发生的一系列地球化学过程，使地层中的金以易释放金的形式存在，水/岩作用将使金极易进入成矿流体中。

综上所述，老湾金矿床的成矿物质主要来自花岗质岩浆和龟山岩组地层，岩浆的固-熔和熔-流分离作用是岩浆中的金进入流体、提供成矿物质的主要机制，而地层提供矿质则通过流体的水-岩作用来实现。

第九章　成矿作用动力学

从成矿作用过程中物质的迁移、水-岩作用以及沉淀机制等方面来研究成矿作用动力学，则成矿作用动力学包括流体动力学和化学动力学。化学动力学研究了成矿过程中水-岩作用的动力学机制和物质的迁移等，而流体动力学则是研究流体的宏观运动速率以及动力学特征。成矿物质的活化、迁移、富集成矿过程是化学动力学、流体动力学综合作用的产物。通过研究老湾金矿床的流体动力学和化学动力学特征，揭示了该矿床成矿作用的动力学机制。

一、流体动力学

（一）动力学参数的确定

成矿热液的动力学性质常用一些表示热液物理特征的参量来表示，如成矿热液的密度、黏度系数、比热容、热膨胀系数等。在计算成矿热液的各动力学参数时，因为包裹体测试结果表明成矿流体中 K^+、Na^+、Cl^-为主要组分，因此设定成矿热液为具有一定浓度的 NaCl 水溶液（於崇文，1993）。

1．成矿热液的黏度系数

成矿热液黏度系数的计算可以利用改进后的 Jone-Dole 方程和 Пепинов 等（1979）给出的计算该方程系数的表达式，得到不同温度、压力和盐度条件下的黏度系数值，但据计算表明压力对热液流体黏度的影响很小。表 9-1 列出了不同温度和盐度下水的黏度系数。

表 9-1　不同温度、含量的 NaCl 水溶液的黏度系数　　单位：10^{-5} Pa·s

含量（质量分数）\ 温度	150℃	200℃	250℃	300℃	350℃
5%	20.72	15.50	12.39	10.32	8.39
10%	24.40	18.26	14.62	12.15	9.83
15%	27.66	20.74	16.61	13.78	11.15

由表 9-1 可见，NaCl 水溶液的黏度在同一含量下随温度升高而降低，而在同一温度下随含量的增加而增加。流体的黏度系数表征由于流体内不均匀流速导致的内摩擦大小而不同，小的黏度系数使得成矿热液容易产生对流，因此表中的数据反映了低 NaCl 含量的水溶液在高温下（如 300℃、350℃）具有产生对流的内部条件。

2. *成矿热液的热导率*

电解质溶液的热导率与温度之间的关系一般可表示为

$$\lambda=A+BT+CT^2 \tag{9-1}$$

式中，λ为热导率，A、B、C 为与温度无关的常数。

压力对电解质溶液的热导率的影响远比温度的影响要小。Castelli 等（1974）对于标准海水热导率的计算结果显示，压力修正项比温度修正项小两个数量级。Yusufova 等（1975）经实验数据计算机拟合，给出了求不同温度条件下 NaCl 水溶液导热系数的近似公式：

$$\lambda_{aq}/\lambda_w=1-(2.343\times10^{-3}-7.924\times10^{-6}t-3.924\times10^{-8}t^2)s +(1.06\times10^{-5}-2.0\times10^{-8}t+1.2\times10^{-10}t^2)s^2 \tag{9-2}$$

$$s = 5\,855.3\ m/(1\,000+58.443\ m) \tag{9-3}$$

式中，λ_{aq}、λ_w 分别为 NaCl 水溶液、纯水的热导率，m 为 NaCl 的质量摩尔浓度（mol/kg），应用上式计算的不同温度条件下不同 NaCl 浓度的水溶液热导率如表 9-2 所示。NaCl 水溶液的热导率随温度的升高而降低，随 NaCl 浓度的增加而增加（200～300℃）。

表 9-2　不同温度条件下不同含量的 NaCl 水溶液的热导率　单位：W/(m·K)

含量（质量分数）＼温度	100℃	150℃	200℃	250℃	300℃
纯水	0.680	0.682	0.665	0.623	0.540
5%	0.676 4	0.681 3	0.667 7	0.629 4	0.549 4
10%	0.673 4	0.680 9	0.670 5	0.635 5	0.558 2
15%	0.670 9	0.680 8	0.673 3	0.641 4	0.566 6

3. 成矿热液的密度

利用式（6-2）计算了不同温度和不同 NaCl 浓度时的热液密度，列于表 9-3 中。由表中 200℃、250℃时的成矿热液密度与前文通过实验测定得到的热液密度相对比，是比较吻合的。

表 9-3　不同温度下 NaCl 水溶液的密度　单位：g/cm^3

含量（质量分数）＼温度	100℃	150℃	200℃	250℃	300℃	350℃
纯水	0.960	0.919	0.867	0.801	0.714	0.575
5%	0.988	0.946	0.892	0.824	0.735	0.592
10%	1.016	0.973	0.918	0.848	0.756	0.610
15%	1.044	0.999	0.943	0.871	0.777	0.627

4. 成矿热液的热膨胀系数

於崇义等（1993）根据 Rogers 和 Pitzer（1982）用热力学方法导出的公式计算出不同温度压力条件下 NaCl 水溶液的热膨胀系数，见表 9-4。可以看出，温度对成矿热液的热膨胀系数的影响较大，而组分浓度和压力的影响则小得多。

表 9-4　不同温度、压力条件下 NaCl 水溶液热膨胀系数　单位：10^{-3}/K

P/bar	含量（质量分数）	温度				
		100℃	150℃	200℃	250℃	300℃
400	5%	0.65	0.83	1.02	1.31	1.80
600		0.63	0.79	0.96	1.19	1.56
800		0.61	0.76	0.90	1.09	1.39
400	10%	0.61	0.76	0.93	1.18	1.63
600		0.59	0.73	0.87	1.08	1.43
800		0.58	0.69	0.82	0.99	1.27

P/bar	含量（质量分数）	温度				
		100℃	150℃	200℃	250℃	300℃
400	15%	0.59	0.70	0.84	1.06	1.45
600		0.57	0.67	0.79	0.96	1.29
800		0.56	0.65	0.75	0.90	1.15

（二）流体迁移方程确定

对于可渗透介质中的流体来说，其运动方程式可用达西定律来确定。这种关系是，在可渗透介质中的流体流量与压力梯度成正比例，其形式为

$$V=-K/\eta\cdot \mathrm{d}p/\mathrm{d}x \tag{9-4}$$

而在多孔介质中垂直渗流的达西定律表达式为

$$V=-K/\eta\cdot(\mathrm{d}p/\mathrm{d}y-\rho g) \tag{9-5}$$

式中，η 为流体黏度；K 为渗透率；$\mathrm{d}p/\mathrm{d}x$ 或 $\mathrm{d}p/\mathrm{d}y$ 为压力梯度；ρ为流体密度；V 为流速。

如果流体存在热驱动，即在热液的底部存在一个温度为 T_r 的热源，热液的出口处温度为 T_0，受热时流体的密度减小，变化为

$$\rho=\rho_0-\alpha\rho_0(T_r-T_0) \tag{9-6}$$

则达西定律表示为

$$V=-K/\eta[\mathrm{d}p/\mathrm{d}y-\rho_0 g+\alpha\rho_0(T_r-T_0)g]$$

$$=-K/\eta(\mathrm{d}p/\mathrm{d}y-\rho_0 g)-K/\eta\cdot\alpha\rho_0 g(T_r-T_0) \tag{9-7}$$

式中，ρ_0 为温度 T_0 时流体的密度；α 为流体的热膨胀系数。

如果超过静水压的压力梯度在上涌流动中可以忽略，则上式转化为

$$V=-K/\eta\cdot\alpha\rho_0 g(T_r-T_0) \tag{9-8}$$

该公式仅近似成立，因为当断裂带存在时，流体的迁移方向将是多维的，迁移的通道具有多样性，流体运动方式也较复杂。

根据对老湾矿区水文地质特征研究（河南地调四队，1995），矿区的主要含水层分布于区内龟山岩组中部的二云石英片岩夹斜长角闪片岩，裂隙发育段最大厚度 35 m，一般 3～7 m，裂隙宽度最大 2 mm，一般 0.5～1 mm，裂隙最大密度 10～12 条/m，一般 3～4 条/m。裂隙发育深度控制在标高 0 m 以上，如表 9-5 所示。

平均裂隙率在地表为 1.343%，浅部 210 m 标高为 0.5%，180 m 标高为 0.37%，裂隙率明显地随标高降低即由地表向深处逐渐降低；矿区的工程地质特征研究结果显示，两类主要岩石二云石英片岩和斜长角闪片岩的新鲜样品具有的抗剪切强度基本相当。如此水文、工程地质特征反映了在深部以粒间孔隙为主导的流体渗透途径和两种岩石基本相同的渗透率，所以对老湾金矿床采用可渗透介质的运动方程是比较适合的。

应用式（9-8）计算老湾金矿成矿流体的迁移速率，其参数为温度 300℃、压力 800 bar、NaCl 质量分数为 5%时的各数值，α、ρ_0、η分别为 1.39×10^{-3}/K、735 kg/m^3、12.15×10^{-5} Pa·s。由于成矿热液主要来源于花岗岩浆，选取 T_r=800℃（於崇文，1979），渗透率则是根据矿区的实际抽水量由下式求出

$$K = k\gamma/g \quad (9\text{-}9)$$

K 为渗透率，k 为渗透系数，γ 为水的运动黏度。渗透系数 k 由矿区的日抽水量而得：k = 0.166 m/昼夜 = 1.92×10^{-6}m/s；300℃时成矿热液的运动黏度：$\gamma = \eta/\rho_0$=1 640×10^{-7}m^2/s。计算得到矿区渗透率 K 为 2.75×10^{-14}（m^2）。将各参数值代入式（9-8），得到流体的运移速度：$V = -1.33\times10^{-6}$m/s，亦即流体向上渗流速度为 1.33×10^{-6}m/s。

表 9-5　不同标高裂隙发育程度统计表

标高/m ＼ 裂隙率/% ＼ 点号	1	2	3	4	5	6	7	8	9	10	11	12	13	14	15	16	平均值
240～260	1.03	0.62	1.23	4.63	0.59	0.94	1.43	1.59	1.30	1.02	1.62	1.41	0.35	0.49	1.24	2.15	1.343
210	0.83	0.49	0.42	0.91	0.55	0.60	0.31	0.37	0.29	0.33	0.38	0.55	0.94	0.07	1.00	0.01	0.503
180	0.42	1.38	0.21	0.04	0.29	0.13	0.12	0.42	0.28	0.29	0.19	0.30	0.20				0.37

（三）成矿热液对流

当可渗透介质从下面受热时，由于温度不均匀分布所引起的密度变化便可产生浮力，引起热液的上升。在热力强度较低的情况下，浮力微弱，而且导热迁移的速度不会造成很大的密度差异，在整个渗透层中，温差不足以克服由于流体的运动黏度、热扩散度和孔隙物质的渗透性所赋予的限制时，热液的对流运动则不会出现。在密度变化是产生浮力的唯一重要因素，且研究区域内温度的不均一性

导致流体密度的变化率较小时，对密度进行 Boussinesq 近似，则流体的活动力和约束力之间的平衡可用瑞利数 R_a 来表示：

$$R_a=(\alpha K\Delta Tgl)/(k_m\nu) \quad (9\text{-}10)$$

热液的 R_a 数超过某一临界值时便产生对流。当上部边界是敞开的，并容许热液流体毫无妨碍地流出，以及下部边界为等热的情况下，临界值为 27.1（Spooner，1983）。按照上式计算成矿热液上升过程中的 R_a 数，式中参数 α、K、ν、ΔT（$\Delta T=T_r-T_0$）等取值同前文；1 为流体流经的距离，取岩浆定位深度与矿床形成深度之差，约 1 000 m；k_m 为饱和介质的热扩散度，由下式求出：

$$k_m = K_m/\rho_0 c_p \quad (9\text{-}11)$$

式中 K_m 为可渗透介质的热传导率，取变质岩的热传导率为 3.35 W/（m·K）（转引自於崇文，1973），c_p 为流体比定压热容，取 4 004.4 J/（kg·K），则得到饱和介质扩散度 $k_m=1.14\times10^{-6}$ m/s，将各参数值代入式（9-10），求出老湾矿区成矿热液在多孔介质中运移时的瑞利数 R_a=1 173。很明显，老湾金矿床的 R_a 数远大于临界值，表明成矿热液在上升过程中存在着较强烈的对流运动。

流体的流动方式有层流和湍流等形式，流体在孔隙介质中的渗流方式取决于雷诺兹数（R_m），R_m＜10 时，流动方式表现为层流，而当 R_m＞10 时，则表现为粒间湍流方式。雷诺兹数可用下式确定：

$$R_m=V\cdot\Delta/\gamma \quad (9\text{-}12)$$

式中Δ为特征长度，对于粒状孔隙介质，特征长度可作为平均颗粒直径。老湾金矿床的两种主要岩石二云石英片岩和斜长角闪片岩的粒度分布：二云石英片岩的碎基粒度为 0.01～0.2 mm，碎斑粒度 0.4～4 mm；斜长角闪片岩中斜长石残斑粒度为 0.5～2 mm，角闪石以 0.05～0.2 mm 和 1～2 mm 粒级为主，其他组成粒度以 0.1～0.3 mm 为主，最小 0.02 mm。对特征长度（Δ）取其粒径的平均值 0.1 mm，利用上式计算得到成矿流体在上升过程中的雷诺兹数 $R_m=9.5\times10^{-4}$。该数值远小于 10，表明热液在上升过程中以粒间层流的方式向上运移。

由成矿物理化学条件研究结果已知，老湾金矿床的成矿平均深度为 1.5 km，成矿热液由深处上升到 1.5 km 时，完成了由“源”→“汇”的过程，在“汇”处流体动力学行为要复杂得多，但在汇、源交界处，尽管微裂隙发育，仍可认为是多孔介质，满足达西定律。由于控矿的微观构造为折劈理，设定流体进入“汇”时同时进入各微裂隙，因此在汇、源交界处取特征长度为矿脉的平均厚度 2.05 m，由式（9-12）可计算得到此时的雷诺兹数 R_m=19，大于临界雷诺兹数。因此当流体由“源”入“汇”时，流动方式也由层流转变成湍流。进一步的研究表明流体在“汇”里的流动也呈湍流方式。在断裂或裂隙里流体的动力学特征也用瑞利数 R 来表征：

$$R = \alpha g \beta L^4 / \gamma k_m \tag{9-13}$$

式中的β为温度梯度，L 为特征长度，即两水平板间距离。研究认为两水平板间的流体失稳产生对流的临界瑞利常数约为 1 000，而当 R 远大于 1 000 时，流体甚至转变成紊流。根据老湾金矿的平均成矿深度 1 500 m，成矿温度以 300℃计，则垂向温度梯度β可取 0.2℃/m；特征长度 L 取热液流经的裂隙宽度，在矿井下测量到的较小的几条石英脉宽度约为 2.5 cm，计算时 L 取 2.5 cm。由式（9-13）可计算出瑞利数为：R=6 670。该数值远大于 1 000，表明成矿流体不仅产生对流，而且流动的方式也应为湍流形式。

於崇文等（1993）对老厂细脉带矿床成矿作用中的流体动力学研究结果表明，该矿床中的细脉瑞利数一般较小，热液流体不能产生对流，因此细脉中的成矿作用以相对静态下的扩散及热液与围岩之间的化学反应为主，成矿能力差；而大脉中的成矿热液的瑞利数超过临界值，可以发生对流；当瑞利数进一步增大时，热液体系可能呈非平衡定态或周期性振荡的“极限环”；当 R 更大时热液流体将变成湍流运动。从老湾金矿床的成矿热液瑞利数和雷诺兹数来看，成矿热液在成矿作用过程中已发生对流，这有助于含矿岩浆热液萃取围岩中的金；热液在上升迁移过程中表现为层流的运动方式，而在赋矿位置时表现为湍流，因此从流体动力学特征与成矿作用的关系出发，成矿热液的流动方式和能否发生对流是矿床形成的重要因素。

众所周知，成矿物质的迁移通常是以络合物形式进行的，如 $AuCl_2^-$、$Au(HS)_2^-$ 和 $AuH_3SiO_4^0$ 等络合物形式。根据过渡状态理论，由反应物生成产物，必须经过一个分子价键重排的过渡阶段。这一过渡阶段所具有的势能，必定高于反应物与产物，处于这一过渡阶段的反应物即为活化络合物。反应表达式为：

$$\underbrace{A + BC}_{\text{反应物}} \Leftrightarrow \underbrace{[A \cdots B \cdots C]}_{\text{活化络合物}} \rightarrow \underbrace{AB + C}_{\text{产物}} \tag{9-14}$$

因为活化络合物势能高，所欲断裂的键较松弛，振动时即可分裂而成产物。当含有络合物流体在无对流的情况下，分子的扩散运动有限，引起络合物振动概率小，所以在无对流状态下的热液流体成矿能力差；当对流发生时，以层流方式流动的流体是稳定的，流体平行管壁流动，动量的横向传输以分子规模发生；而在湍流情况下，流动是不稳定的，有许多随时间变化的湍流和紊流，这些湍流对动量的横向传输有着较分子规模传输过程大得多的影响。湍流使分子间传输的横向动量比层流更能引起络合物振动而分解形成产物。所以成矿流体的湍流流动形式和热液对流的存在，是造成矿床形成的流体动力学因素。

二、化学动力学

（一）成矿物质的存在形式

成矿物质在热液中以络合物形式存在，普遍存在的金的络合物形式有$[Au(HS)_2]^-$、$[Au_2S(HS)_2]^{2-}$、$[AuCl_2]^-$、$[AuCl_4]^-$、$[AuS]^-$等几种。近年来，樊文苓、王声远等（1994，1995）根据硅化与金矿化的密切时空关系，实验研究了在$Au\text{-}SiO_2\text{-}HCl\text{-}H_2O$体系和$Au\text{-}Na\text{-}SiO_2\text{-}H_2O$体系中金的溶解度，提出硅在金的迁移富集过程中也起着重要作用。有关金的络合物反应式如下：

$$Au+2HS^-+1/4O_2+H^+=[Au(HS)_2]^-+1/2H_2O \quad (9\text{-}15)$$

$$2Au+3HS^-+1/2O_2+H^+=[Au_2S(HS)_2]^{2-}+H_2O \quad (9\text{-}16)$$

$$Au+1/4O_2+H^++2Cl^-=[AuCl_2]^-+1/2H_2O \quad (9\text{-}17)$$

$$Au+3/4O_2+3H^++4Cl^-=[AuCl_4]^-+3/2H_2O \quad (9\text{-}18)$$

$$2Au+2H_2S+1/2O_2=2[AuS]^-+2H^++H_2O \quad (9\text{-}19)$$

$$Au+1/4O_2+H_4SiO_4=AuH_3SiO_4+1/2H_2O \quad (9\text{-}20)$$

根据金与氯和硫的各种络合物形式存在的物理化学条件可知，在较高温度（573 K）、弱酸环境下，金的络合物以$[AuCl_2]^-$占绝对优势，但在弱碱环境和较低温度（523 K）的弱酸至弱碱环境下，都是$[Au(HS)_2]^-$占优势。由它们的热力学性质所作的计算，能够较好地解释金矿化的一些特征，如矿石的含金品位、矿物共生组合、蚀变类型、矿化温度及成矿溶液的化学性质等（Huston et al，1989；王声远等，1992）。而关于金在含SiO_2体系中的溶解实验研究业已证明（曾键年等，1998），在由酸性到碱性很宽广的pH范围内，$H_3SiO_4^-$均可作为配位体，与金配合形成AuH_3SiO_4络合物。图9-1示出了根据反应式（9-20）得到的在不同的氧逸度、温度和硅含量时的$AuH_3SiO_4^0$含量。从图9-1中可以看出：在一定的f_{O_2}条件下，金的溶解度随$H_4SiO_4^0$的浓度增高而增大，在相当于MH的f_{O_2}下，饱和SiO_2溶液

中约含 1×10^{-9} 的 $AuH_3SiO_4^0$；在一定的 $H_4SiO_4^0$ 浓度下，f_{O_2} 的升高有利于金的活化，反之 f_{O_2} 降低促使金沉淀；温度的影响表现为，随温度升高溶液中 $AuH_3SiO_4^0$ 含量明显减少。压力对含 SiO_2 体系中的金溶解度也有影响，Craig（1994）指出在一定温度下溶解于 H_2O 中的 SiO_2 含量随压力的增高而增高。溶液中 SiO_2 含量的升高必然导致 $AuH_3SiO_4^0$ 含量的增加。因此，体系压力的变化也影响 $AuH_3SiO_4^0$ 的含量与稳定。取 200℃的温度条件，比较金的主要络合物 $[Au(HS)_2]^-$、$[AuCl_2]^-$、$AuH_3SiO_4^0$ 对金迁移的贡献。图 9-2 显示出了 $[AuCl_2]^-$ 和 $AuH_3SiO_4^0$ 的浓度随 f_{O_2} 和 pH 变化的趋势。由图中连接这两种离子浓度为一定比值的各等浓度线交点清楚表明，在一般的成矿条件下（$\lg f_{O_2}=-25\sim-45$，pH=4～8），$AuH_3SiO_4^0$ 的浓度将远远超过 $[AuCl_2]^-$ 的浓度，其比值为 10^6（pH≈4）～10^9（pH≈8）。所以在绝大多数地质条件下，$AuH_3SiO_4^0$ 对金的活化迁移的意义要比 $[AuCl_2]^-$ 重要得多。

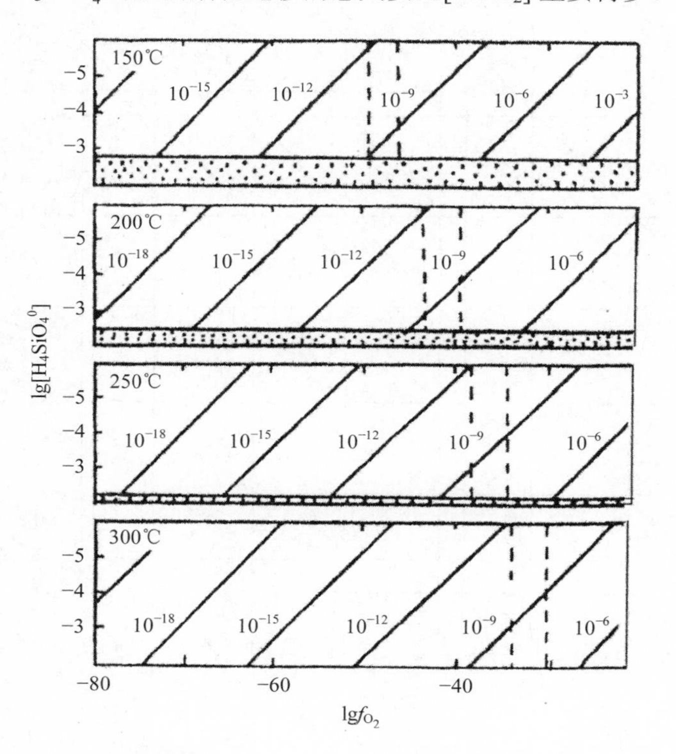

资料来源：樊文玲，1995。

图 9-1 自然金以 AuH_3SiO_4 形式迁移和沉淀

注：斜线代表 $AuH_3SiO_4^0$ 浓度线，SiO_2 在阴影区沉淀两条虚线间为 NNO 和 MH 所限定 f_{O_2} 的范围。

溶液中$[Au(HS)_2]^-$浓度变化可由式（9-15）、式（9-16）等描述，其浓度随$\sum C_s$、f_{O_2}和 pH 而变化。图 9-3 示出了在$\sum C_s=10^{-2}$、$C_{H_4SiO_4^0}=10^{-2}$条件下和不同的$W_{(H_4SiO_4^0)}/W_{[\sum S]}$比值时，$[Au(HS)_2]^-$和$AuH_3SiO_4^0$在$f_{O_2}$-pH 图解中的优势场。由图 9-3 可见，随着体系中硅的增加或氧逸度和 pH 值增高，$AuH_3SiO_4^0$形式将逐渐取代$[Au(HS)_2]^-$，只有在富硫环境中，$[Au(HS)_2]^-$才占优势。如果考虑SiO_2和 S 在自然界中丰度的悬殊，很显然金的$AuH_3SiO_4^0$络合物远比$[Au(HS)_2]^-$有意义。

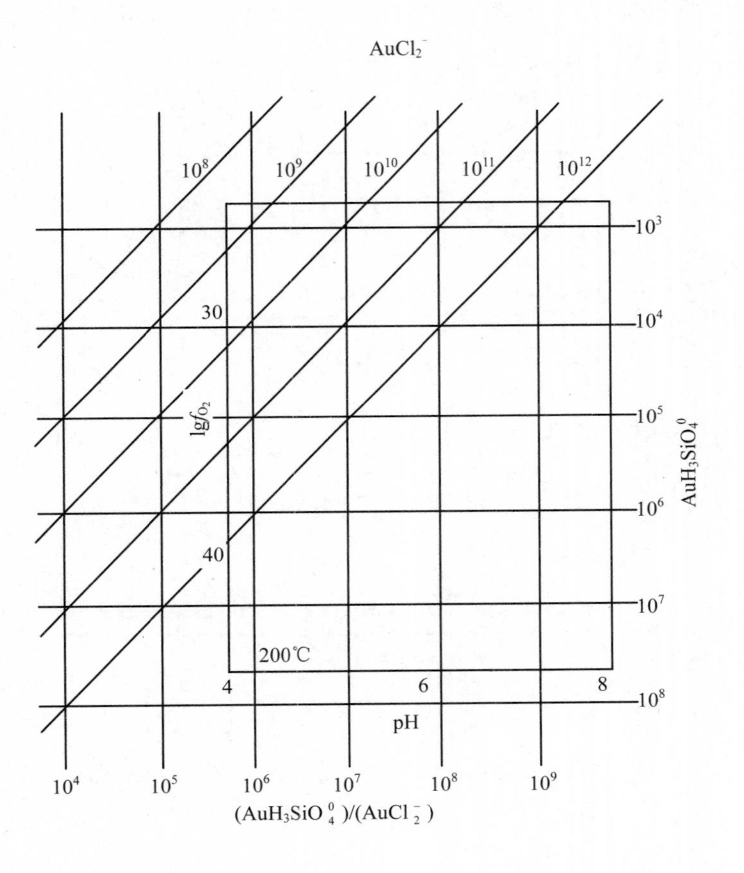

注：计算时设$C_{Cl^-}=1$，$C_{H_4SiO_4^0}=10^{-2}$。

图 9-2　$AuCl_2^-$和$AuH_3SiO_4^0$在 200℃ $\lg f_{O_2}$-pH 图中的浓度变化

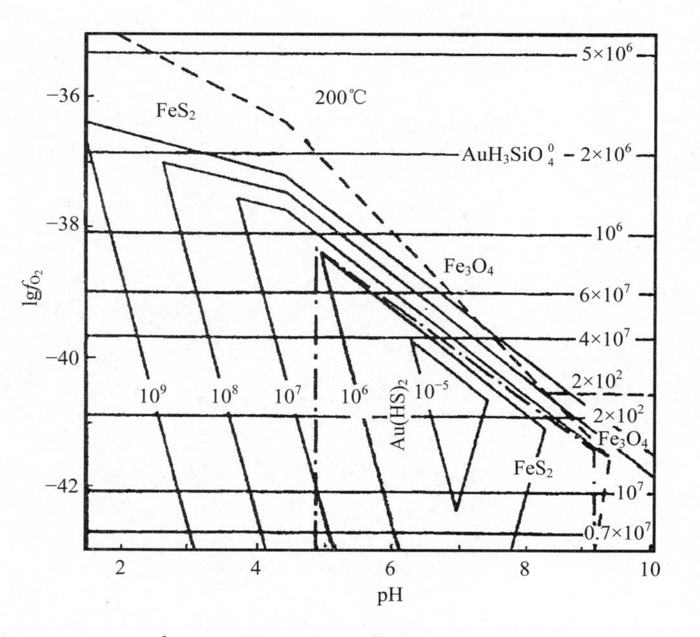

注：计算时设 $\sum C_s=1$，$C_{H_4SiO_4^0}=10^{-2}$，锁线围绕的区域为$[Au(HS)_2]^-$优势场，以外皆为 $AuH_3SiO_4^0$ 优势场

图 9-3 $[Au(HS)_2]^-$和 $AuH_3SiO_4^0$ 在 200℃$\lg f_{O_2}$ - pH 图中的浓度变化

（二）水-岩作用动力学

由老湾金矿床的成矿物质来源和成矿流体性质的研究结果可知，成矿流体主要为岩浆热液，成矿物质源自老湾花岗质熔体和围岩龟山岩组。流体与围岩发生化学反应并萃取出其中矿物是通过矿物的溶解实现的。围岩中的矿质经过韧性剪切的变形变质作用后，以易释放金的形式存在，如赋存在黄铁矿和石英矿物中。

据反应方程式（9-20）可知，易释放金进入流体时，流体中存在 H_4SiO_4 分子，不考虑岩浆热液逸出熔体时携带的 H_4SiO_4，根据矿区存在的热液蚀变和易释放金的赋存矿物，热液中的 SiO_2 应主要来源于石英和其他硅酸盐矿物如斜长石等的溶解。对于多相反应动力学，若溶液极不饱和，则多数矿物的溶解速率常数 K_0 只依赖于 pH 和 T 而不依赖于溶液中其他物种的浓度。矿物的溶解速率表示为：

$$dC_i/dt\Big|_{溶解}=\frac{A_\theta}{V}\cdot\nu_{i\theta}k_+(a_H)^{h\theta} \tag{9-21}$$

$$k_{+} = A_{+}e^{-E^{+}/RT} \tag{9-22}$$

式中 k_{+}是矿物溶解的内在速率常数，A_{θ}是矿物θ的表面积，V 是矿物θ相接触的溶液的体积，$v_{i\theta}$ 是物种 i 在矿物θ中的计量含量，C_i 是仅由矿物θ而来的物种 i 的浓度，dC_i/dt 表示溶解作用的速率。当溶液与矿物θ趋于平衡时，沉淀速率越来越重要，则净溶解速率为

$$dC_i / dt = \frac{A_Q}{V} \cdot v_{i\theta} k_{+} (a_{H^{+}})^{n_\theta} - \frac{A_Q}{V} \cdot v_{i\theta} \frac{Q^m}{k_{eq}^{\ m}} k_{+} (a_{H^{+}})^{n_\theta} \tag{9-23}$$

式中 m 是任意实数，Q 是反应的活度商。一个特定矿物溶解的 Gibbs 自由能改变可得

$$\Delta G_r=\Delta G_r^{0}+RT\ln Q=RT\ln Q/k_{eq} \tag{9-24}$$

则上式可简化为

$$dC_i / dt = \frac{A_\theta}{V} \cdot v_{i\theta} k_{+} (a_{H^{+}})^{n_\theta} (1 - e^{m\Delta Gr/RT}) \tag{9-25}$$

由于界面分离过程控制溶解速率过程，因此速率定律必须考虑溶液流速对于化学反应速度的影响。如果扩散可以忽略，则当溶液沿一个方向流动时，对于给定的一组溶解和沉淀反应，溶液中的物种 i 遵循下列速率定律：

$$\partial(\Phi C_i)/\partial t = \sum v_{i\theta} A_\theta R_\theta - \partial(v_x \Phi C_i)/\partial x \tag{9-26}$$

式中 R_θ是矿物θ的净反应速率，Φ 为孔隙度。当溶液以一定的速度在一维方向稳定流动时，对上式进行变换，可得到

$$\partial C_i / \partial t = \frac{1}{2\Phi} \sum v_{i\theta}^2 A_\theta k_{+} (a_{H^{+}})^{n_\theta} (1\text{-}e^{m\Delta G_r/RT}) \tag{9-27}$$

$$A_\theta = 4\pi \overline{r_\theta^2} N_\theta \tag{9-28}$$

式中 N_θ为单位体积岩石中矿物θ的颗粒数，r_θ为矿物θ的平均粒径。

本区矿物石英、斜长石的溶解方程式如下：

$$SiO_2(s) = SiO_2(aq) \tag{9-29}$$

$$NaAlSi_3O_8(s)+4H^{+} = Na^{+} +Al^{3+}+3SiO_2(aq)+2H_2O \tag{9-30}$$

令 n_θ、m 均等于 1，得到两种矿物溶解生成 $SiO_2(aq)$的动力学模型分别为

$$\partial C_{(Q)}/\partial t=\frac{1}{\Phi}2\pi\overline{r^2}_{(Q)}N_{(Q)}k_{+(Q)}\left(a_{H^+}\right)\left(1-e^{\Delta G_{(Q)}/RT}\right) \quad (9\text{-}31)$$

$$\partial C_{(pl)}/\partial t=\frac{1}{\Phi}18\pi\overline{r^2}_{(pl)}N_{(pl)}k_{+(pl)}\left(a_{H^+}\right)\left(1-e^{\Delta G_{(pl)}/RT}\right) \quad (9\text{-}32)$$

斜长石、石英矿物的溶解速度常数分别为 2.26×10^{-10}mol/（$m^2\cdot s$）（於崇文等，1992）和 6.14×10^{-9}mol/（$m^2\cdot s$）（Wood et al，1983），结合在 573 K 温度下的 Gibbs 自由能（王高尚等，1992）、石英和斜长石的平均颗粒大小（$\overline{r_\theta}$）以及在单位体积里各矿物的颗粒数（N_θ）、岩石孔隙度，且设溶液的 pH 值为 7、初始 SiO_2 浓度为 0，则得到两矿物的溶解动力学方程：

石英：　　$\lg C_i=\lg t-11.29$　　（9-33）

斜长石：　　$\lg C_i=-\lg t-12.19$　　（9-34）

矿物溶解动力学模型如图 9-4 所示，在一定的温度和 pH 条件下，SiO_2(aq)的浓度与时间呈直线关系，表明流体流经岩石时间越长，即水/岩作用时间越长，流体中溶解的 SiO_2(aq)浓度越高，且石英矿物溶解形成 SiO_2(aq)的能力要强于斜长石。

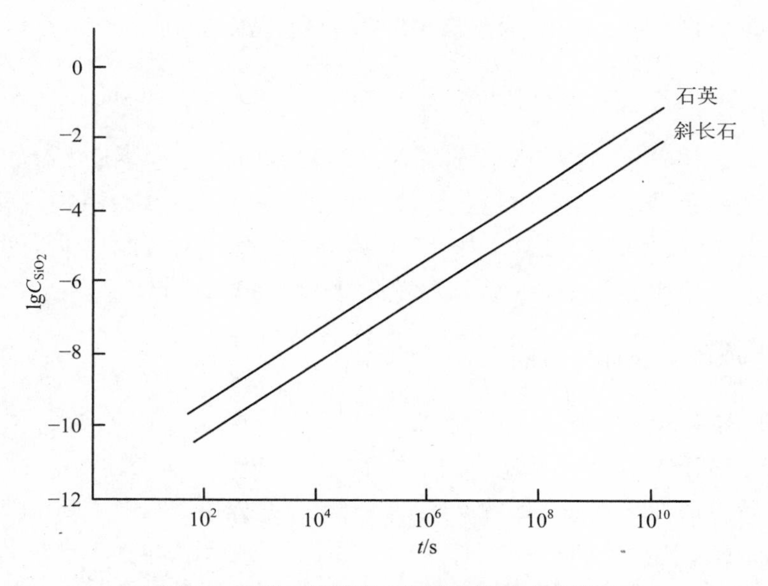

图 9-4　石英、斜长石矿物溶解的动力学模型

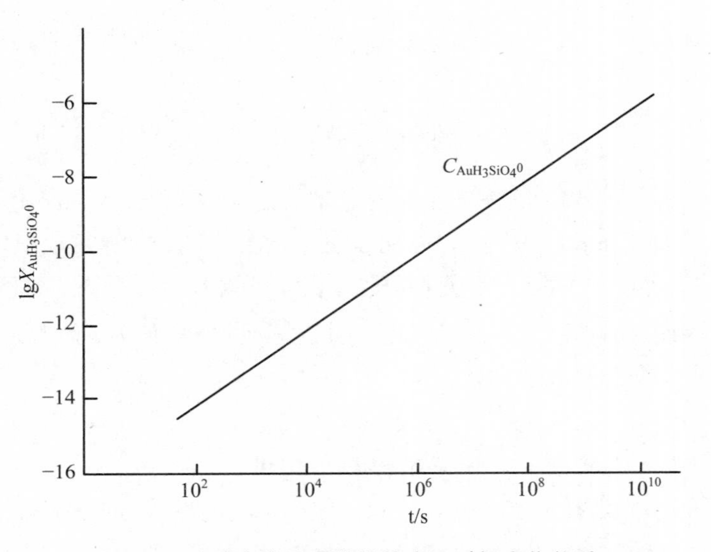

图 9-5 溶液中金络合物的浓度—时间变化关系

金与硅的络合物为金迁移的主要形式。以石英为例，假设溶液中所溶解的 SiO_2 全部与金形成络合物，则由方程式（9-20）得到 AuH_3SiO_4 的浓度为

$$\lg X_{AuH_3SiO_4^0}=\lg K-1/2\lg x_{H_2O}+1/4\lg fo_2+\lg X_{H_4SiO_4^0} \tag{9-35}$$

根据包裹体成分中水的摩尔分数和 300℃时的氧逸度，溶液中金的浓度与时间变化的关系如图 9-5 所示。可见，水-岩作用的时间越长，溶液中 SiO_2 浓度越高，溶液中金的浓度也就随之增高。由后文计算可知溶液中 SiO_2 饱和质量摩尔浓度为 0.011 mol/kg，此时溶液中金的质量摩尔浓度可达 1.2×10^{-7}mol/kg。

（三）成矿溶液作用时间

1．水-岩体系平衡时间

水-岩反应体中由于化学反应的发生最终趋于平衡，使得水-岩体系在平衡状态下失去反应活性，而只有保持反应活性的流体在成矿过程中可以携带矿质离开源区参与成矿。因此流体在水-岩体系中的化学反应必须限定在一定时间之内，即临界驻留时间之内。在孔隙系统中流动的流体，临界驻留时间由下式求出：

$$t=\frac{1\,000Q_S r\beta\rho_{H_2O}}{3R\eta(1-\beta)} \tag{9-36}$$

式中，Q_s 为溶液中元素平衡浓度，R 为反应固相的离解速率，η为反应矿物在岩石中的体积比。

在研究中以石英矿物溶解为例，计算 $SiO_2(aq)$在水-岩体系中的临界驻留时间。

Craig（1994）研究-石英在水中的溶解特征，提出当化学反应方程式（9-20）达到平衡时，存在下列关系式：

$$\lg K = 4.260 - \frac{5\,764.2}{T} + \frac{1.751\,3\times10^6}{T^2} - \frac{2.286\,9\times10^8}{T^3} + \left[2.845\,4 - \frac{1\,006.9}{T} + \frac{3.568\,9\times10^5}{T^2}\right]\cdot \lg \rho_{H_2O} \quad (9\text{-}37)$$

$$\lg K = \lg m_{SiO_{2(aq)}} \quad (9\text{-}38)$$

利用上式，可以求出在 300℃的温度条件下溶液中 $SiO_2(aq)$的平衡质量摩尔浓度：m_{SiO_2}=0.011 mol/kg，则根据式（9-36）得到溶液保持活性的临界驻留时间为：$t = 1.105\times10^8$ s=3.5 a。实际成矿热液在水-岩体系中的驻留时间要小于此值，因为源自岩浆熔体的热液应含有一定浓度的 $SiO_2(aq)$，并且水-岩作用中还有除石英以外的矿物（如斜长石）溶解，共同影响溶液中的 $SiO_2(aq)$浓度。

2. *硫在成矿溶液中的停留时间及地质意义*

老湾金矿床硫的同位素$\delta^{34}S$ 组成为+1.4‰～+5.59‰，对硫同位素在黄铁矿-闪锌矿、黄铁矿-方铅矿等矿物对间的分配研究表明，该矿床硫同位素组成是在不平衡分馏作用条件下形成的。Cole 等（1982）和 Ohmoto 等（1982）研究了硫同位素在溶液中的交换反应，如下列硫同位素交换反应形式：

$$^{32}SO_4^{2-} + H_2\,^{34}S \underset{K_r}{\overset{K_f}{\rightleftharpoons}} \,^{34}SO_4^{2-} + H_2\,^{32}S \quad (9\text{-}39)$$

K_f、K_r 分别为正、逆反应的速率常数。得到了硫同位素交换反应的动力学方程：

$$\ln(1-F) \approx -K_f([x]+[y])t \quad (9\text{-}40)$$

$$F = \frac{\alpha - a^0}{\alpha^e - a^0} \quad (9\text{-}41)$$

式中，$[x]$、$[y]$分别为 SO_4^{2-} 和 H_2S 的摩尔浓度，F 为同位素交换分数，α 为同位素分馏系数（$t = 0$，α^0；$t = \infty$时，α^e）。根据老湾金矿成矿物理化学条件，求得 300℃时同位素交换反应的速率常数为：K_f = 0.070 1 kgH_2O/（mol·h）。则由 300℃

时溶液中的总硫浓度$\sum S$（mol/kgH_2O），且当$F = 0.90$即同位素分馏平衡程度达90%时，由式（9-40）计算出硫在溶液中滞留的时间为：$t = 186$天。因为该矿床硫同位素在各矿物对间不存在平衡分馏，F应较小，所以硫在溶液中的停留时间要小于186天。如当$F = 0.5$，即分馏程度达到平衡的一半时，硫在溶液中停留的时间仅56天。

地质意义：从地质角度看，这样的停留时间是短暂的，说明了成矿过程中硫化物矿物的生成不应是成矿热液温度逐渐降低造成的（卢武长等，1997）。研究表明，对于低盐度溶液中占优势的硫化物配合物，溶解度的变化不太依赖于温度（Pirajno，1992），如Hayashi et al（1991）实验研究了在NaCl和H_2S溶液中金的溶解度，指出简单的流体冷却或加热都不能有效地造成金的二硫化物配合物沉淀，Ag和Zn等元素溶解度的实验研究结果也大致相同（Gammons et al，1989；Bourcier et al，1987）。金的主要配合物$AuH_3SiO_4^0$在溶液中的含量与温度的关系表现为：随温度升高，含量明显减少，亦即温度降低，含量升高或不变。由此可见，温度的降低不应是造成矿物沉淀的主要因素。矿物的沉淀则可能与水/岩作用、流体的混合作用或流体所具有的动力学特征有关。与水/岩作用相比，流体的混合作用造成的沉淀效果要显著得多，如在美国的卡林型金矿床、加拿大Hemlo绿岩型金矿、Cyprus型块状硫化物矿床等大型—超大型矿床的形成过程中，流体的混合作用都起到了重要作用（张德会，1997）；另外，流体动力学特征也影响矿物自溶液中沉淀，因为成矿元素以络合物形式存在于热液中并迁移，而络合物在流体呈湍流甚至是紊流状态下分子键极易振动、破裂，分解成生成物，即表现为矿物自溶液中沉淀。因此，流体的动力学特征和流体的混合作用可能是造成矿物自溶液中快速沉淀的原因。

三、成矿作用动力学形式

成矿元素在成矿作用过程中的动力学行为表现为扩散作用和渗滤作用，依据元素的空间展布特征，可以揭示元素在成矿过程中的动力学行为。

（一）扩散作用

热液流体中各种组分的扩散作用是一种重要的质量迁移方式，当流体内组分浓度不均匀时，该元素在浓度梯度的驱动下，将自高浓度处向低浓度处迁移，产生物质传递。对于扩散作用的宏观现象，由 Fick 定律表示如下：

$$\partial C / \partial t = \mathrm{div}(\mathrm{DgradC}) \tag{9-42}$$

式中 t 为时间，C（x，y，z）为扩散物质浓度，D 为扩散系数。设流体向成分均匀的多孔介质一维迁移，则方程式（9-42）转换为：

$$\partial C / \partial t = \mathrm{D}\partial^2 C / \partial z^2 \tag{9-43}$$

即流体内浓度 C 是距离 z 和时间 t 的函数 C（z，t）。由上述方程可见，研究扩散质量或元素的浓度随时间、距离的变化关系，必须确定组分在流体中的扩散系数 D。Nernet-Einstein 方程可以用来计算扩散系数 D：

$$D_i^0=RT\lambda_i^0/|Z_i|F^2 \tag{9-44}$$

其中 λ_i^0 为离子 i 的极限当量电导（$cm^2/\Omega \cdot eq$），$|Z_i|$为离子 i 的电价绝对值，F 为法拉第常数。对各离子极限当量电导 λ_i^0 在 25℃的测定结果分析发现，离子的 λ_i^0 与其标准偏摩尔熵（S_i^0）呈线性关系，即 $\lambda_i^0=a_i+b_iS_i^0$。利用各价态离子在 25℃时的 a_i、b_i 值（谭凯旋等，1995），可计算出离子在 25℃时极限当量电导 $\lambda_{i,\ 25℃}^0$，由瓦尔登定律不同温度下离子的极限当量电导与流体黏度乘积间的关系，可以求出高温时的极限离子当量电导 $\lambda_{i,\ T}^0$。对于热液中以络合物形式迁移的元素，根据离子独立移动定律，其极限离子当量电导可以认为是组成离子的极限离子当量电导之和。依据上式定律和公式分别计算了金属阳离子在溶液中主要络合物 $AuH_3SiO_4^0$、$AgCl_2^-$、$CuCl_3^{2-}$、$ZnCl_4^{2-}$ 和 $PbCl_4^{2-}$ 等的扩散系数，列于表 9-6 中。

表 9-6 金属络合物在不同温度下的扩散系数 单位：$cm^2/s \times 10^{-4}$

络合物	150℃	200℃	250℃	300℃	350℃
$AuH_3SiO_4^0$	2.37	3.77	5.21	6.86	9.17
$CuCl_3^{2-}$	4.18	6.2	8.54	11.1	13.9
$AgCl_2^-$	3.16	4.69	6.46	8.41	10.5
$ZnCl_4^{2-}$	5.00	7.39	10.1	13.1	16.4
$PbCl_4^{2-}$	5.09	7.51	10.3	13.3	16.6

设在多孔介质中的成矿流体为服从享利定律的无限稀释溶液，组分在固相与液相之间分配相等，则对于线性等温线的纯扩散作用，可用方程（9-43）的解来表示：

$$C/C_0 = \mathrm{erfc}\frac{Z_i}{2\sqrt{D_i t}} \tag{9-45}$$

初始条件 $$C_{(z,t)}|_{t=0} = \begin{cases} C_0 & z \geqslant 0 \\ 0 & z < 0 \end{cases}$$

式中 D_i 为液体中组分单纯扩散迁移时在多孔岩石中的有效扩散系数（唐元俊，1985），各络离子在纯扩散作用过程中的浓度变化如图 9-6 所示。作图时根据硫在溶液中停留时间而近似取 $t = 0.1$ a。

由图 9-6 可知，同一络合物在高温时的扩散作用强，随温度降低而减弱；在同一温度下，扩散系数大的络合物具备强的扩散作用。

（二）纯渗滤作用

若离子的扩散系数较小，可忽略不计，则在多孔介质中流体的流动可视为纯渗滤作用。在此作用过程中流体中的离子浓度与渗滤距离无关。在线性等温线的纯渗滤作用中，渗滤曲线表现为具有截然前锋特征，由下述公式表示（Fletcher et al，1973）：

$$\mathrm{d}Z_{\mathrm{f}} / \mathrm{d}t = \left(C^{\mathrm{t}} / S^{\mathrm{t}}\right)\beta\bar{V} \tag{9-46}$$

式中 $\mathrm{d}Z_{\mathrm{f}}/\mathrm{d}t$ 为截然前锋的前进速度，Z_{f} 为截然渗滤前锋。考虑以下条件：当 $t_0=0$ 时，$z_0=0$；$C^t/S^t=1$，对上式积分可得截然前锋 Z_{f} 的表达式为

$$Z_{\mathrm{f}} = \beta\bar{V}t \tag{9-47}$$

图 9-6 示出了 $t = 0.1$ a 时纯渗滤作用的截然渗滤前锋数值。

（三）扩散和渗滤的重叠作用

仍按上面假设，孔隙流体为理想溶液，组分在溶液中的扩散和渗滤重叠作用以下式表达：

$$\partial C / \partial t = D_i \partial^2 C / \partial Z^2 - \beta\bar{V}\partial C / \partial Z \tag{9-48}$$

附加定解条件：$$\begin{cases} C_{(z,0)} = 0 & Z > 0 \\ C_{(0,t)} = C_0 & t \geqslant 0 \\ C_{(\infty,t)} = 0 & t \geqslant 0 \end{cases}$$

此方程的解析解为：

$$C_{(z,t)}=\frac{C_0}{2}\left[\left(\frac{Z-\beta Vt}{2\sqrt{D_i t}}\right)+\exp\left(\frac{\beta \overline{\nu Z}}{D_i}\right)\mathrm{erf}c\left(\frac{Z+\beta Vt}{2\sqrt{D_i t}}\right)\right] \tag{9-49}$$

给出溶液中各络合物扩散和渗滤重叠作用曲线，如图 9-6 所示。可以看出，纯扩散作用曲线与重叠作用曲线在形态上存在较明显的差别：纯扩散作用曲线呈上凹等温线，作用强度较小；而重叠作用曲线在形态上表现出一定程度上凸，并且量值上的差别也较大，重叠作用的强度要大于扩散作用。

（四）老湾金矿形成过程中元素的作用形式

元素的空间展布为元素活动在空间上的表现，反映了其在地质作用过程中的行为特征。研究成矿元素在空间分布、元素含量随距离变化的特点，有助于了解在成矿作用中的动力学行为和成矿机理。

老湾金矿的主要赋矿围岩为斜长角闪片岩和二云石英片岩，由于地球化学资料缺乏，研究中以矿带的地质-地球化学剖面图（图 9-7、图 9-8）来讨论成矿热液中的元素作用动力学形式。从地质-地球化学剖面图中可以看出，当矿脉形成于斜长角闪片岩中时，自矿体至围岩成矿元素 Au、Ag、Pb 的含量急剧降低，而 Cu、Zn 含量降低不强烈或不明显；当矿脉以二云石英片岩为围岩时，自矿体至围岩金的含量变化不大，Ag、Cu 呈明显的降低趋势，而 Pb、Zn 含量则略呈升高趋势。根据图 9-7 所示的地质-地球化学剖面图，转换成 C/C_0-Z 关系图，C_0 以矿脉内元素的平均含量计，从矿脉的右侧剖面得到 Au、Ag、Cu、Pb、Zn 的空间展布曲线，如图 9-9 所示。与图 9-6 各络合物的纯扩散作用、纯渗滤作用和二者重叠作用的曲线模式相比，除 Cu、Zn 表现出具备渗滤、扩散重叠作用的特点外，Au、Ag、Pb 均呈扩散作用或以扩散作用为主的作用形式。对比图 9-7、图 9-8 所示的地质-地球化学剖面，可见络合物在二云石英片岩中的动力学行为有别于斜长角闪片岩，由图 9-8 所示的元素含量曲线能够反映出络合物在二云石英片岩中的作用形式：金以纯渗滤作用或以渗滤作用为主，Pb、Zn 可能以扩散、渗滤叠加作用为主，而 Cu、Ag 则应以扩散作用为主。

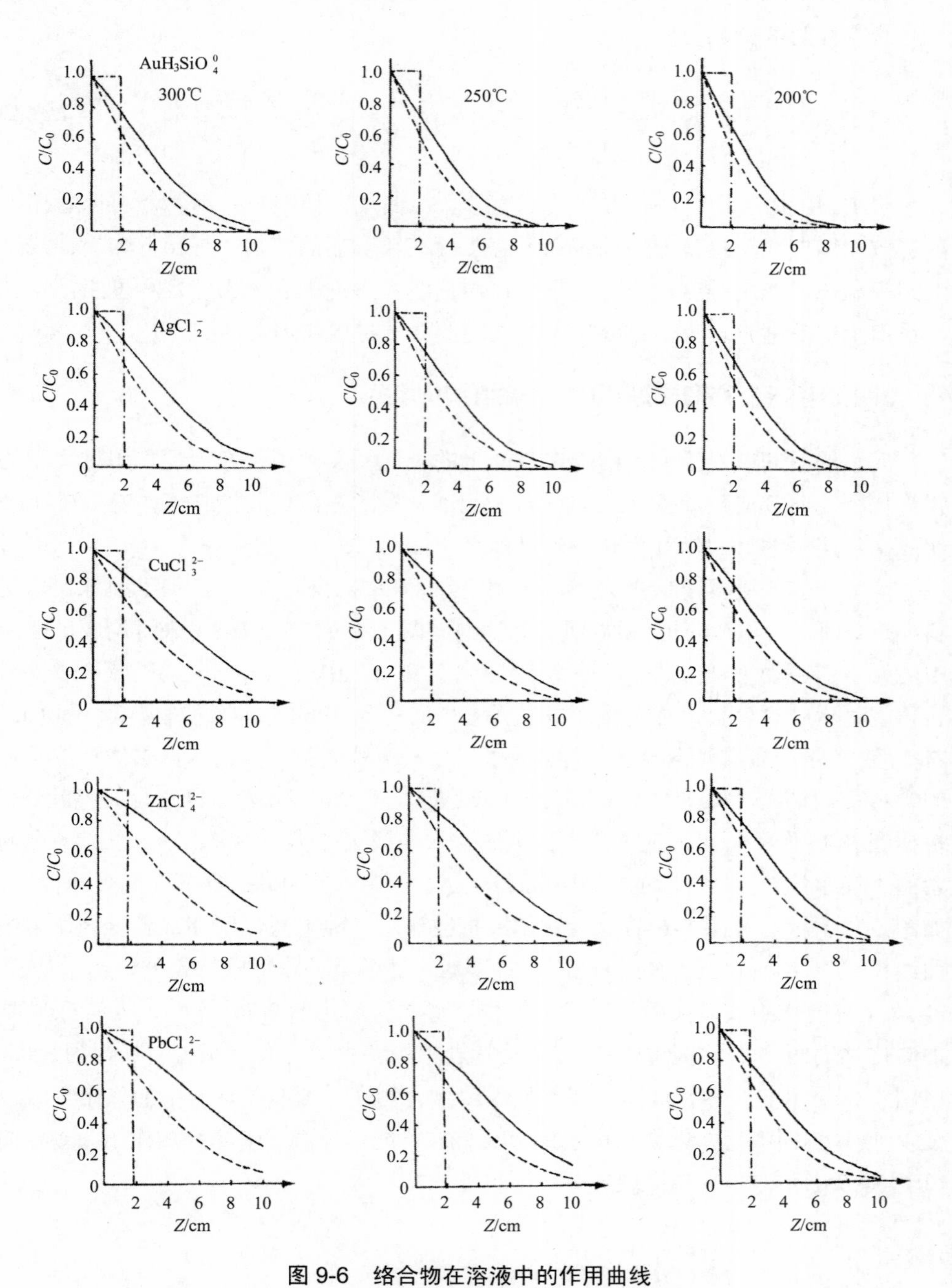

图 9-6 络合物在溶液中的作用曲线

--- 纯扩散作用曲线；-·- 纯渗滤作用曲线；— 扩散、渗滤叠加作用曲线

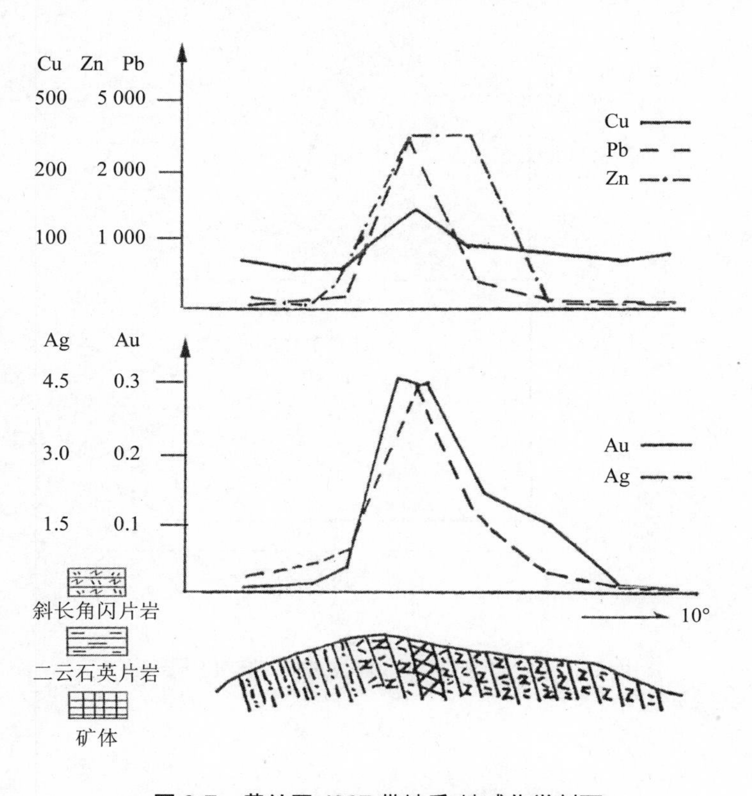

图 9-7 黄竹园 J367 带地质-地球化学剖面

老湾金矿带的矿床地质、地球化学特征的研究结果显示，金矿体主要赋存于二云石英片岩、斜长角闪片岩中。赋存于二云石英片岩中的矿体呈层状、似层状产出，规模大，占 90%的工业储量，为整个矿床的主要组成部分，而赋存在斜长角闪片岩脆性破裂中的矿体呈脉状产出，规模小，仅具一定的工业意义。从成矿作用动力学角度出发，由于二云石英片岩具有较好的渗透性，利于成矿元素的渗滤作用进行，使高强度、大规模的成矿作用得以实现，从而形成矿床的主体部分；而元素的扩散作用限制了元素在溶液中的作用范围和强度，在斜长角闪片岩中难以形成有规模的矿体。由此可知，流体的渗滤作用是形成矿床的成矿动力学表现形式。

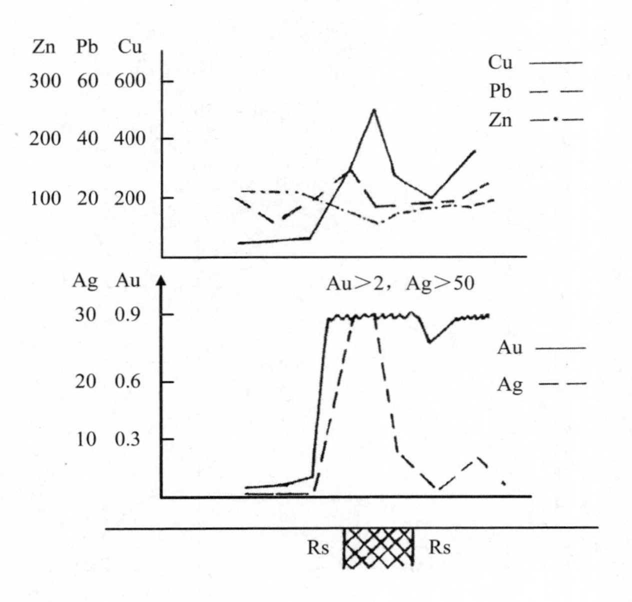

图 9-8 上上河矿床 1-3 矿体地质-地球化学剖面

Rs：二云石英片岩

四、含矿岩浆热液形成的动力学机制

（一）岩浆中金的初始富集

对老湾花岗岩的成岩机制研究已证明，其为高程度的部分熔融作用形成，源岩为下地壳太古代岩系的壳、幔源混合物质。源岩熔融是在约 920℃的温度条件下因含水矿物（如角闪石）脱水而发生的，则赋存或富集在暗色矿物黑云母、角闪石或低熔点矿物中的金因熔融的发生而进入熔体中，或金因选择性熔融而随酸、碱组分进入熔体中，造成金因熔融的发生而在其中初步富集。老湾花岗岩的金的丰度值平均为 2.6×10^{-9}，而秦巴地区的丰度值为 1×10^{-9}，造山带中-下地壳金的丰度为（0.4～0.7）$\times10^{-9}$，晚太古代岩系太华群金的丰度值也仅为 0.69×10^{-9}，可见老湾花岗岩金的丰度值高出秦巴地区造山带中-下地壳以及太华群的丰度值数倍。

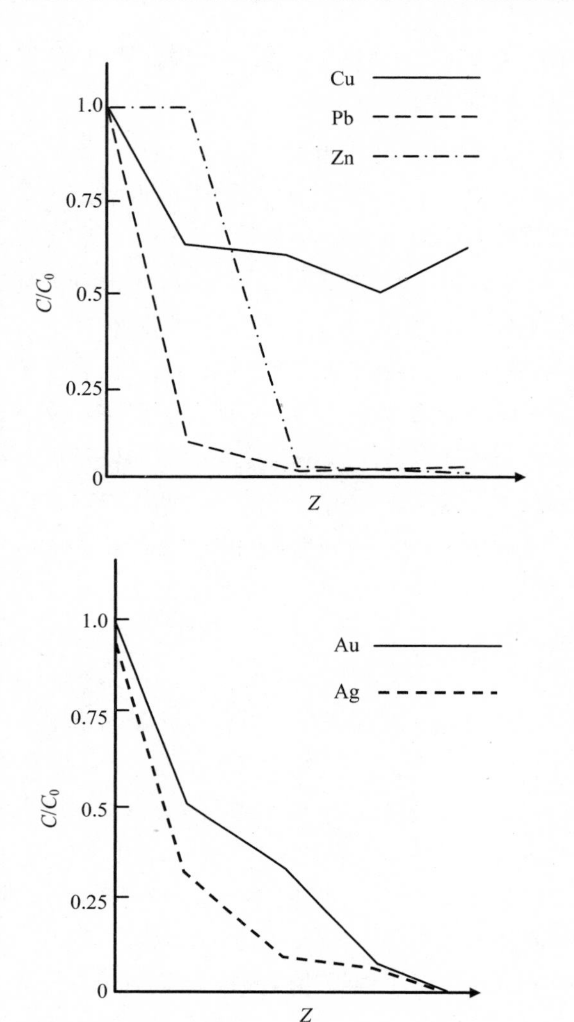

图 9-9　老湾矿带斜长角闪片岩中矿脉一侧元素浓度剖面

（二）岩浆演化过程中金的行为

岩浆动力学研究表明，老湾花岗岩的结晶是在低的成核密度和低的晶体生长速度下进行的。老湾花岗岩的主要矿物组成为长石和石英等“清洁矿物”，因此在结晶过程中，因电价、离子半径和八面体择位能等差异，金趋向于残余熔体中富集。戈特·费莱德等（1972）也认为钙碱性岩浆分异时金进入残余岩浆。小秦岭部分花岗岩中长石、石英矿物中金的浓度分析测定结果，分别小于 0.1×10^{-9} 和 0.27×10^{-9}，反映此类矿物的含金量极低。

金在熔体-流体分离时进入流体相中。实验表明在花岗质熔体与氯化物溶液平衡的体系中，亲硫成矿元素在熔体-溶液体系中的分配系数 $K_p^{m/v}<1$，说明这些元素易于分配进入与熔体平衡的溶液中。如 Cu、Pb、Zn 等元素在花岗岩类熔体-流体中的 $K_p^{m/v}<1$，较易富集于溶液相中，但金向流体相中的聚集方式与其他亲硫元素不同，金在熔体与 NaCl 溶液平衡体系中，随溶液 NaCl 浓度的不同，表现出不同程度地在流体中的富集。花岗岩浆结晶越彻底，就越有条件分离出 Na^+、Cl^- 的溶液，而使得金不断地向流体中富集，形成含矿岩浆热液。老湾花岗岩主要组成矿物钾长石、斜长石等较大的粒径，较完整的晶形以及对其结晶过程的研究，都证明老湾花岗岩经历了较彻底的结晶作用，且花岗岩矿物包裹体液相成分组成以 Cl^-、Na^+为主，因此老湾地区花岗质岩浆中的金具备了向流体富集的物理化学条件和岩浆动力学条件。

（三）含矿岩浆热液的逸出

金在熔体中的扩散动力学机制研究结果，反映了熔体中的金不可能以扩散的形式迁出熔体而参与成矿作用；岩浆熔体中短暂的、局部的、有限的对流也不足以使金迁出熔体；金进入流体内而形成的含矿热液也不会以水的扩散行为逸出熔体。因此含矿岩浆热液逸出熔体应存在其他的动力学机制。

对水在熔体中的溶解度研究可知，随着熔体温度和压力的降低，H_2O 在熔体中的溶解度也逐渐降低。当熔体中的水表现为过饱和时，过量的水最终将以各种形式从岩浆熔体中分离出去。根据经典成核理论（Landau et al，1980；Dunning，1969；Hirth et al，1970；Swaqner，1972），由于熔体中水分子浓度的局部振荡，水逸出的过程以形成很小的“分子群”或“核”开始。新生成的“群”或“核”为使表面能最小而以球体形状生长，直到它达到临界大小。在这个尺度上，当有额外的水分子进入“群”或“核”中时，表面积与能量增长达到的平衡被打破，造成能量的释放，而形成熔体-气泡体系。气泡的临界半径 r^*用下式表示：

$$r^* = 2\sigma/(P^*-P) \qquad (9\text{-}50)$$

σ为表面张力，P^*为与水饱和熔体相平衡的气泡内部压力，P 为气泡周围熔体压力。对生长到临界大小时的“群”或“核”的体积分布与表面能的积分计算，得到形成临界核的自由能表达式为：

$$\Delta F = 16\pi\sigma^3/3(P^*-P)^2 \qquad (9\text{-}51)$$

式中ΔF为临界核形成时的亥姆亥兹自由能或活化能。由此式可见，当熔体向上运动时，气泡的周围熔体压力P降低，而气泡内部压力P^*则保持相对恒定，P^*-P值逐渐增加。ΔF随P^*-P的增加而减小。当ΔF降低到与KT相当数量级时，此时成核速率加快，Hirth et al（1970）给出了估算成核速率表达式：

$$J = J_0\exp[-\Delta F/KT] \qquad J_0=2n_0{}^2V_mD(\sigma/KT)^{1/2}/a_0 \qquad (9\text{-}52)$$

式中K为Boltzman's常数，T为温度，n_0为成核浓度，V_m为溶体中水分子的体积，D为水在熔体中扩散系数，a_0为熔体中两成核水分子间的距离。Sparks（1978）等认为当成核速度（J）大于10^4/（$cm^3\cdot s$）时，成核即可视为瞬时形成。利用式（9-51）可以计算在给定成核速率下的过饱和压$\Delta P(\Delta P=P^*-P)$。

根据熔体中水的参数值，由式（9-52）可计算出$J_0=3\times10^{27}$/（cm·s）。Epel'baum et al（1973）研究了Rapakivi花岗岩在含水量（质量分数）为4.48%和5.71%时，熔体的表面张力分别为0.072 N/m和0.061 N/m，在此处计算时采用$\sigma = 0.061$ N/m（Huruite，1994）。将各参数值代入式（9-51）可以计算出临界大小的气泡形成时过饱和压力$\Delta P=0.58\times10^8$ Pa。

由图4-3结合老湾花岗质熔体的含水量4.76%可知，当熔体处于1.7×10^8 Pa压力条件下时溶解于其中的水量与溶解度相等，即达到饱和状态。按照地压梯度3.3 km/kbar换算则表明熔体自源区上升至约6 km处，熔体中的水不会散失。当熔体继续上升至过饱和压$\Delta P=0.58\times10^8$ Pa即$P=1.12\times10^8$ Pa的压力条件下，满足了溶解于其中的水均匀形成气泡的条件，而此压力条件与岩浆定位压力相当。万村岩体中水含量的演化也与此相似。

由P、σ值和式（9-50）可以计算得到熔体中水分子聚集所形成气泡的临界大小：$r^*=2.06\times10^{-4}$ m。气泡在熔体中受到浮力作用向上运动，必须克服熔体所存在的压力和黏滞力的影响。压力和黏滞力都作用在球体的表面，按照对称条件，作用在球体上的净力必定是在z轴的负方向上，这个净力就是球体的拖曳力D。球体面上的压力拖曳力D_P用下式表示

$$D_P=2\pi\mu au \qquad (9\text{-}53)$$

作用在球体表面元上的黏滞拖曳力D_V用下式表示

$$D_V=4\pi\mu au \qquad (9\text{-}54)$$

球体上全部拖曳力为压力拖曳力和黏滞拖曳力之和

$$D=6\pi\mu au \qquad (9\text{-}55)$$

式中μ为岩浆黏度，a为球体半径，u为球体上升速度。此式就是球体以小的常数通过不可压缩流体（设岩浆熔体为不可压缩流体）运动时球体上拖曳力的斯托克斯公式。球体克服拖曳力的作用，经数学推导得出其上浮速度表达式为：

$$u=\frac{2(\rho_{\mathrm{f}}-\rho_{\mathrm{s}})ga^2}{9\mu} \tag{9-56}$$

ρ_{f}、ρ_{s}分别为岩浆熔体、球体的密度。取熔体在 800℃时的密度、黏度为：2 207 kg/m^3、9 996.6 Pa·s，假设水在 800℃时的密度为 500 kg/m^3，当水以临界半径的气泡在熔体中向上运移时，由式（9-56）计算出上升速度为 1.57×10^{-8} m/s。考虑到在岩浆演化过程中熔体-流体分离作用进行时，不相容元素如 Au、S、Cl 等成矿元素或阴离子进入流体相，形成具有一定密度的“含矿”流体。当这种携带成矿元素的流体以临界半径气泡逸出熔体时，气泡在熔体中的上升速度为 1.30×10^{-8} m/s（成矿流体的密度假定为 800 kg/m^3）。纯的流体相或携带矿质的流体相以此速度在熔体中上升是比较快的，假设老湾花岗岩墙深度为 10 km，则气泡从熔体最底部上升至顶部仅分别需要 2 万 a 和 2.4 万 a 左右。与老湾花岗质熔体的冷凝时间 6.5 Ma 相比，水的演化时间是短暂的，保证了成矿元素能够在岩浆固结前迁移出熔体。

总之，对老湾花岗岩熔体中含水量的研究表明熔体中的水经历了不饱和→饱和→过饱和的过程，并且在岩浆定位后呈过饱和状态的水以气泡形式逸出熔体，呈气泡状流体的这种迁移形式保证了流体以及携带矿质的流体在较短的时间内逸出熔体，有利于含矿岩浆热液逸出熔体而参与成矿。因此，全书较系统地建立了含矿岩浆热液逸出熔体的动力学模式。

第十章　成岩-成矿模式

根据老湾矿区金属矿床成矿地质背景、地质和地球化学的研究结果，成矿热液流体中的水以岩浆水为主要组成部分，大气降水随成矿作用的进行在热液中的比例增加；成矿物质分别来自花岗质熔体和变质地层龟山岩组。由矿床的成矿作用与花岗质岩浆活动之间的关系，可知该矿床属于岩浆热液成因矿床。成岩成矿过程可划分为以下五个阶段：

（1）金的初始富集阶段。中晚元古代时秦岭洋脊向两侧扩张、俯冲，在华北板块南缘形成沟-弧-盆体系。于弧后盆地的构造环境中形成了龟山岩组原岩的基性岩-碎屑岩-硅质岩的主要岩石类型组合。地质背景、岩石组合及硅质岩的地球化学特征表明了在该区域上存在海底喷溢沉积成矿作用，从而形成金的初始富集。

（2）韧性剪切变形变质过程中金的二次富集阶段。龟山岩组原岩在扬子板块、华北板块的俯冲、碰撞、造山作用过程中，受到韧性剪切而发生变形和变质作用。在变形变质过程中应力和变质流体的作用，使得岩石化学组分发生迁移，由原岩动力变质为糜棱岩类引起的物质迁入总量为18.25%，金等成矿元素在此过程中也得以在剪切带有很大程度的富集，且以易释放金的形式存在。

（3）部分熔融阶段。燕山晚期，秦岭-桐柏大别造山带处于拉张伸展构造体系中，下地壳岩石中因含水矿物脱水（如角闪石）而发生高程度的部分熔融作用形成老湾花岗质岩浆。处于下地壳的老湾花岗岩源岩为太古代岩系，由壳源物质和幔源物质混合组成，具类似于高钾钙碱性安山岩的岩石化学特征。虽然区域上太古代岩系中金的丰度较低，但在部分熔融过程中，由于选择性熔融，成矿元素与岩石中易熔融的酸性组分进入深熔岩浆中，使成矿元素在岩浆中得以初步富集。花岗岩中金丰度值为 2.6×10^{-9}，为秦巴地区丰度值 1×10^{-9}（张本仁等，1990）的两倍，为造山带中-下地壳金的丰度值（0.4～0.7）$\times10^{-9}$ 的四倍之多，就反映出了这一点。

（4）含矿岩浆热液形成阶段。在缓慢冷却的岩浆体系中，矿物以较低的成核密度和低的生长速度形成了粒径较大的钾长石晶体，中-粗粒和中-细粒花岗结构以及粒径甚至达到 1 cm 的晶体均表明了岩浆缓慢冷却的动力学过程。在此过程中，以花岗岩主要组成矿物长石、石英等“清洁矿物”的出现和成矿元素的亲硫性质决定了金等元素进入熔体相中。Au 等成矿元素和 H_2O 在熔体中存在扩散作用，但扩散作用不能引起金和 H_2O 的大规模迁移。

对在一定温度下岩浆熔体中溶解的水含量定量计算表明，随着岩浆由源区上升至定位深度，熔体中的水经历了不饱和→饱和→过饱和的演变过程。溶解于熔体中的水因浓度变化而聚集成球状体，当球状体的能量由于水分子的不断加入而达到临界大小时，能量被释放形成熔体-气泡体系，水以气泡形式并可在浮力的作用下逸出熔体。老湾花岗质熔体中的水在定位时压力差（饱和压-过饱和压）已满足了熔体-气泡体系的形成条件。当金等成矿元素在熔-流分离时进入流体相中，以气泡的形式向上迁移并可以在比熔体冷凝短得多的时间里逸出熔体，形成“含矿岩浆热液”。成矿物质的顶部富集就证明了这一点。该区花岗岩露头中金的含量大于 10×10^{-9}，高于花岗岩平均含量的 5 倍多；Taylor（1990）对与长英质岩浆作用有密切关系，且由岩浆热液形成的稀有金属伟晶岩、锡矿床、斑岩铜矿床和钨矿床等成矿体系的研究结果也表明了这些成矿体系都有一个相似之处，即金属组分均集中于花岗岩体的顶部，这也反映出熔体-气泡体系的形成可能是形成岩浆热液矿床的主要机制。

（5）矿质的迁移和沉淀阶段。成矿溶液中金属元素以络合物形式存在并迁移，金的络合物形式有金的硅、氯、硫或硫氢根离子配合物，其中金与硅的络合物 $AuH_3SiO_4^0$ 为金迁移的主要形式。当成矿热液流经龟山岩组发生水-岩作用时，萃取出地层中金等成矿物质，成矿热液上升至容矿构造中，由于流体动力学特征的变化即湍流的发生，或不同来源流体的混合作用、水/岩反应等导致体系物理化学条件的改变，使络合物分解、沉淀，且在不同的作用形式下，在斜长角闪片岩、二云石英片岩中形成不同规模的工业矿体。以渗滤作用为主要动力学作用形式，而在二云石英片岩中形成的矿体为老湾金矿床的主要组成部分。

成矿流体为岩浆热液或以岩浆热液为主要组成部分（可能含有地幔流体），成矿作用的晚阶段混入的大气降水比例较大。随着成矿作用的进行，自成矿的早阶段至晚阶段，物理化学条件发生变化，氧逸度降低，硫逸度升高，形成各个成矿阶段的矿物组合：早阶段的金-磁铁矿-钛铁矿-黄铁矿-石英组合、中阶段的金-黄铁矿-黄铜矿-闪锌矿-方铅矿-石英等共生矿物组合和晚阶段的金-多金属硫化物-石